改变世界的科学

THE SCIENCE
THAT CHANGED THE WORLD

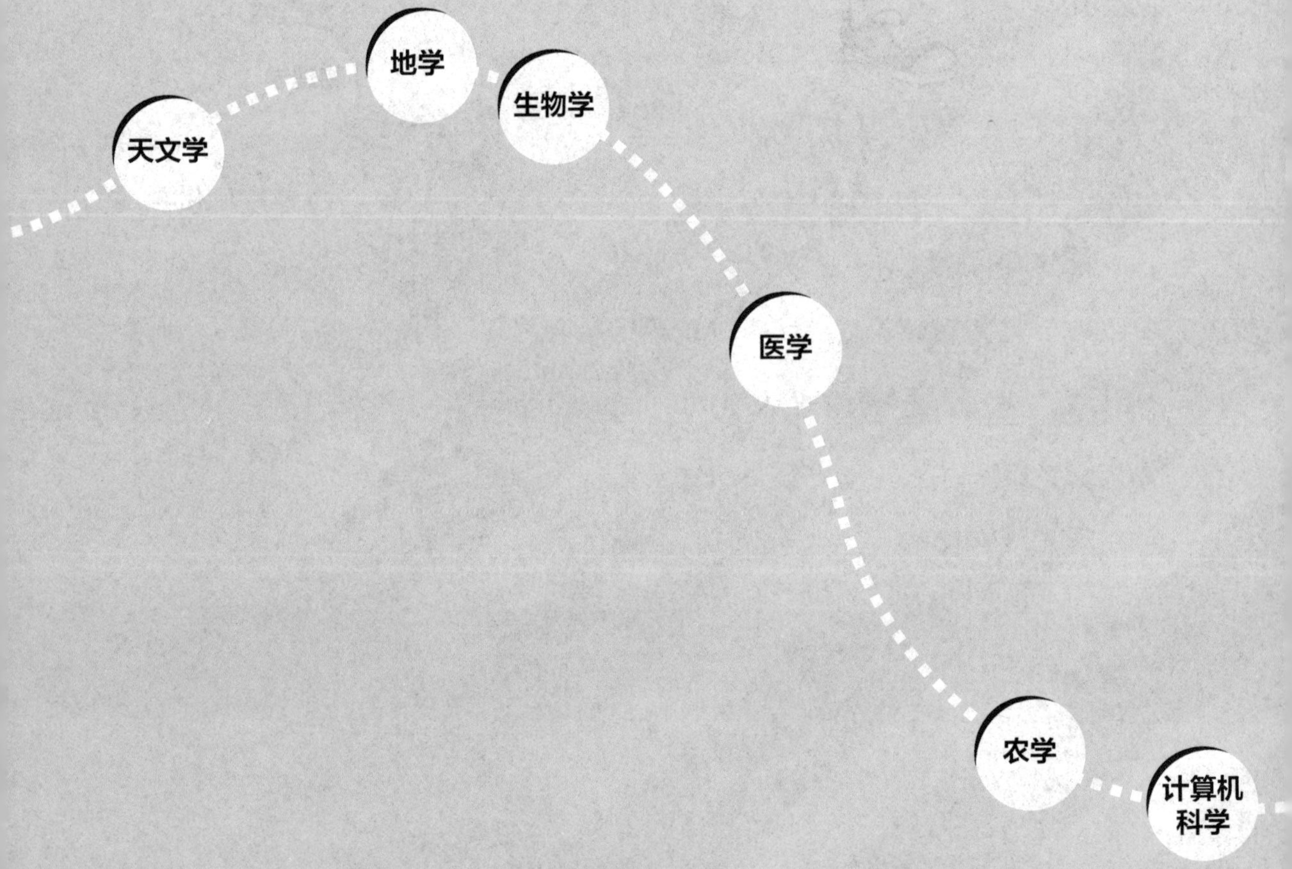

天文学
地学
生物学
医学
农学
计算机
科学

上海出版资金项目
Shanghai Publishing Funds

王元 主编

改变世界的科学

生物学的足迹

岑少宇　朱长超　赵佳媛　周　东　冯建明　王传超 • 著

上海科技教育出版社

图书在版编目(CIP)数据

生物学的足迹/岑少宇等著.—上海:上海科技教育出版社,2015.11(2022.6重印)
(改变世界的科学/王元主编)
ISBN 978-7-5428-6203-7

Ⅰ.①生… Ⅱ.①岑… Ⅲ.①生物学—青少年读物 Ⅳ.①Q-49

中国版本图书馆CIP数据核字(2015)第071329号

责任编辑 伍慧玲 王世平
装帧设计 杨 静 汪 彦
绘 图 黑牛工作室 吴杨嬗

改变世界的科学
生物学的足迹
丛书主编 王 元
本册作者 岑少宇 朱长超 赵佳媛
周 东 冯建明 王传超

出版发行 上海科技教育出版社有限公司
(上海市闵行区号景路159弄A座8楼 邮政编码201101)
网 址 www.sste.com www.ewen.co
经 销 各地新华书店
印 刷 天津旭丰源印刷有限公司
开 本 787×1092 1/16
印 张 14
版 次 2015年11月第1版
印 次 2022年6月第3次印刷
书 号 ISBN 978-7-5428-6203-7/N·941
定 价 69.80元

“改变世界的科学”丛书编撰委员会

从20 000年前的古老陶片到20世纪末的神奇碳纳米管，
从5000年前美索不达米亚的早期天文观测到21世纪的星际探索，
从3000年前记录的动植物学知识到2000年人类基因组草图完成，
……

一项项意义深远的科学发现，
就像人类留下的一个个深深的足迹。
当我们串起这些足迹时，
科学发现过程的精彩奇妙，
科学探索征途的蜿蜒壮丽，
将一览无余地呈现在我们面前！

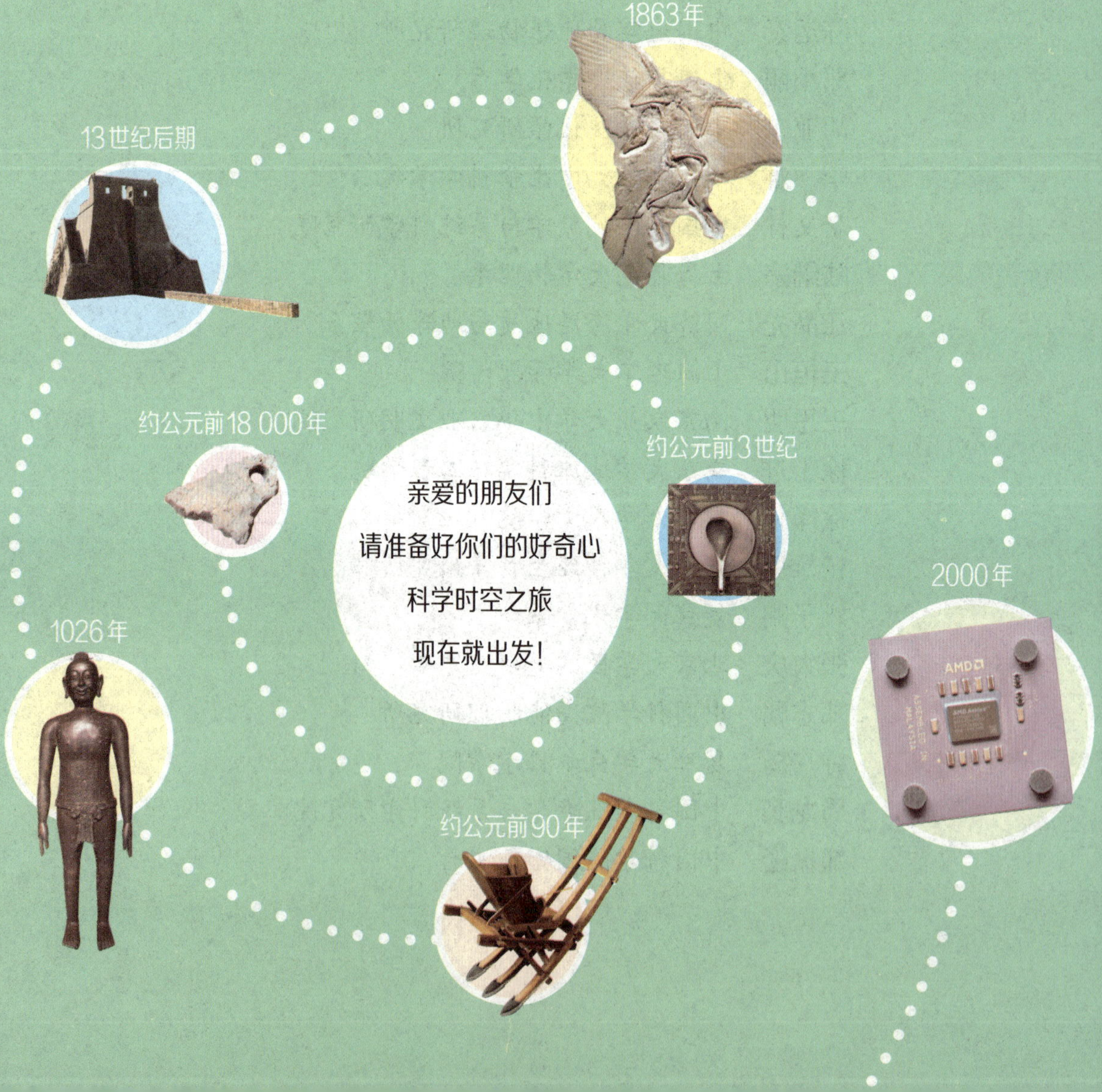

目录

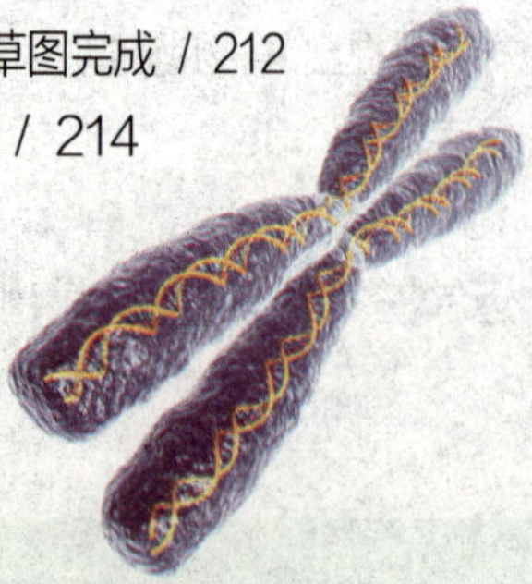

公元前14—前3世纪

中国早期文字和典籍记述动植物知识

中华民族的先民很早就繁衍、生活在中国的土地上，在生产和生活中积累了丰富的动植物方面的知识。它们成了后世生物学知识的源头。这些知识，既反映在代表殷商文化的甲骨文中，也反映在代表从西周到春秋战国的先秦文化的《诗经》、《楚辞》等典籍中。

在公元前14世纪的殷商时代，文字已经诞生了。那时的人们把文字刻在龟甲或兽骨上，所以我们今天把这种文字称为甲骨文。从甲骨文中可以看到，先人已经具有相当丰富的植物、动物学的知识。

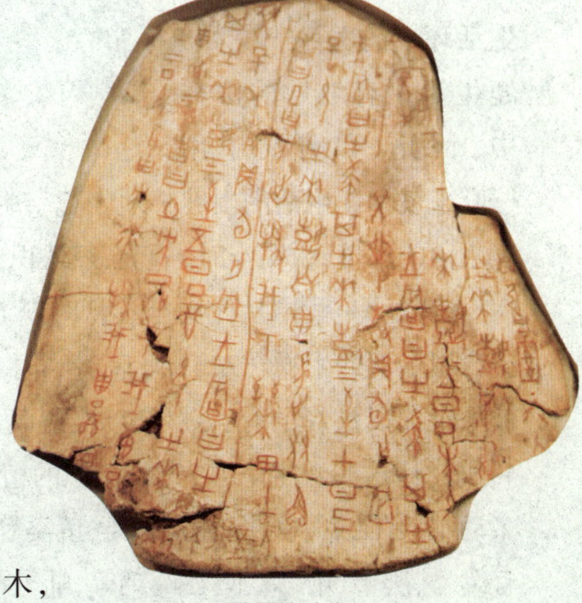
甲骨文(1)Ⓨ

甲骨文中有许多表示植物、动物的文字，它们是植物、动物的象形。例如，禾字就像一个成熟下垂的禾穗，是禾本科作物形象的反映；木字代表树木，刻成树木的形状。甲骨文中也有许多代表动物的文字，例如龟、牛、羊等，它们被分别刻成了这些动物的形象。

从甲骨文的资料看，当时的人们已经有了初步的生物分类的概念。例如，禾是对谷类作物的统称。甲骨文中还有许多从“禾”的字，如麦、黍等。这表明，当时人们已经把这些植物看作同一类植物，这与后世的分类相契合。从“木”的字还有桑、柳、杏等。这表明当时人们已经将这些树木视为同一类了。

甲骨文(2)Ⓢ

对动物分类也表现在甲骨文中鹿类动物的象形文字中，它们是鹿、麝、麇、麋、麞等。这些动物形象不同，有的有角，有的无角；有的短角，有的长角，有的叉角；有的有

一对鸳鸯Ⓨ

香腺，有的没有。但甲骨文中把它们的文字都刻成以鹿字的象形为基础，表明人们已经认识到了这些动物的相似性，把它们归为同一类。

从甲骨文的资料看，古人还注意到了动物与生活环境的关系。例如，鹿生活在有坡地的山林中，因此，甲骨文中用“麓”来表示鹿生活的山坡林地。麓字中有鹿的象形，有林地的象形，它指代的是鹿生活的环境，说明当时人们已经认识到每一种动物都有其特定的生活环境。

《诗经》是我国从西周至春秋时期流传的诗歌的总集。它虽然是诗歌集，却包含着丰富的生物学知识，反映着当时人们对生物的认识。《诗经》中记载的植物被后世加以注释的有：谷类24种、蔬菜38种、药物17种、草37种、花果15种、木43种。从这些数字来看，先民认识的植物数量多，种类也多。《诗经》也描绘了许多动物，有昆虫、哺乳动物、鸟类、鱼类等。其中，昆虫有螽斯、蟋蟀、蝗虫等，鸟类有鸳鸯、燕子、雉、鸠、鸥、雁、鸡等，哺乳动物有羊、牛、鼠、鹿等。

先秦时代先民对生物的认识，还反映在诗人屈原的作品《楚辞》中。《楚辞》中描写的动植物有222种（类），它是诗，也是关于生物的博物学作品。它用幽兰、香桔来比喻道德高尚的君子，用秽草来比喻小人。它还非常形象地描绘了动物的形态和习性。屈原还曾写道：“若有人兮山之阿，被薜荔兮带女萝；既含睇兮又宜笑，子慕予兮善窈窕。”这里描写了一位少女，身上披戴着薜荔、女萝等花草以作装饰，更增加了她的美丽。

薜荔Ⓦ

公元前4世纪中后期

亚里士多德撰写《动物志》等著作

亚里士多德公元前384年出生于爱琴海北岸的斯塔基拉，在少年时期曾当过医师的学徒，后来师从柏拉图，继承了柏拉图哲学的思想遗产，成为柏拉图学院派最杰出的代表。

生物学研究的各个方面几乎都是从亚里士多德开始的。他是将生物学分门别类的第一人。他首先发现了比较法的启发意义，并理所当然地被尊称为比较法的创始人。他也是详细叙述很多种动物生活史的第一人。他特别注意生物多样性现象，以及动植物之间的区别的意义。虽然他没有提出正式的分类法，但是他按一定的标准对动物进行了分类。亚里士多德认为生命是有"阶梯"的，所有的生物在这一阶梯上都有自己的位置，人类位居阶梯的顶端，其他生物根据其复杂程度依次排列其后。亚里士多德的生命阶梯是一个连续的系列，所有的生命都排列其中，但他从没有想过生物会发生进化。

身为生物学家，亚里士多德不惜动手，他曾花费多年的时间去耐心地观察与解剖动物。他对500多种不同的动植物进行了分类，至少解剖了50多种动物。他总共描述了将近600个物种，包括昆虫、甲壳类、鱼类、两栖动物、爬行动物、哺乳动物与鸟类。他曾经进行了许多精细的观察，例如，他发现鼹鼠有一双隐蔽的眼睛；雌土狼尽管有类似雄性性器的生殖器，但土狼并不是雌雄同体；鲶鱼是雌性产卵、由雄性照顾幼鱼。他非常细心地研究蜜蜂，试图了解它们如何繁殖。在这个过程中，他成为第一个注意到蜜蜂舞蹈语言的人。他指出鲸是胎生的，还考察了鸡胚胎的发育过程。

亚里士多德Ⓦ

亚里士多德的一系列著作，为生物学奠定了

基础。其中最重要的一本是《动物志》，在这本书中他谈到数百种动物的身体结构及生活方式，包括它们生长繁殖的方式、栖息地及活动方式。其他还有关于比较动物解剖学与功能生理学的《论动物解剖》，关于动物如何运动的《论动物行为》与《论动物生态》，追踪动物生长发育的《论动物生成》，以及探索生物与非生物之间差异的《论灵魂》。亚里士多德在著作中清楚地将观察置于理论之上，他明确写道："然而事实尚未完全确定，若真能确定的话，则应先信任观察而非理论，唯有与观察结果一致的理论方可信任。"

亚里士多德一生勤奋治学，不仅在生物学方面贡献巨大，还在逻辑学、修辞学、物理学、宇宙学、教育学、心理学、政治学、经济学和美学等领域建立了重要的理论，令他之前的学者望尘莫及。亚里士多德写下了大量的著作，据说有1000部，可谓古代的百科全书。公元前335年，他还在雅典创办吕克昂学园，亲自在那里讲授许多科目，他的吕克昂学园被称为逍遥学派的乐园。

虽然后来人们发现，亚里士多德的理论错误不少，但他通过观察和演绎奠定了科学方法的基础，决定了以后科学和科学思想发展的多种途径，对人类的科学

亚里士多德在教授动物学知识Ⓢ

探索产生了深远的影响。亚里士多德被马克思称为古希腊最博学的人，被人们尊为世界古代史上最伟大的哲学家、科学家和教育家，故而在西方出现了只要与科学有关，“言必称希腊”，提及希腊又“言必称亚里士多德”的有趣现象。

关于亚里士多德有许多著名的故事，其中之一是关于他与导师柏拉图的分歧。柏拉图是古希腊著名的哲学家，也是整个西方哲学乃至西方文化最伟大的哲学家和思想家之一。他最著名的论著是《理想国》。柏拉图与其老师苏格拉底、其学生亚里士多德并称古希腊三大哲学家。

亚里士多德（右）向柏拉图（左）求教©

柏拉图创立了名为阿卡德米的学校（那时称为“学园”），原本希望自己最出色的弟子、有“学园的智慧”之称的亚里士多德来接掌学园，谁知在认识世界的方式上，亚里士多德不同意他的理念：柏拉图强调数学，亚里士多德强调观察，认为通过观察去探究自然原因，是人所能从事的最美好的事情。亚里士多德总是试图用观察到的事实和经验支持自己的观点，这种方法称为经验式研究。

亚里士多德的坚持遭到许多人的非议，认为这是不尊师的表现。但亚里士多德说：“吾爱吾师，吾尤爱真理。”之后，他远走他乡，四处求学。柏拉图也将学园另交他人执掌。

公元前3世纪

狄奥弗拉斯图为植物学奠基

公元前335年，在外游历的亚里士多德回到雅典，创办了吕克昂学园，狄奥弗拉斯图成为他的得意门生和主要助手。公元前323年，亚里士多德离开雅典，之后吕克昂学园便由狄奥弗拉斯图主持。

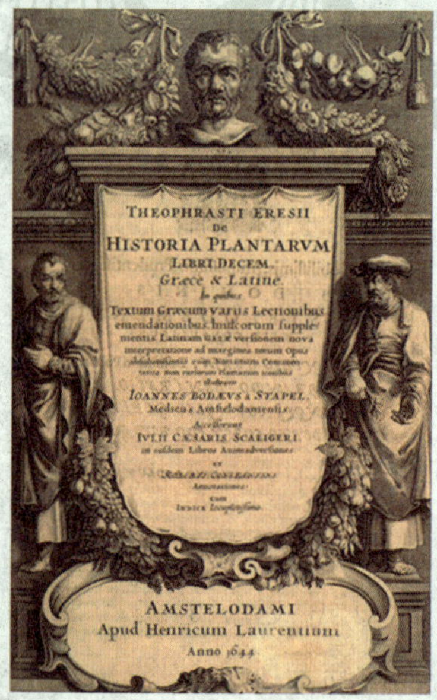

1644年版《植物志》扉页Ⓦ

狄奥弗拉斯图一生完成了200多部生物学著作，但大多数仅留下书名。在幸存的著作中，有9卷《植物志》和6卷《植物的本源》，是古希腊最完整的植物学书籍，不仅对500多种野生和栽培植物作了精确的观察和描述，预见了现代植物学研究的几乎每一个分支或其萌芽，而且对植物学理论的基本问题已经有了非常深入的思考。更为重要的是，狄奥弗拉斯图率先阐明了动物和植物在结构上的基本区别。

狄奥弗拉斯图基本上用亚里士多德的方法论来处理关于植物学的基本问题，他反对目的论的解释。狄奥弗拉斯图对许多问题的思考都非常先进且深入，例如，他认为应当从形态学的特征入手，为植物分类；经由大量的实际经验，他意识到花、果实及种子之间有着某种联系；他还思考了植物性别是否存在这个问题。

狄奥弗拉斯图(右二)和亚里士多德(右三)Ⓦ

狄奥弗拉斯图的著作代表了古代植物学的顶峰，它们影响了古希腊和古罗马的草药医生和药学家，在农业上许多经验性的农业手册也仍然借用他的研究成果。但是，由于罗马人重视实效，轻视理论，他的综合性的植物学理论很少被之后的作家提起。

公元77—79年

普林尼著成《博物志》

如果说亚里士多德和狄奥弗拉斯图创立了生物学，那么，老普林尼则在生物学的传播上功不可没。

老普林尼©

老普林尼是古罗马最有名的博物学家（他的外甥称为小普林尼，也是著名的博物学家），是罗马时代三个最伟大的百科全书作家之一。老普林尼的主要贡献是《博物志》。在中世纪，这部著作被认为是关于自然界一切知识的宝库。这部著作共有37卷之多，内容包括当时所有的关于自然界和人类的知识。在这部著作中，他广征博引了大量的事实和观察结果，这些都是从2000多种前人的著作中搜集来的。

《博物志》第一卷包括：给皇帝的献辞，一篇总序，内容目录及一张被引用书籍的作者名单。第二卷讨论了天和地。第三卷到第六卷是关于地理学和人种史。后面几卷讨论的是我们称之为博物学的内容，都是一些关于各种兽类、鱼类、昆虫类和鸟类的记事。

在《博物志》中，老普林尼花了16卷（第十二卷到第二十七卷）来写植物，篇幅庞大，内容很多，包括林业、种植业和园艺业。之所以对植物投入这么多的笔墨，一个可能的原因是，相比于其他主题，植物为罗马社会提供了最多的日常需要，而且最为常见。在论

老普林尼的《博物志》Ⓦ

述植物时所引用的诸多先人著作中，老普林尼将狄奥弗拉斯图列为植物学的最高权威。在这16卷中，前8卷对植物进行一般的概述和介绍狄奥弗拉斯图对植物学的处理方法，大量素材直接引自狄奥弗拉斯图的《植物志》。他还介绍了如何利用植物材料制造有用的产品如酒、油。后8卷是关于植物在医学上的应用。老普林尼写道：自然界是如此的慷慨大方，甚至“连真正的不毛之地天生也是一个药房”。叙述了动物在医学上的用途后，他还讨论了矿物质的应用。

《博物志》中描述的蛇怪Ⓦ

就对科学知识的传播来说，《博物志》的价值巨大。书中丰富奇妙的描述激发了后世无数人对自然界的好奇和关注，不少人还投身于研究之中。《博物志》对科学的普及、发展起到了极其重要的作用。当然，书中也有一些错误和荒谬的观点，比如谈到人和动物时，常常会讲述一些怪诞的故事，如长着动物脸的人，蛇和鸡的混合体等等，书中还误以为中国的蚕丝是从树上长出来的。

老普林尼死后不到200年，狄奥弗拉斯图的著作就完全散失了，《博物志》中关于植物的几卷就成了狄奥弗拉斯图伟大的植物论著的唯一记录。《博物志》对植物的记录广泛而丰富，共提到过1300种植物的名字，对于保存和传播古代植物知识卓有成效。到16世纪时，新的动物学著作已经出版了，但老普林尼的书仍然是自然史研究的最好源泉。

好奇和高效是老普林尼的天性。他从不浪费任何可用于读书写字的时间。为了在旅行时也能进行工作，他总是坐四轮马车，从不骑马。传说他甚至在洗澡时，还要秘书在一旁念书给他听。公元79年，维苏威火山大爆发，摧毁了庞贝城和赫尔库拉内姆城。在当时这种情况下，老普林尼还坚持亲身研究这种可怕的现象。在观察时，老普林尼被火山喷出的浓烟毒雾熏倒而去世，为探索自然献出了自己的生命。

维苏威火山（远处）和庞贝城遗址©

17世纪 上半叶

海耳蒙特完成柳树生理实验

海耳蒙特生活在300多年前。他出生在布鲁塞尔一个贵族家庭,小时候讨厌读书。有一次,为了表示对读书的反感,竟然点火烧掉了自己的教科书,甚至烧掉了父亲的图书馆。他就读过好多个学校,但是每一次都是有始无终。

游荡并没给他带来快乐。一次偶然的机会,他翻到了一本书,书里有这样一句话:"最高深和最有益的学问就是对自己具有正确的认识和评价。"这句话触动了他。他幡然悔悟,开始努力读书,发誓要将荒废的时间挣回来。

说来也奇怪,以前书本上的知识枯燥乏味,现在却变得津津有味。书成了他最亲密的朋友。经过不懈的努力,他终于在31岁那年,从医学院毕业,有了医师的资格。

但是,海耳蒙特不行医,不挣钱,而是从事科学研究。他认为化学可以帮助医学,提供更有效的药品。根据这种想法,他来到维伏迪城,过着隐姓埋名的生活,根据自己的兴趣进行科学研究。

他作出了一个又一个新发现。以前,人们认为仙丹可以延年益寿,返老还童。他却发现,仙丹含有汞和汞的化合物,多数有毒,会对人体产生危害。他还发现,将尿酸和钙混合在一起,会产生白色的尿酸钙沉淀,从而最早提出了尿路结石产生的生理学机制。他最早从胃里提取胃液,测出了胃液呈酸性。他发现,胃酸过多会让人胃疼,而胃酸过少,会消化不良。他还进行木柴燃烧实验。

他接着要探索的问题是,婴儿靠吃奶长大,动物靠吃食物长大,植物是"吃"什么长大的呢?古希腊

海耳蒙特在做研究Ⓢ

时代的大学者亚里士多德曾经思考过这个问题。他认为,植物是靠吸收泥土里的营养长大的。海耳蒙特对这个结论有点怀疑,他要亲自试一试,通过严格的实验得出结论。

海耳蒙特准备了一个大花盆,以及一定量的泥土。他先将泥土晒干,称重,然后栽入一棵柳树苗。柳树苗也称了重。

他只给柳树苗浇雨水,不施任何肥料。5年过去了,柳树苗长高了,长粗了,成了一株小柳树。他小心地从盆里拔出柳树。将根上的泥土小心地刷入盆中,不让盆里的泥土有一星半点损失。他小心地再将盆中的泥土晒干,再称重。他发现,柳树的重量净增了73.85千克,泥土的重量基本不变,只略少了0.1千克。而且,这0.1千克泥土的损失,还有可能是实验的误差。

这个实验证明,植物主要不是靠根部吸收泥土里的养料长大的。这就否定了亚里士多德作出的结论。

柳树实验虽然简单,在科学史上却有很重要的意义。

第一,它用实验的方法来验证某种认识是否合理,用实验的方法研究植物的生理现象,这在植物生理学研究史上是第一次。

第二,它开始了植物生理学问题的定量研究。科学研究可以是定性研究,也可以是定量研究。定量研究能更深刻地揭示事物变化的内在规律,特别是数量变化的规律。在300多年前,海耳蒙特就能对植物进行定量研究,这很不简单。

第三,这个实验提出了更多的问题,为植物生理学的发展开拓了广阔空间。伟大的物理学家爱因斯坦说过:"提出问题已经是解决问题的一半。"植物生理学之父黑尔斯对树叶的研究,正是在海耳蒙特研究的影响下进行的。许多年后,科学家才认识到,植物是靠叶子利用二氧化碳和水进行光合作用长大的。而正是海耳蒙特的柳树实验,为光合作用研究开辟了道路。

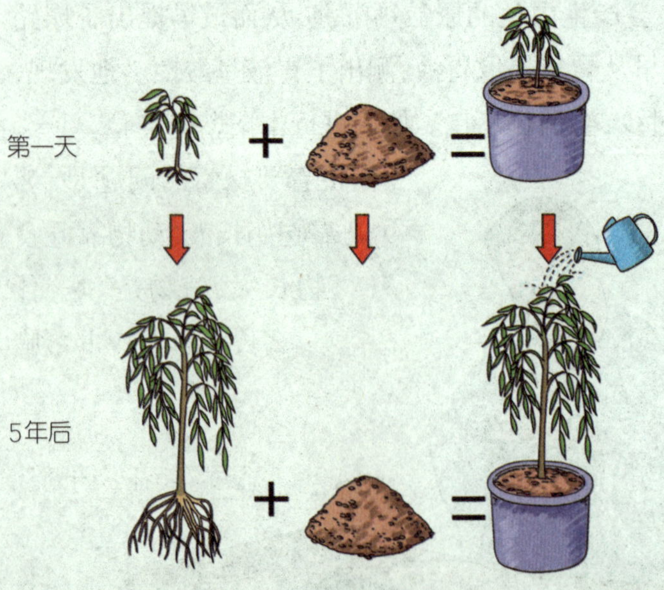

海耳蒙特的柳树实验Ⓢ

1665—1681年

显微镜开始应用于生物学研究

16世纪末到17世纪初，显微镜和望远镜几乎同时被发明。人们用望远镜仰望天空，感到宇宙的广袤无垠；用显微镜低头细看，发现小小一滴水中竟然也包藏着一个广阔的天地。

显微镜最早的发明者是谁至今难以定论，但最早用显微镜发现“新世界”的重量级人物，世人都公认是英国科学家胡克和荷兰人列文虎克。

生活在300多年前的英国科学家胡克享有“英国的双眼和双手”的美誉，他不仅设计和发明的科学仪器在当时无与伦比，就连随手制作出来的小玩艺也总有让人意想不到的惊喜。他用自制的显微镜观察了许多日常用品。有一回，他观察了从一小块软木上切下的薄片，清楚地看到软木薄片由蜂窝状、排列非常整齐的小室组成。他把这些小室叫做细胞，意为“空室”。其实，胡克看到的，只是软木组织中的一些死细胞留下的空腔，但人们仍然认为胡克是第一个发现细胞的人。1665年，胡克出版了一本叫《显微图谱》的书，其中详细介绍了他制作的能够放大140倍的复式显微镜，还绘制了许多漂亮而准确的动植物显微图谱。

胡克的显微镜Ⓦ

列文虎克住在荷兰德尔夫市，是一个看门人，每天的工作是为市政府的大楼开门关门，并定时到钟楼上敲钟报时。

他在年轻时曾跟人学过磨制眼镜片。磨制镜片从此成了他的一种爱好。看门的工作并不忙，一空下来，他就不停地磨镜片。当时，最好的眼镜制造商只能磨制放大10倍的眼镜，但是，列文虎克经过不断努力，最后竟然磨制出放大270倍的

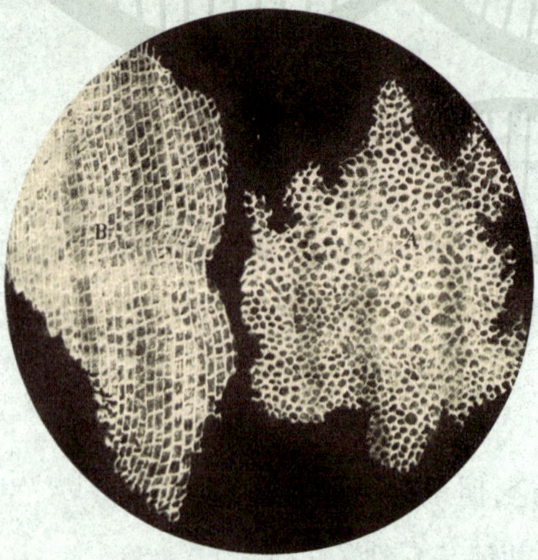

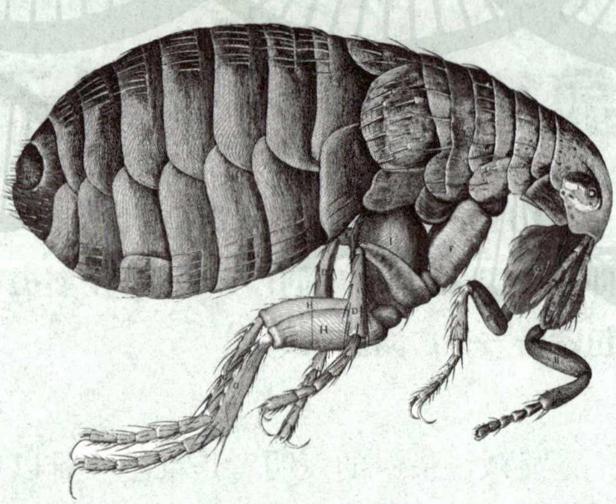

《显微图谱》中所绘的软木中的“小室”（左）和跳蚤（右）Ⓦ

镜片来。他用磨制的镜片制成显微镜，随身携带，不时用来观察。1674—1681年，他看到了别人从未见识的奇妙的微观世界。

他用显微镜观察鱼鳞、毛发、尘埃等细微的东西，看到了它们的细微结构。他在显微镜下放上一滴雨水，发现雨水中有成千上万个微小的生物，在水里熙熙攘攘。他向英国皇家学会报告了他的发现：“这些小动物远比直接用肉眼所看到的东西要小得多。如果把这些小动物放在蛆虫的旁边，它们就好像是一匹高头大马旁边的一只只小小的蜜蜂。在一滴雨水中，这些小动物要比我们全荷兰的人还多许多倍。”列文虎克发现的“小动物”究竟是什么呢？当时就连他自己也不得而知。直到两个世纪后，人们才认识了它们——无处不在的细菌。可以说，列文虎克发现了一个全新的世界。

列文虎克Ⓦ

他不断地观察着、记录着，不断地通过显微镜发现着“小人国”的种种秘密。他观察血液，看到血液中漂浮着微小的细胞，这就是红细胞。他对红细胞作了详尽的描述。他观察一条小鱼的尾巴，看到极细的小血管密密地分布着，把血液从动脉输送到静脉。英国生理学家哈维深信血液是循环的，但无法解释动脉和静脉怎么相互连起来。现

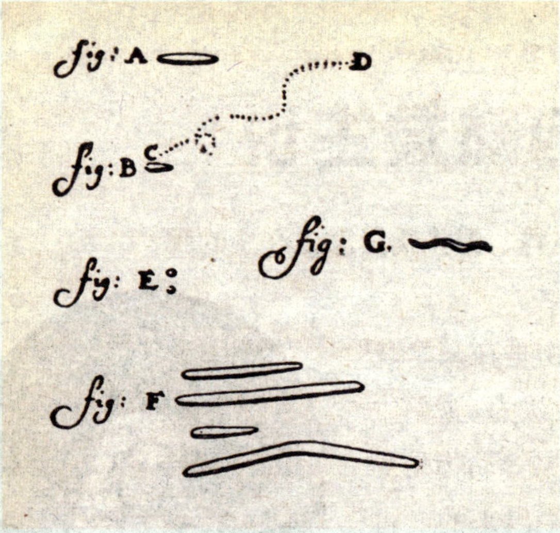

列文虎克所绘的显微镜下观察到的物体Ⓨ

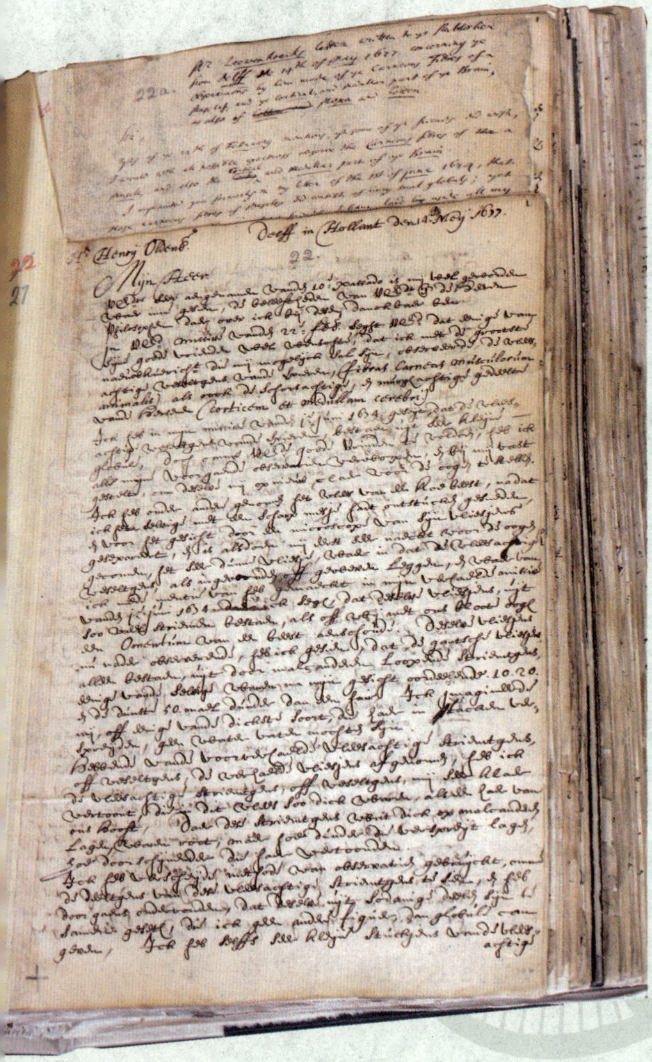

列文虎克写给英国皇家学会的信件Ⓦ

在，列文虎克通过他的显微观察证明了哈维的血液循环理论。他还描绘出骨细胞与横纹肌的细胞图，这也是前所未有的。此外，他还观察到了原生动物和动物的精子。

列文虎克的种种发现，引起了人们极大的兴趣，连后来的俄国的彼得大帝和英国国王詹姆斯二世也前去拜访他，想亲眼看看他发现的奇异的世界。列文虎克虽然没有科学专著问世，但他留下众多信件，信中有不少自己的观察结果和真知灼见。1723年2月27日，91岁高龄的列文虎克仙逝。他在给英国皇家学会的最后一封信中写道："一个人要有所成就，必须呕心沥血，孜孜不倦。"他的好奇心、他日复一日的辛勤工作和钻研，令这位普通的守门人为世人留下了大量无比珍贵的科学财富。

在胡克和列文虎克之后，显微镜的制作技术不断进步，放大倍数不断提高。显微镜不仅帮助人们探索着生命世界的秘密，还为人类的健康和医疗事业的发展作出了卓越贡献。

1668年

雷迪用实验挑战自然发生说

我们周围的世界是个充满生命的世界。但生物是怎么产生的呢？

在漫漫历史长河中，人们认为，生物是在某个环境中自然地产生的。例如，古代中国人认为，腐草生萤，肉腐生虫；古代埃及人认为，蛙、蛇、鼠等动物是尼罗河水泛滥而淤积的肥土经太阳晒后生出来的。古希腊哲学家亚里士多德也认为，生物可由无机物直接产生。这种理论称为自然发生说。

雷迪Ⓨ

千百年来，人们对这种理论深信不疑。中世纪有人将谷粒、破布塞入一个瓶中，放在阴暗处，后来发现瓶中生出了小老鼠，自以为证明了自然发生说。其实，这只是为老鼠做窝、繁殖创造了条件，老鼠在这里做了窝、生了小老鼠而已。

第一个向自然发生说发起挑战的是意大利生物学家、医生雷迪。1668年，他做了个实验：把牛肉、羊肉、鹿肉、蛇肉等各种肉放在敞开的瓶子里，让其腐败，几天后瓶子的腐肉都长出了蛆。他观察到蛆变成了蛹，蛹变成苍蝇。他还注意到苍蝇在肉上留下一些微粒，认为蛆就是苍蝇留在肉上的这些微粒变的。

雷迪的实验Ⓢ

雷迪又用同样的肉再度进行了实验，不过肉的瓶口都用纱布隔离，这一次，肉腐烂后没有生出蛆来。他由此得出结论，蛆的发生是与苍蝇有关的；生命是不能自然发生的，生命必有母体，一个生命出自另一个生命。他的实验，在科学地认识生命发生的道路上迈出了重要的一步。

1694—1766年

发现植物的性别和有性生殖

人有男女之分，动物有公母之别。那么，植物有没有性别呢？高等动物是通过卵子和精子受精后经过卵生或胎生的途径繁殖后代的。那么，植物是怎样繁殖后代的呢？

植物像动物一样，也存在着性别的不同。不过，植物的雄性和雌性形态多样。一些高等植物的雌、雄器官，即雌蕊（产生柱头、子房和卵细胞等）和雄蕊（产生花粉），生在同一朵花里，这类植物称为雌雄同花植物，如百合等。一些植物的雌蕊、雄蕊分别生在不同的花里，成为雌花或雄花，但雌花和雄花长在同一植株上，这类植物称为雌雄同株异花植物，如蓖麻等；另一些植物的雌花和雄花分别生在不同植株上，称为雌雄异株植物，如银杏等。此外还有许多中间类型。卵细胞和花粉产生的精细胞结合受精以后，受精卵才能发育成为种子。

第一个以实验证实植物有性别的是德国植物学家卡默拉留斯。卡默拉留斯使一株开“雌性花”（不含产花粉的柱头）的桑葚植株远离“雄性花”植株，花的柱头接触不到花粉，结果雌性花植株所结果实中没有种子。他还发现，当把雄蕊从蓖麻上取走或是从玉米花里把柱头取走之后，植物就失去了结籽的能力。这就说明植物是有性别的。

这一结果于1694年发表后，立刻在当时的科学界引起了轰动。同时，卡默拉留斯的实验也说明，实验虽简单，只要目标明确，往往就能获得极有意义的科学发现。

虽然卡默拉留斯发现植物是有性别的，但是人们一直认为，花粉的作用仅仅是刺激雌蕊发育，对子代的特征没有影响。也就是说，从遗传上看，“雌”植株既是子代的“母亲”也是子代的“父亲”。情况真的是这样吗？

1761—1766年，德国植物学家克尔罗伊

百合是雌雄同花植物⓪

特将烟草、石竹和紫茉莉等与同属但不同种的植物进行杂交,结果发现,提供花粉的植株的特征也在子代中显现出来。也就是说,像动物幼崽同时遗传了“父母”双方的特征一样,子代植物也同时遗传了“父母”双方,也就是“雌”植株和提供花粉的“雄”植株的特点。克尔罗伊特通过杂交实验第一次提出了植物有性生殖的观点,虽然人们觉得难以置信,而且并不普遍接受,但后续的研究最终证明这个观点是正确的。

《科勒药用植物》中插绘的蓖麻Ⓟ

克尔罗伊特不仅大胆地提出了植物有性生殖的新观点,还详细研究了花粉怎样被引入雌蕊的柱头,以及花蜜吸引昆虫是为了让其为植物传粉,风也能帮助花粉传播等现象。

研究植物性别和有性生殖具有重要的意义。第一,对植物性器官和有性生殖的认识深化了对植物生理的认识。第二,这种认识为更好地开发植物的经济价值创造了条件。例如,雌银杏能结果,为了得到银杏种子,宜多种雌株;人们栽种大麻是为了获得纤维,而纤维的质量以雄株为优,因此,宜多种雄株。第三,对有性生殖过程的深入认识为人工选择和培育优良品种创造了有利条件。

纤维丰富的大麻杆Ⓦ

17—18世纪

机械论与活力论相抗衡

生命会成长、能繁殖，有的生命会有感觉、会运动，人类还会思考。生命的这些品质究竟是如何来的，生命的本质究竟是什么？对于这些问题，在17—18世纪，有两种不同的学说，它们互相对立。一种学说叫活力论，另一种学说叫机械论。

ⓞ

活力论又名生机论或生命力论，它主张有某种特殊的、非物质的因素支配生物体的活动。这种学说可以追溯到古希腊的亚里士多德。他认为生物体内隐藏着灵魂，不同的灵魂决定生物体不同的机能和结构。植物灵魂使植物只有营养和繁殖的功能，动物灵魂还具有感觉的功能，人类除了这两种灵魂外，还有一种理性的灵魂，因此人能思考。灵魂使生物具有目的性。例如，植物灵魂使植物的根伸向大地，使枝叶伸向阳光。

随着近代科学的发展，活力论有了多种形式，它们都用一种超自然的精神力量说明各种生命现象。活力论把生命运动看作是由凌驾于生命物质之上的力量引起的，否定生命的物质性。

机械论是近代工业革命后的产物，是用机械的观点看待生命现象，把生命运动理解或归结为机械运动。例如霍布斯认为，人的心脏就如钟表上的发条，神经和关节就如机器上的油丝和齿轮。

Ⓢ

机械论一方的代表人物是法国科学家兼哲学家笛卡儿，他认为，生命只是一部机器，肉体和灵魂是分开的，肉体决定灵魂，生理的机能含有心理活动的基础。他认为人的情感和思维也是有物质基础的，那就是大脑中的松果体。

机械论含有合理的成分，它强调了生物的物质属性。它在与活力论的论争中，推动了对生物认识的发展。但是，这种理论也有片面性，带有机械唯物论的色彩。

17—18世纪

预成论与渐成论相抗衡

生命是怎么形成的？在17—18世纪，关于这个问题，存在着预成论和渐成论两种观点，彼此争论不休。

预成论认为，生命在形成之初，已经具备了生命的全套器官和组织，只是它非常微小，生命的发生只是微型生命不断长大而已，是个量变的过程。渐成论则认为，生物的组织、器官是在胚胎发育过程中由原来未分化的物质发展变化形成的，生命在形成过程中，不断地、逐渐地发生着由简单到复杂的发育演变，产生着质的变化。

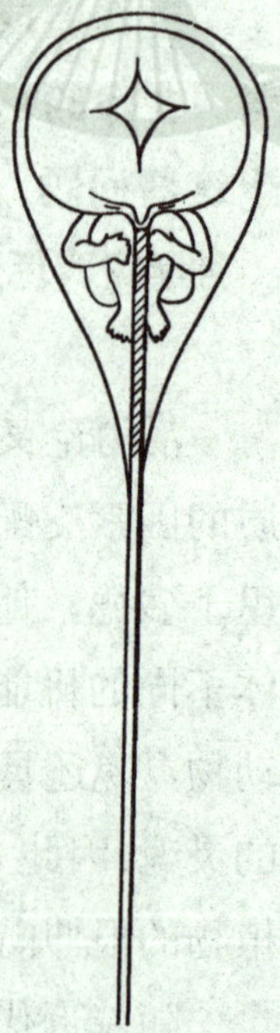

精子“小人”Ⓟ

预成论提出的时候，生命科学取得了一些成就。例如，列文虎克发现了人和动物精液中活动着的精子。由于当时显微镜还比较粗糙，观察不够精细，加上当时受机械唯物论思潮的影响，列文虎克认为他观察到的精子有的像男孩，有的像女孩。像男孩的精子长大，就成为男孩；像女孩的精子长大，就成为女孩。这种预成论称为精源论，就是说，精子中含有已经成形的微型个体，它长大后就发育成这种生物的个体。荷兰学者哈尔措克则把精子描绘成大头、弓身、抱膝的小人，认为它在子宫中长大。意大利解剖学家马尔皮基也是预成论者。但他主张卵源论，认为个体的发育是卵子的长大，精子的作用只是刺激卵子的成长。

渐成论一方的代表人物是德国生理学家沃尔夫。他仔细研究了鸡的发育，认为未孵化前，鸡卵中充满不定形的液体，并没有预先成形的小鸡，在孵化过程中，蛋内物质逐渐分化演变，形成血管、内脏、翅膀和脚等各种组织和器官，最后形成小鸡。

随着人们对生物发育过程的认识不断深入，渐成论在与预成论的争论中逐渐站稳了脚跟。

鸡蛋中没有预先成形的小鸡Ⓨ

1727—1733年
黑尔斯将力学实验法导入生理学

科学家史蒂芬·黑尔斯生活在英国，是与牛顿同时代的人，他的著作出版时曾得到牛顿的推荐。黑尔斯受牛顿的影响很深，甚至把牛顿用于物理学的力学实验法应用到植物和动物的生理学研究上。

黑尔斯⓪

黑尔斯是一个牧师，他的主要工作是讲道、传播福音，但他一有空就孜孜不倦地研究科学，特别是植物生理学。黑尔斯有着很高的道德素养，他努力探求科学真理的同时，也努力做着有益于民众的好事。1709年，他成为特丁顿地区的牧师，并以此作为终身职业。他一到特丁顿，就帮助当地人挖了一条沟渠，好让人们喝到干净的水。他发现当地居民室内的空气非常差，于是设计了通风装置，改善居室的空气条件。由于他的成就，他被任命为伦敦地区的大主教，但是他淡泊名利，坚持留在特丁顿当一个小牧师，直到去世。

黑尔斯发现，就如人会不断地出汗一样，植物的叶子也会不断地“出汗”。他想，叶子出汗有什么作用呢？他通过研究发现，植物的叶子不断地蒸发着水分，这就是蒸腾作用。蒸腾作用使根部吸收的水不断地上升，同时也使根部吸收的养料随着水分输送到植物各个部位。黑尔斯还成功地测量了“植物吸收和排出的水汽的数量”。黑尔斯还认为，植物“通过其叶子从空气中汲取一部分养料”，“叶子的一大用途是在一定程度上尽维持植物生命之职，一如动物的肺在尽维持动物生命之职”。

1727年，黑尔斯的《植物静力学》一书出版，这是科学史上第一本植物生理学著作，记载了关于植物的生长速度、树液流动、树液压力、叶子的蒸腾作用和气体交换等方面的124个实验，黑尔斯也由此被认为是植物生理学的创始人。

1733年，黑尔斯的《血液静力学》出版，深入研究了血压与血液的关系、血液

黑尔斯测量马血压Ⓢ

在血管内流动等问题，这本书是18世纪人体生理学最重要的著作之一。现在我们常用的血压计就是他发明的。他是世界上第一个测量血压的人。

可以说，正是黑尔斯教会我们如何实时观察各种生物的生理过程，他那无拘无束的想象力使得科学实验成为世界上最具挑战性且又最有趣的工作。

1761年1月4日，黑尔斯在特丁顿去世。英国皇家学会想将他葬在西敏寺，这是安葬英国杰出人物的地方，牛顿就在那里安息。但是，黑尔斯生前留下遗嘱，要葬在特丁顿教堂后的小坟场。他的墓碑上刻着："他帮助别人渡过困难，他为上帝探索奥秘。"今天，世界上植物学的最高学术奖就以他的名字命名，称为"史蒂芬·黑尔斯奖"。

后人为了纪念他，写下这样的诗篇：

绿色的特丁顿清静明朗，
是从事科学研究的好地方。
优秀牧师黑尔斯在这里，
解剖过狗、马和青蛙，
还用天平称过水汽的重量。
他以探索大自然奥秘为快乐，
也不时为此而烦恼、徬徨。

《植物静力学》中测量树液的流动和压力的插图Ⓟ

1735—1758年

林奈提出自然系统分类方法

这个纷繁复杂的世界有没有条理呢？各种植物、动物、微生物之间有什么关系呢？化学物质也丰富多样，但是，俄国化学家门捷列夫发现元素周期律后，世界上千千万万种物质就变得井然有序。生物界有没有类似的“生物周期表”呢？有的。发明这种生物周期表的，是瑞典博物学家林奈。

林奈的父亲是一位乡村牧师，爱好园艺。林奈从小就十分喜爱植物，小花园是他童年的学校和伙伴。8岁时，他认识了许多植物，被称为小植物学家。他的父亲经常耐心地回答他提出的各种问题，但为了鼓励他加强记忆，不回答他重复提出的问题。

林奈并不是老师眼中的好学生。老师对他的评语是“对学习缺乏兴趣，学习不努力，成绩不好，前景不佳”。考虑到不良的成绩和贫寒的家境，父亲决定让他退学，去皮匠铺当学徒。物理老师认为林奈的兴趣与众不同——他对拉丁语和植物学兴趣浓厚，于是劝林奈的父亲不要失望，不要让他失学。就这样，林奈继续了学业，还上了大学。于是，世界上少了个鞋匠，多了个科学家。

林奈木Ⓖ

林奈　手中持的是以他名字命名的林奈木。Ⓦ

大学里，林奈生活困难，靠为同学补鞋获得一点收入。有位教授看到他生活困难，但对植物学有浓厚兴趣，就邀请林奈到自己家里居住。在教授的帮助和鼓励下，林奈进步很快。还没有毕业的林奈就走上了大学讲坛讲授植物学，并发表了许多关于植物的论文。林奈立志要为地球上所有的植物、动物和矿物命名。

1730年，林奈受瑞典皇家科学院资助，到瑞典北部拉帕地区考察和采集植物标本。这是北极的高寒地区。这次考察,他竟然发现了100多种新的植物——要知道,即使发现一个新的植物种,就已经是很值得夸耀的成就了。考察结束后,他根据植物的亲缘关系,分门别类地进行了整理。1737年,他整理了考察成果,完成了一部著名的植物分类学著作——《拉普兰植物志》。

《拉普兰植物志》页面Ⓦ

地理大发现后,生物学家发现了大量生物新种。林奈对丰富多样的生物种进行了系统的整理。第一,他发明了双名法,对植物进行了科学的命名。在他之前,生物同种异名、异种同名的现象很普遍,加上语言、文字上的隔阂,学者之间交流困难,影响了科学的发展。林奈发明的"双名法"能很好地解决问题。植物的常用名由两部分组成,均用拉丁文,前者为属名,要求用名词;后者为种加词,要求用形容词。有时最后会加上命名人姓名的首字母。这样,一种生物一个名,有利于交流。植物王国的混乱局面大为改观。例如,林奈木的拉丁文名是*Linnaea borealis* L.,其中*Linnaea*指林奈属,*borealis*表示它在北极地区生长,最后的L.指的是由林奈命名的。

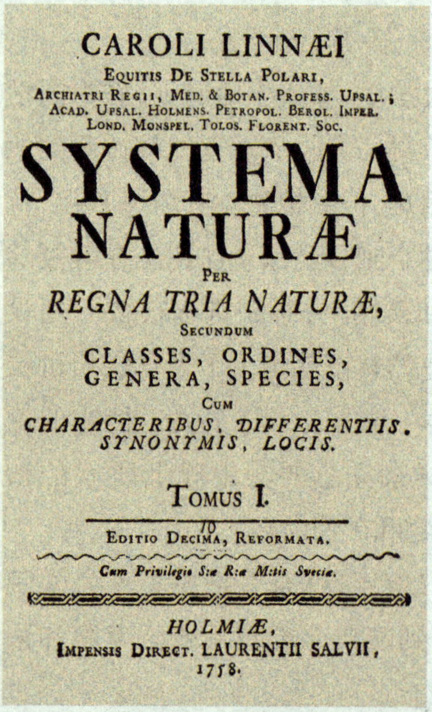
CAROLI LINNÆI
EQUITIS DE STELLA POLARI,
ARCHIATRI REGII, MED. & BOTAN. PROFESS. UPSAL.;
ACAD. UPSAL. HOLMENS. PETROPOL. BEROL. IMPER.
LOND. MONSPEL. TOLOS. FLORENT. SOC.

SYSTEMA
NATURÆ
PER
REGNA TRIA NATURÆ,
SECUNDUM
CLASSES, ORDINES,
GENERA, SPECIES,
CUM
CHARACTERIBUS, DIFFERENTIIS.
SYNONYMIS, LOCIS.

TOMUS I.

EDITIO DECIMA, REFORMATA.

Cum Privilegio S:æ R:æ M:tis Sveciæ.

HOLMIÆ,
IMPENSIS DIRECT. LAURENTII SALVII,
1758.

《自然系统》封面Ⓦ

第二,林奈将纷繁复杂的生物界按照纲、目、属、种进行了系统的分类。举例来说,他根据雄蕊和雌蕊的类型、大小、数量及相互排列等特征,将植物进行分类。1735年,他出版了《自然系统》一书。他将植物分为24个纲、116目、1000多个属和10 000多个种,从而将前人积累的全部植物知识系统化了。后来,他又把双名法应用于动物界。

林奈除了发明生物命名法和科学分类法之外,还通过科学分类并不情愿地发现了人与动物之间的亲缘关系。在1758年出版的《自然系统》第十版中,林奈第一次运用双

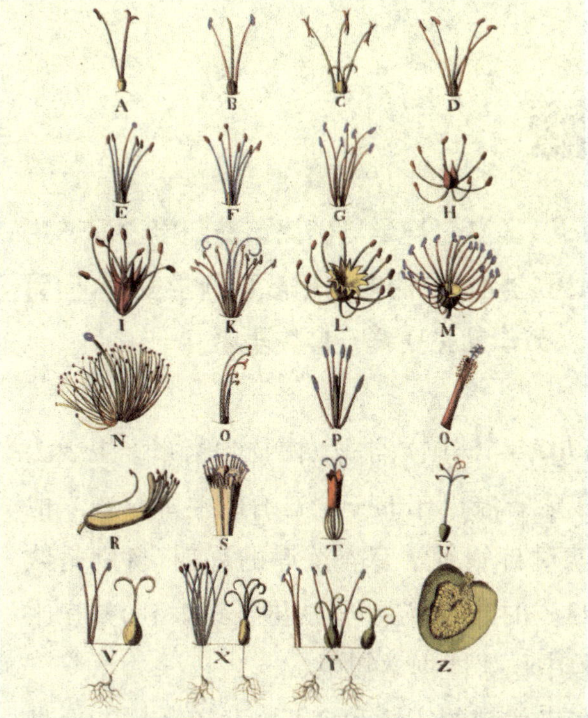

林奈在《自然系统》中用花的形态给植物分类Ⓟ

名法，将人类归入动物界，与鲸、大猩猩、猴等一同归入四足动物纲，并命名为 *Homo sapiens*（智人），*Homo*指“人属”，*sapiens*意为“有智慧的”。他发现人与猿、猴非常相似。他是物种不变论者，但是，他根据分类学规则将几种动物归为一类，命名为灵长类。他看到了人与猿、猴的相似性。他说：“丑陋的猿与我们多么相似啊。”后来，达尔文根据他的分类，进一步认识到了人与猿的亲缘关系，认识到两者有着共同的起源，提出了人猿同祖的理论。林奈无意之中为人类起源提供了分类学的依据。

林奈进行科学研究非常勤奋。他年轻时去北极考察，不畏严寒，顶风冒雪，取得了丰硕的成果。在他垂暮的20余年里，发表了180多种科学论著。

林奈的卓越贡献使他被人们称为植物学王子。科学史家称他是植物王国的牛顿，因为他对生物学的贡献与牛顿对物理学的贡献一样大。今天，他家乡的大学被命名为林奈大学，100克朗瑞典钱币上印有他的头像。尽管成就众多，他仍然虚怀若谷。瑞典皇家科学院由于他发现了许多种植物新种，要用他的名字命名一种植物。结果，他选了很小的一种木本植物来命名。这种微型灌木只有几厘米高，像根火柴，但是它耐阴耐阳，花朵芬香，还能治疗疾病，它就是林奈木。

100克朗瑞典币上的林奈头像Ⓨ

18世纪下半叶

布丰《自然史》出版

18世纪是各种观念相互碰撞的年代，尤其是神学与新兴自然科学之间产生了巨大的冲突。有些人苦苦思索如何用《圣经》中的内容来解释科学实验，但另一些人则选择了冲破宗教思想的桎梏。布丰就是这样一位先驱者。

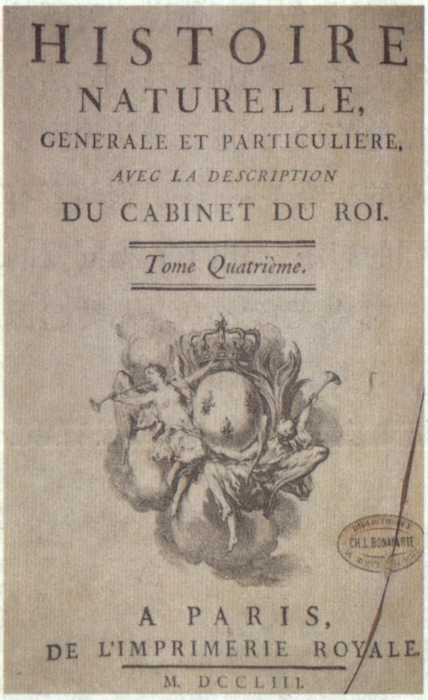

《自然史》封面Ⓦ

1707年，法国数学家、博物学家布丰生于法国科尔多省蒙巴尔的一个富有的律师家庭。他从小就对自然科学有着浓厚的兴趣，特别是数学。23岁时，布丰游历了法国及意大利，并在旅行过程中积累博物学知识。

布丰优越的家境和良好的教养让他能全身心投入科学研究，并且拥有广博的见闻和敢于藐视教会的胆识。他在1749至1788年间陆续推出36卷的巨著《自然史》，将其所有的生物学新理论尽收其中。

布丰摒弃了神创论，认为环境对物种形成有很大影响。他提出，不同的地理环境具有各自特有的动植物物种。这成为生物地理学的头号原理。布丰还认为，所有的四足动物都是由少数几种四足动物演化而来的。他甚至提出猿和人的差别仅在于灵魂，所以两者应当具有共同的祖先，但他们之间不是进化的关系，猿可能是退化的人。这种完全颠覆人类中心论的想法，挑战了宗教的权威，让教会大为不满。

布丰Ⓦ

1749年，《自然史》前三卷出版，反响巨大，巴黎大学神学院指控布丰“离经叛道”，要求给

《自然史》中的犀牛Ⓦ

《自然史》中的猕猴Ⓟ

予其“宗教制裁”。迫于压力,布丰写信声明自己“无意‘反驳’圣经”,并保证将来出版《自然史》第四卷时把这封信刊登在卷首。在之后出版的《自然史》中,布丰学会了假借上帝之名来避免与神学家发生冲突,但私下仍然坚持自己的科学观点,他说:“只要把这名字换成自然力就成了。”

《自然史》是一部内容丰富的博物志,内容涵盖了地球史、人类史、动物史、鸟类史和矿物史,布丰通过四十年如一日的博物学研究,结合事实的材料,对各种自然现象提出了精确、细致、科学的描述和解释,并给出了自己的理解和评论。《自然史》同时也是一部文笔生动的文学巨作,布丰认为文章要“言之有物,平易近人”,着重文章的思想。他用充满感情的笔触描述各种事物,歌颂人类在征服自然、发展科学中的伟大智慧和积极进取的精神。而他对动物的描写尤为突出,在他的笔下,动物拥有了人的性格:松鼠乖巧可爱,大象敦厚温和,马儿豪迈犷野。他那些活泼形象的描写至今仍为人们喜爱和颂扬。

虽然布丰有不少观点在今天看来是离奇和错误的,他甚至不能算是一位真正的进化论者,但他是用科学的眼光开始探讨关于进化的种种问题的第一人,其思想也影响了后世许多生物学家。

1775年
布鲁门巴赫开创体质人类学研究

黄种人、白种人、黑种人等现代广为人知的说法是怎么来的？它们又是如何被定义的？这可以追溯到1775年德国人类学家布鲁门巴赫在其著作《论人的先天差异》中关于人种起源和分类的研究。

布鲁门巴赫在耶拿大学和格丁根大学读书，并在格丁根大学获得医学博士学位。他关于不同人种起源设想的毕业论文，目前仍被认为是人类学的基本著作之一。事实上，布鲁门巴赫正是科学人类学的创立者，他第一个将人类作为研究对象，用研究动物的方式来研究人。布鲁门巴赫是最先尝试用颅骨的测量数据来对人进行合理分类的，他发明了高加索人种、蒙古人种、埃塞俄比亚人种、亚美利加人种和马来人种这种分类方法和称呼，以代表白种人、黄种人、黑种人、红种人和褐种人这五大种系。他揭示了比较解剖学在研究人类历史中是很有应用价值的，开创了体质人类学研究的先河，他的工作后来被许多19世纪的生物学家和比较解剖学家应用于人类起源研究。

尽管布鲁门巴赫晚年发表言论说人种之间并没有优劣之分，但他早期的理论还是被一些种族主义者利用，作为宣扬种族歧视的所谓"科学"证据。

布鲁门巴赫的分类法在当时来说还是很先进的，但是比较粗糙，无法准确反映人群关系，例如，按这种分类法，中国多数北方人被分在蒙古人种，南方人则有很多属于马来人种。如今，按体质遗传学，全球人类分为8个人种：布须曼、俾格米、尼格罗、尼格利陀、澳大利亚、高加索、蒙古利亚、亚美利加。中国人基本上属于蒙古利亚人种。

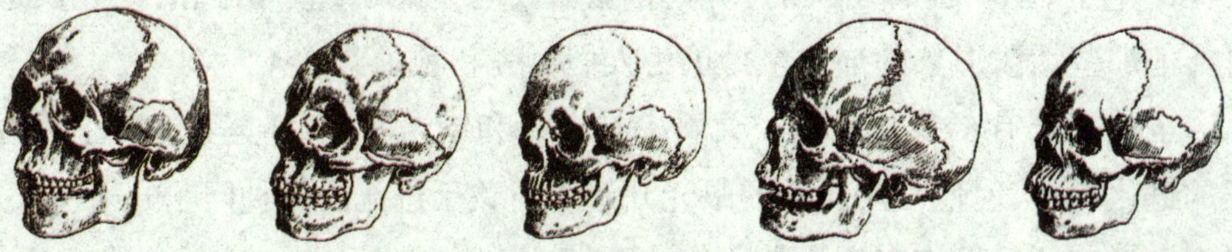

高加索人种　蒙古人种　埃塞俄比亚人种　亚美利加人种　马来人种

布鲁门巴赫用颅骨的测量数据来对人进行分类Ⓦ

1786年

伽伐尼发现生物电

18世纪末，意大利医生、物理学家伽伐尼从蛙腿收缩现象开始，发现了生物电的存在，开创了生物电生理学的研究。生物电的发现，使人类对机体的认识大为深入，为医学检测、治疗和生理学研究提供了新的工具。

伽伐尼Ⓦ

1771年，伽伐尼正在研究一只解剖过的青蛙，青蛙挂在铁架上。突然，天空中闪电划出耀眼的光芒，随后一声惊雷。他看到，在闪电中，青蛙的腿抽搐了一下。奇怪，青蛙已经死了，青蛙腿为什么还会抽搐呢？1786年，伽伐尼在实验室解剖青蛙。当刀尖碰到了蛙腿上外露的神经时，蛙腿发生了剧烈的痉挛。这次没有雷电，可死去青蛙的腿也会抽搐。

1791年，伽伐尼设计了一个新的蛙腿实验。他将一根铜针和一根锌针分别与青蛙的腿和脊神经相连接，观察会有什么反应。他观察到，当铜针和锌针相接触时，会立即引起蛙腿肌肉收缩。

这是怎么回事呢？伽伐尼认为，肌肉的收缩是生物体内发生了一种瞬间电流而引起的。当雷电发生时，它在蛙腿中发生了感应电流，感应电流刺激蛙腿神经，引起肌肉收缩、脚抽搐。当插入蛙腿的铜针和锌针接触时，也会产生从神经流向肌肉的电流，引起蛙腿肌肉收缩。

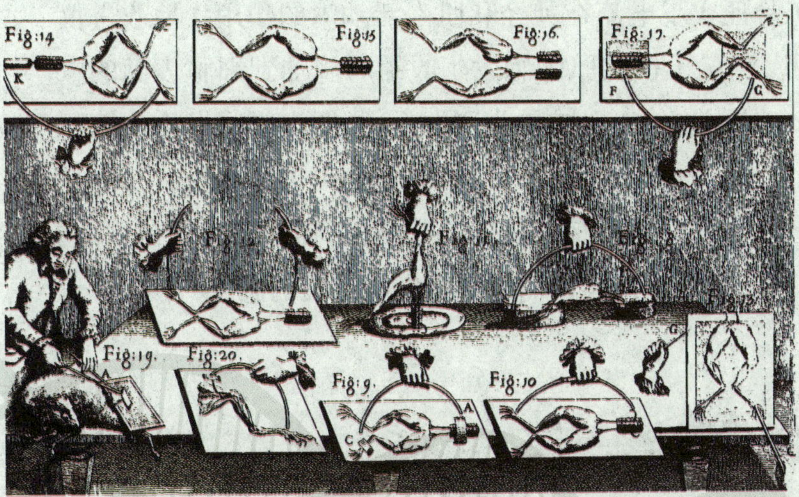

令死蛙腿部肌肉收缩的伽伐尼实验Ⓟ

这是科学家第一次发现生物体中电流的存在。后来，科学上把实验中诱导产生诱发电流的现象称做伽伐尼现象，把这种电流称为生物电。伽伐尼被认为是生物电生理学的奠基人。现在，科学家广泛地利用生物电研究生理活动，也用来检测生物器官和组织的状态。例如，心电图、脑电图都是利用生物电进行检测和记录的。

伏打电堆　Z表示锌币，A表示银币。Ⓟ

另一位意大利物理学家伏特，听说了伽伐尼的实验，他对蛙腿的抽搐也充满了兴趣。不过他认为，锌针和铜针这两种不同的金属针之间会产生“金属电”，电流刺激了青蛙腿，引起了抽搐，这与“生物电”无关。为了证明自己的观点，他取来一些银币、一些锌币，一层一层地叠放，在锌币和银币中间放上浸了盐水的纸片。然后，从最下边的一层银币上引出一根导线，从最上层的锌币上引出一根导线，将两根导线轻轻接触就会放出电火花。如果叠放层次足够多，会产生较强的电流。这叫伏打电堆，是今天电池的雏形。

伏特的结果让伽伐尼很吃惊，于是进行了更多实验和观察，用新证据表明“生物电”是确实存在的。

不过，当时许多科学家仍然不认同“生物电”，因为当时“活力论”统治着生理学，大家认为，生物的活动是由于生物体具有“活力”这种特殊物质的缘故，“活力”的扰动随着神经向外传播，引起肌肉收缩。连著名德国生理学家弥勒也坚信生命体中存在着“活力”这种物质。弥勒的学生、德国生理学家杜布瓦-雷蒙却不站在老师那边，他用实验证实了电流在神经和肌肉活动中的作用。他改进仪器，于1848年进行了实验，测量了横纹肌细胞发生收缩时施加到细胞表面的电压，这种电压被称为阈电压，是肌肉细胞发生收缩所需的最小刺激电压。他的实验证明，生理活动不是“活力”这种神秘物质引起的，生物电确实存在，而且与普通的电流（如伏打电堆制造的电流）没有差别。

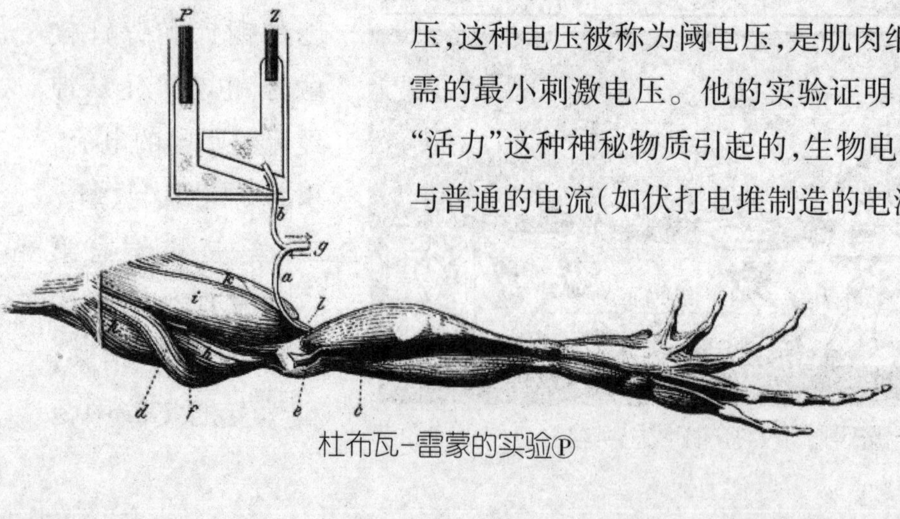

杜布瓦-雷蒙的实验Ⓟ

1798年

马尔萨斯《人口论》出版

18世纪末，发生了英国工业革命、法国资产阶级革命和美国殖民地独立运动。随着英国经济的迅猛发展，人口也快速增长，人民的生活日益贫困，阶级冲突越来越激烈，引发了思想界对社会走向的思考与讨论。

马尔萨斯Ⓞ

在英国社会哲学家葛德文和法国哲学家孔多赛的影响下，英国经济学家马尔萨斯于1798年匿名发表了《论影响社会改良有前途的人口原理，并论葛德文、孔多赛并其他作家的推测》，这就是《人口论》的第一版。其主要思想是，在所有的社会中，即使是压迫最严重的社会，人口的增长（趋向于指数式）也会大大快于食物供应的增长（线性式），所以总有一天人口会超过食物供应的极限，到那时，社会阶级较低的人将会变得贫穷，生活将仅能糊口，甚至出现战争、瘟疫和饥荒，从而人口锐减；之后，由于人口减少人们又会得到丰足的食物，然后人口再次快速增长，直至贫困和罪恶再次发挥作用，如此循环反复。《人口论》的出版引起了英国政府的警惕，从1800年开始每10年就进行一次人口普查。

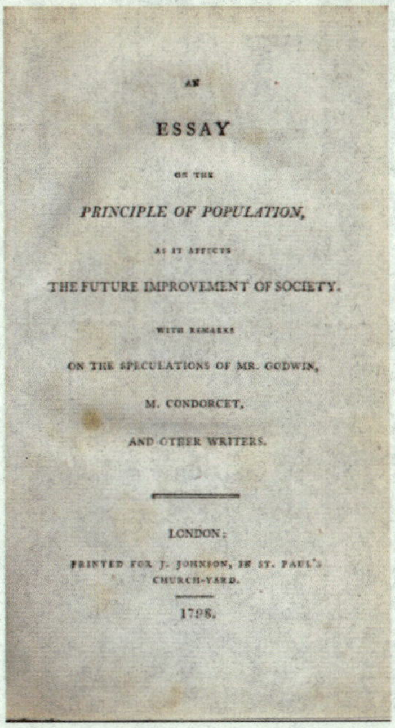

AN
ESSAY
ON THE
PRINCIPLE OF POPULATION,
AS IT AFFECTS
THE FUTURE IMPROVEMENT OF SOCIETY.
WITH REMARKS
ON THE SPECULATIONS OF MR. GODWIN,
M. CONDORCET,
AND OTHER WRITERS.
LONDON:
PRINTED FOR J. JOHNSON, IN ST. PAUL'S
CHURCH-YARD.
1798.

1798年版《人口论》封面Ⓦ

马尔萨斯被视为现代人口学的奠基人，他的思想引导和启发了不少学者，他关于经济学的理论对后来不少著名经济学家产生了一定影响。进化论学者则普遍认为，马尔萨斯无意中对进化论作出了贡献。现代进化论的创始人达尔文和华莱士都受到了马尔萨斯《人口论》的影响，达尔文在《物种起源》中提到，他的理论是马尔萨斯理论在没有人类智力干预的一个领域里的应用。

在后来几版的《人口论》中，马尔萨斯对自己的理论作了一些修改，但仍是第一版影响最广、争议最大。有很多学者把马尔萨斯的人口论理解为“人口控制论”。然而马尔萨斯其实是反对人口控制的，在《人口论》第五版中，他明确说过：“对任何人为和非自然的人口控制模式，我都一直特别反对。这不仅是因为它们是不道德的，而且因为它们消除了促进工业的必要因素。”他倾向于用晚婚和禁欲的手段控制人口增长。“经济要发展，必须以人口增长为前提。”通过降低人口出生率以减少资源消耗来解决资源危机并不属于马尔萨斯的理论。但是，正是在他提出人口论之后，人们才开始正视人口和资源的关系，才有了后来的人口控制。

虽然现代社会由于实行了计划生育和避孕等措施，人口增长得到有效控制，一些富裕国家甚至出现了人口负增长，同时随着科技进步，食物供应得到了长足发展，但全球人口的快速增长仍然给粮食、淡水、土地等资源的供给带来了沉重压力。在非洲和亚洲的许多国家，贫困、饥荒仍然与人口过度增长相伴。运用人口理论科学地指导相关的公共政策，应当有利于保护地球生态环境的稳定，实现人类的长久可持续发展。

密集的建筑、人流和车流©

18世纪末19世纪初

洪堡为植物生态学奠基

在历史上，洪堡家族出了两位名人：哥哥威廉·冯·洪堡创办了洪堡大学（今柏林大学），并卓有成效地改革了普鲁士（现代德国的前身）的高等教育；弟弟亚历山大·冯·洪堡则是包括植物地理学在内的多门现代学科的创始人。

亚历山大·冯·洪堡Ⓦ

洪堡兄弟生于柏林，父亲早逝，但母亲非常重视兄弟俩的教育，不仅请名师给他们授课，还安排好了他们远大的前程：哥哥学习法学，弟弟学习国家经济学，日后好成为国家高官。

不过，亚历山大·冯·洪堡对母亲为他安排的人生并不感兴趣，却对自然世界充满好奇。他一边学习商业和经济，一边偷偷了解一切他感兴趣的科学，包括物理学、语言学、考古学、动物学、植物学、矿物学和地质学等。在学习期间他结识了著名地质学家福斯特，激发了他对旅行和科学探险的强烈兴趣。

开始，洪堡并未忤逆母亲的心愿，当上了矿区检查官。但即使身陷繁缛的公务，他也没有荒废自己的才思及广博的知识，工作之余还发表了一篇有关矿区植物的论文。母亲去世之后，洪堡真正的事业才算开始，充足的资金来源让他能周游各地进行科学考察。最后，他毅然辞去官职，并且说服西班牙国王，以勘探矿区的名义调查西班牙管辖的拉丁美洲的地质和植物资源。在洪堡自费的科学装备精良的考察船扬帆之时，正逢拿破仑在欧洲燃起战火，洪堡不得不四处躲避军舰。

洪堡（左一）在厄瓜多尔钦博拉索山山脚Ⓟ

洪堡画的反映植被和海拔的关系的素描(局部)Ⓦ

到达南美洲后,艰苦的热带雨林环境又给他的工作造成了巨大的困难。然而,食物匮乏、疾病、恶劣气候乃至野生动物的威胁,都没能阻挡洪堡一路前行的脚步:他在亚马孙河流域采集奇花异草,在安第斯山脉攀山越岭,在厄瓜多尔活火山深处流连……

5年之后,1804年,洪堡满载而归回到欧洲,不仅带回6000多种植物,60 000多份标本以及其他各种科学、人文的第一手资料,还带来植物生态学的全新概念,包括植物的水平分布和垂直分布及其与气候的关系,以及植物形态随海拔高度变化的规律。洪堡将世界上的植物分为16个区系,创立了植物区系理论。除此之外,洪堡还提出了不少地质学和气候学上的新理论,给世界带来了一个旅行家所能带来的最多惊喜。

18世纪末19世纪初,除南北美洲外,洪堡还考察了北亚、西欧。洪堡在科学上作出了辉煌的贡献,是近代气候学、地质学、地球物理学、植物地理学和生态学的创始人之一。他发现了气候带的分布,发现了温度随海拔高度而下降的规律,发现了地磁从北极向南递减的规律,发现了地层内温度随深度递升的规律等,还第一次提出了等温线、等压线、海洋性气候、大陆性气候等科学概念。

洪堡一生极其勤奋,留下了丰富的著作。他最重要的著作之一《宇宙》5卷本,在他90岁去世时还未完成。他探险不倦,思考不息,探索不止,著述不辍,生命发出了耀眼的光辉。

1800—1805年
居维叶《比较解剖学讲义》出版

拉马克的生物进化理论问世后，一直未能成为主流思想。一方面由于当时古生物证据匮乏，另一方面是有着“第二个亚里士多德”之称的某位大科学家极力反对。这位科学家就是居维叶。

居维叶Ⓦ

法国自然主义者、动物学家和博物学家居维叶，出生于法国的蒙贝利亚尔，从小被称为神童，出众的才能让他似乎毫不费力就平步青云，从一个法兰西退役军人的儿子一步步变成国立自然博物馆教授、法兰西科学院院士、参议员和内政部主席，并且历经动荡的法国大革命时期、拿破仑时期和君主复辟时期而屹立不倒。

尽管身负繁重的政务，居维叶仍然善于利用时间，在多个科学领域都有建树。他最重要的不朽贡献之一是使人们接受了动物物种是会灭绝的这一事实。1796年，他首先指出非洲象与亚洲象是两个不同的物种，而猛犸象则是一种更接近于亚洲象的动物物种，在很多年前就已经在地球上消失，即“灭绝”了。

1800—1805年，居维叶的《比较解剖学讲义》5卷本相继出版，首次试图确立人和动物躯体结构的规律，把人类明确地归入了脊椎动物一类，并阐明了人类与其他类别的根本区别。居维叶根据对动物的比较解剖学分析，提出了“器官相关”理论，认为动物的身体是一个统一的整体，身体各个器官在功能上是有联系的。例如，牛、羊等食草的反刍动物有着能磨碎植物纤维的牙齿，这牙齿与它们的咀嚼肌、上下颌骨和肠胃等在功能上彼此关联，构成了一个整体，最终实现反刍这一功能。而虎、狼等肉食动物，则体格适于捕捉猎物，它们的牙齿、肠、胃等消化道方面的结构和机能也很适合撕烂、咀嚼和消化肉类。生物体各器官的结构与功能是生物与环境交互影响的结果，生物性状则是各器官功能的综合体现。居维叶的理论在很大程度上启发了人们对形态学进行研究。根据这一理论，居维叶在动物化石的基础上成功复原了已灭绝的动物形貌，他本人也成为近代古生物学和比较解剖学的奠基者之一。

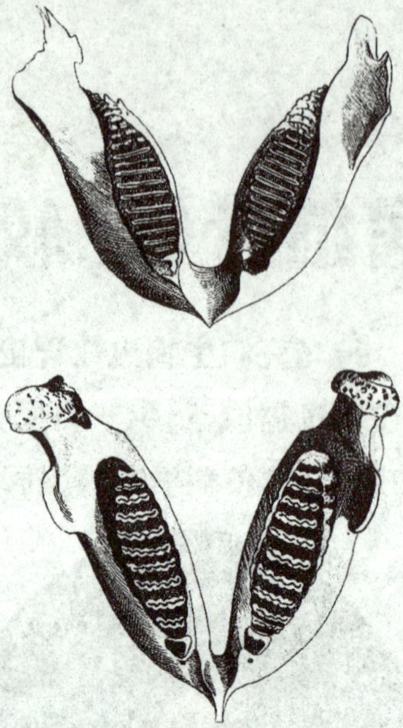

居维叶手绘的猛犸象下颌骨化石（上）和非洲象下颌骨（下）对比Ⓦ

居维叶推论，由于物种各器官对环境的适应极为精确，任何变异都将令个体无法存活，因此生物是不可能进化的。他解剖了拿破仑从埃及带回来的猫和鸟的木乃伊，发现几千年前的动物与现在见到的动物在结构上没什么差异，这一发现更坚定了他反对生物进化理论的立场。居维叶认为生物体的相似之处，不是来源于同一祖先，而是功能相同的后果：功能决定形态，形态不决定功能。他的观点与当时的布丰、拉马克和圣伊莱尔等认为生物形态是可以改变的相左。居维叶认为，按照物种可变理论，那么各种类型的动物之间应该有些过渡类型，才能说明生物逐渐变化的过程。然而在那个时代，古生物化石还很稀少，没法用于证明生物变化的学说。而且，居维叶当时学术地位很高、影响很大，因此物种不变理论就这样统治着生物学界，直到50年后达尔文证实物种是可变的。

猛犸象想象图Ⓖ

1804—1864年 索叙尔等阐述光合作用

绿色植物或光合细菌吸收光能、水和二氧化碳，制造出地球上多数生命必不可少的两种物质：氧气和糖类。地球上的需氧生物，每分每秒都离不开氧气。糖类是营养物质之一，包括葡萄糖、淀粉和纤维素等。不仅植物要利用糖类提供的营养和能量，动物也要通过食用植物而获得糖类。光合作用对人类和绝大多数地球生命都非常重要，但对它的认识经历了漫长岁月。

17世纪，比利时科学家海耳蒙特进行了著名的“柳树实验”，一般认为，这是光合作用研究迈出的第一步。

100多年后，英国化学家普里斯特利迈出了第二步。普里斯特利把一支点燃的蜡烛放在密封的玻璃罩内，蜡烛不久之后熄灭，这时，如果把一只小老鼠放进玻璃罩中，小老鼠很快一命呜呼。然后，他把点燃的蜡烛和一盆植物同时放到一个密封玻璃罩内，发现蜡烛能长时间燃烧，而植物不仅没有死，还长出了花蕾。如果同时把小老鼠放进去，小老鼠也能活上很长时间。他认为，空气中可能存在不只一种气体：其中一种是“干净的空气”，蜡烛燃烧时，这种空气就会被污染，产生一种“污浊的空气”，而植物可以净化污浊的空气。不过，在重复这个实验时，有时候成功，有时候失败，这令科学家百思不得其解。这期间，随着气体化学研究的不断进步，人们已把“污浊的空气”命名为二氧化碳（CO_2），而把“干净

(a) (b) (c) (d)

普里斯特利实验Ⓢ

的空气”命名为氧气(O_2)。

18世纪末，荷兰科学家英根豪茨终于解开了普里斯特利实验时而成功、时而失败的谜团：植物只有在日光下才具备净化污浊空气即放出氧气的能力，而且仅限于植物的绿色部分，在黑暗中则放出二氧化碳。“日光”和“绿色植物”是实验成功的要素。与此同时，瑞士牧师塞尼比耶证明植物在释放氧气的同时，伴随着吸收二氧化碳，他还认为，二氧化碳的吸收与营养有关。

光合作用Ⓢ

1804年，瑞士化学家索叙尔通过精确的定量分析发现，在光照条件下，植物所吸收的二氧化碳中所含的氧，要远远少于它所释放的氧气中所含的氧，也就是说，植物所吸收的水也参与了这一释放氧气的反应。

1845年，德国物理学家尤利乌斯·迈尔指出，植物进行光合作用，是把光能转换成化学能的过程。这从能量的角度揭示了光合作用的原理。至此，科学家对光合作用的认识总结起来就是：绿色植物在光照条件下，吸收水和二氧化碳，在体内将之转化为氧气和营养物质。但这个“营养物质”具体又是什么呢？植物生理学的奠基人之一、德国植物学家萨克斯解开了这个谜。

半叶法实验结果Ⓟ

1864年，萨克斯做了这样一个实验：把一棵天竺葵放在暗处一昼夜，让叶片中的营养物质被消耗掉，这样一来，以后检测植物新产生的营养物质时就不会被先前的营养物质干扰。然后把植物中一片叶的一部分遮住不透光，把植物搬到太阳下暴晒，叶片于是在阳光照射下进行光合作用。一段时间后，用碘蒸气喷洒在叶片表面。萨克斯发现，遮光的部分没有发生颜色的变化，而曝光的叶片部分呈现深蓝色。由于碘遇淀粉会变蓝，因此萨克斯的实验成功地证明，绿色叶片能产生糖类（淀粉等）。这就是半叶法实验。科学家又发现，光合作用产生的营养物质中含有碳、氢和氧3种元素，其中氢和氧原子数之比为2:1，与水分子中的氢和氧比例一样，因此把这些营养物质统称为“碳水化合物”。后来发现，有些同类物质并不符合这个比例，因此将它们改称为糖类。

光合作用的出现，是地球历史上的重要事件。现在一般认为，地球在远古时代，有机物和氧气很少，后来有些原始生物演化出光合作用的能力，利用太阳光，以无处不在的水和二氧化碳作为原材料，自己生产“食粮”，自然界中的有机物不断增多。与此同时，它们所释放出的氧气也逐渐在大气中积累，导致大气层上方形成了臭氧层。臭氧层可以吸收一大部分来自太阳、对生物极为有害的紫外线，使地球环境越来越适合生物生存。再后来，植物出现在陆地上，以植物为食的陆地动物也越来越多，世界变得多姿多彩了。

现在，光合作用依然为地球绝大多数生物提供着氧气、有机物以及臭氧层保护。据估计，地球上的绿色植物每年能利用5500亿吨二氧化碳，释放出4000亿吨氧气！而我们的所有食物、煤和石油资源，归根到底都来自现代或古代植物的光合作用产物。

绿色植物为各种生物提供氧气、食物和庇护，是我们最无私的朋友。然而，我们不能认为这是理所当然的，而是更应该爱护它们，从减少纸张、木材浪费这些身边的小事做起。我们爱护的不仅仅是花草树木，更是我们人类自己。

1809年
拉马克《动物哲学》出版

地球上为何有如此繁多的动植物种类？造成它们之间千差万别的原因又是什么？随着人类对自然的认识不断深入，各学科知识不断积累，人们越来越不满足于用“上帝创造一切”解释以上问题。19世纪初，法国博物学家拉马克在继承前人思想的基础上，提出了物种不断发展进化的学说，认为物种是由低级向高级进化来的，环境变化则是造成物种变化的原因。

拉马克1744年生于法国的毕伽底，在良师卢梭的影响下，潜心研究生物学。拉马克对系统植物学进行了整整26年的深入研究，于1778年著成了《法国植物志》，并于次年成为法兰西科学院院士。之后，他又对动物学进行了探索，并在1801年出版了《无脊椎动物系统》一书。在这本书中，拉马克第一次将动物分为脊椎动物和无脊椎动物，“无脊椎动物”一词就是由他发明的。此后，拉马克又发表了多篇古生物学论文，被公认为古无脊椎动物学的创立者。

1809年，已65岁的拉马克出版了他最重要的著作——《动物哲学》，其中，他第一次将脊椎动物分为鱼类、爬行类、鸟类和哺乳类4个纲，并将这个次序视为动物由简单到复杂的进化顺序。这本书首次系统地阐述了进化的观点：用进废退，获得性遗传。前者是指在特定的环境下，生物体某些器官由于经常使用而变得发达，另一些器官由于不常使用而逐渐退化；后者则是指这种后天得来的性状能通过遗传传递给下一代。最著名（但并不正确）的例子就是他对长颈鹿形态的阐述：长颈鹿本来脖子不长，为了吃到高树上的叶子，就努力伸长脖子和前腿，并将伸长了脖子和前腿形态遗传给后代，于是逐渐变成了现在长颈鹿长脖子长腿的样子。拉马克认为，变化的逐渐积累最终导致了新物种的产生。

拉马克Ⓦ

现在看来，拉马克解释环境对物种进化的作用以及性状改变在不同代之间的传递过于简单，并且错误地认为物种本身的意志也会影响进化的进程。德国生物学家魏斯曼就曾用实验推翻了拉马克的“用进废退”学说：他将雌、雄小鼠的尾巴都切断，再让它们产生后代，而生出来的小鼠都是有尾巴的。随着《物种起源》的发表、达尔文进化论及随后孟德尔“经典遗传学”的不断发展，拉马克的理论逐渐被人们所摒弃。

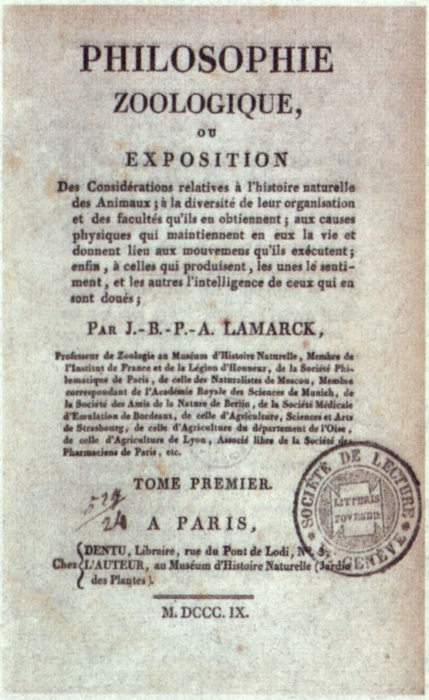
PHILOSOPHIE
ZOOLOGIQUE,
OU
EXPOSITION
Des Considérations relatives à l'histoire naturelle des Animaux ; à la diversité de leur organisation et des facultés qu'ils en obtiennent ; aux causes physiques qui maintiennent en eux la vie et donnent lieu aux mouvemens qu'ils exécutent ; enfin, à celles qui produisent, les unes le sentiment, et les autres l'intelligence de ceux qui en sont doués ;

PAR J.-B.-P.-A. LAMARCK,

Professeur de Zoologie au Muséum d'Histoire Naturelle, Membre de l'Institut de France et de la Légion d'Honneur, de la Société Philomatique de Paris, de celle des Naturalistes de Moscou, Membre correspondant de l'Académie Royale des Sciences de Munich, de la Société des Amis de la Nature de Berlin, de la Société Médicale d'Emulation de Bordeaux, de celle d'Agriculture, Sciences et Arts de Strasbourg, de celle d'Agriculture du département de l'Oise, de celle d'Agriculture de Lyon, Associé libre de la Société des Pharmaciens de Paris, etc.

TOME PREMIER.

A PARIS,

Chez DENTU, Libraire, rue du Pont de Lodi, N°. 5 ; L'AUTEUR, au Muséum d'Histoire Naturelle (Jardin des Plantes).

M. DCCC. IX.

《动物哲学》封面⓪

不过，近年来方兴未艾的“表观遗传学”发现，在某些微生物、植物和低等动物中，上一代的某些性状有可能受环境影响而变化，并将积累下的变化通过一种不改变DNA序列的特殊机制传递给下一代，这似乎与拉马克的“用进废退”以及“获得性遗传”有某种相似之处。不管拉马克的学说在过去的200多年中如何起伏，不可否认的是，拉马克首次提出了生物的进化学说，反对当时流传已久的物种不变论和物种突变说。他提出了适应是进化的动力，首次探讨物种进化与环境的相互关系，为达尔文进化论的提出奠定了基础。

拉马克一生勤奋钻研，提出了许多伟大的思想。1820年以后，他双目失明，仍然靠口述写作，由女儿整理出版。1908年，巴黎植物园向各界募捐，为拉马克建立了一块纪念碑，以纪念这位伟大的进化论学者，以及他的著作《动物哲学》出版100周年。

拉马克对长颈鹿形态进化的解释⑤

1828年
维勒《论尿素的人工合成》发表

18世纪至19世纪初，生物学和有机化学界中流行着一种“活力论”，认为无机物与有机物之间有根本差异，自然界的矿物等无机物亘古不变，是没有生命的；有机物则不同，是有生命的，它们只能在动植物机体内依靠一种特殊的力量——“活力”产生。因而，化学家不能在实验室合成有机物，尤其是用无机物合成有机物更加不可能。

维勒Ⓦ

但是，德国化学家维勒却花了4年时间，人工制造了生物体代谢的产物——有机物尿素。1828年，他的论文《论尿素的人工合成》发表。

维勒出生于一个医生家庭。他有一次看到父亲有一本《实验化学》，由此迷上了化学，也迷上了实验。他在家里做硫磺的燃烧实验，感到有趣极了。结果，他成绩下降了。父亲因此而发怒，收缴了这本书，并允诺要等他取得好成绩后再给他。但是，机灵的维勒从父亲的一个医生朋友那里找到更多的化学书，成了一个更大的化学迷。大学毕业后，维勒还是喜欢化学研究。他在大学里的研究论文还引起著名化学家贝采里乌斯的重视。

1824年起，维勒开始研究氰酸铵的合成。他在氰酸中加入氨水，蒸干后得到白色晶体。他起初以为这是铵盐，经分析后，发现它不是铵盐，而是尿素。尿素是有机物，历来被认为只有在生物体内才能制造，现在却被维勒在实验室里用无机物制造出来了。

维勒的这项研究意义重大，它打破了从无机物到有机物的壁垒，开创了有机合成的先河。另一方面，由于用无机物合成了生物体内的有机物，“活力论”不攻自破。之后，越来越多的研究表明根本不存在什么“活力”，生物体内的各种生命现象和反应，都是遵循物理和化学规律的。

人工合成的尿素颗粒Ⓨ

1828年
贝尔创立比较胚胎学

贝尔Ⓦ

胚胎学是研究胚胎形成、发育过程及发育规律的科学。比较胚胎学是研究不同种系的生物胚胎发育的不同特点和过程及其共同规律的科学。1828年，俄国博物学家贝尔创立了比较胚胎学，揭示了胚胎发育的基本规律。

贝尔学过医，1812年大学毕业后，他被派往战场，在被拿破仑军队围攻的城市里救护伤员。在救护伤员的过程中，他深感自己所学有限。归来后，他赴德国柏林、维尔茨堡等地深造，因此步入了当时来说还很新的研究领域：胚胎学。1817年，他进入柯尼斯堡（今俄罗斯加里宁格勒）大学任教，4年后成为动物学教授。

贝尔从胚胎比较中发现了不同动物之间的关系，例如，高等动物的胚胎在发育的早期与低等动物的胚胎很相似；高等动物的胚胎在发育过程中，会经历与低等动物发育阶段相似的阶段。例如，鱼类是较低等的脊椎动物，用鳃呼吸，胚胎和成体都有鳃裂；高等脊椎动物（鸟、哺乳类等）用肺呼吸，但是在胚胎发育的早期仍出现鳃裂。这说明，脊椎动物有共同起源。他的这些研究成果主要集中于1828年出版的《动物发生史——观察与思考》一书，书中提出了著名的贝尔定律，开创了比较胚胎学。

贝尔的研究为生物学的发展作出了贡献，甚至达尔文也运用贝尔在比较胚胎学中的发现来支持自己的进化论。不过，尽管贝尔认为近似动物间有亲缘关系，但始终强烈反对《物种起源》中关于所有生物来自一个或少数几个共同祖先的观点。

早期

中期

晚期

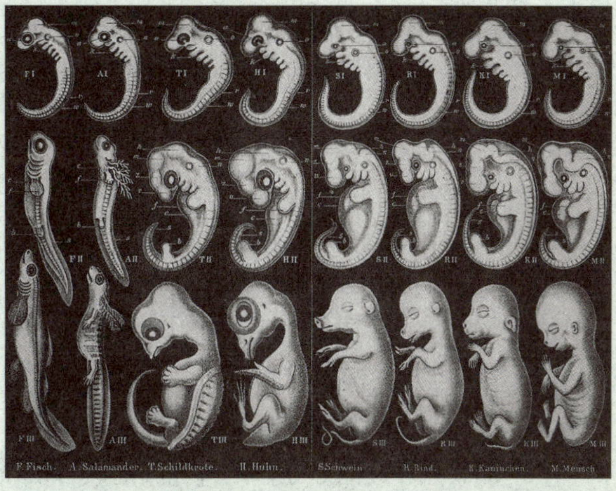

鱼　蝾螈　玳瑁　鸡　猪　牛　兔　人

人和动物胚胎对比Ⓦ

1830—1833年
赖尔《地质学原理》出版

1790—1830年间，关于地球如何演化这个问题，地质学家主要分为两派。一派认同“灾变论”，认为在整个地质发展的过程中，地球经常发生各种突如其来的灾害性变化。这派以法国博物学家居维叶为代表，同时居维叶也反对拉马克等的物种是会逐渐变化的理论。另一派认同“渐变论”，认为地质变化是一个长期、平稳而缓慢的渐变过程，漫长的时间足以使微小的改变逐渐积累，产生惊人的效果。争论不休中，渐变论逐渐取得了胜利，其杰出代表就是英国地质学家赖尔。虽然赖尔被人称为“现代地质学之父”，但他的影响在生物进化、甚至宗教和政治中都难以估量。

赖尔Ⓦ

赖尔1797年在苏格兰断层峡谷中的庄园内出生，另一个住所却在截然相反的英格兰郁郁森林之中，这些美丽的自然景观从小在他的脑海中打下了烙印，激发了他对大自然的无穷兴趣。他的父亲爱好博物学和古典文学，非常喜欢野外考察，家中藏书丰富，还有许多地质生物的书籍和标本。从刚懂事起，赖尔就深深地迷上了书籍，对那些别具一格、色彩斑斓的精美岩石、生物标本也情有独钟。长大后，富裕的家境让他能在欧洲周游列国，遍览各地奇观。

年仅17岁，赖尔就以优异成绩考入了名校牛津大学，学习数学和古典文学。由于在当时的英国，律师地位很高，父亲让他改学法律，希望他跻身上流社会，但赖尔对此并无兴趣。于是，他就一边学习法律，一边去旁听地质学家巴克兰的讲课。在课上，他第一次受到了正规系统的地质学训练，不仅认识了许多岩石、矿物的种属和特性，还在野外教学过程中掌握了勘察、取样、制作标本的基础知识和特殊技巧。两年后，他终于以眼疾为由停止了法律学习，专心致志地从事他感兴趣的地质学研究。

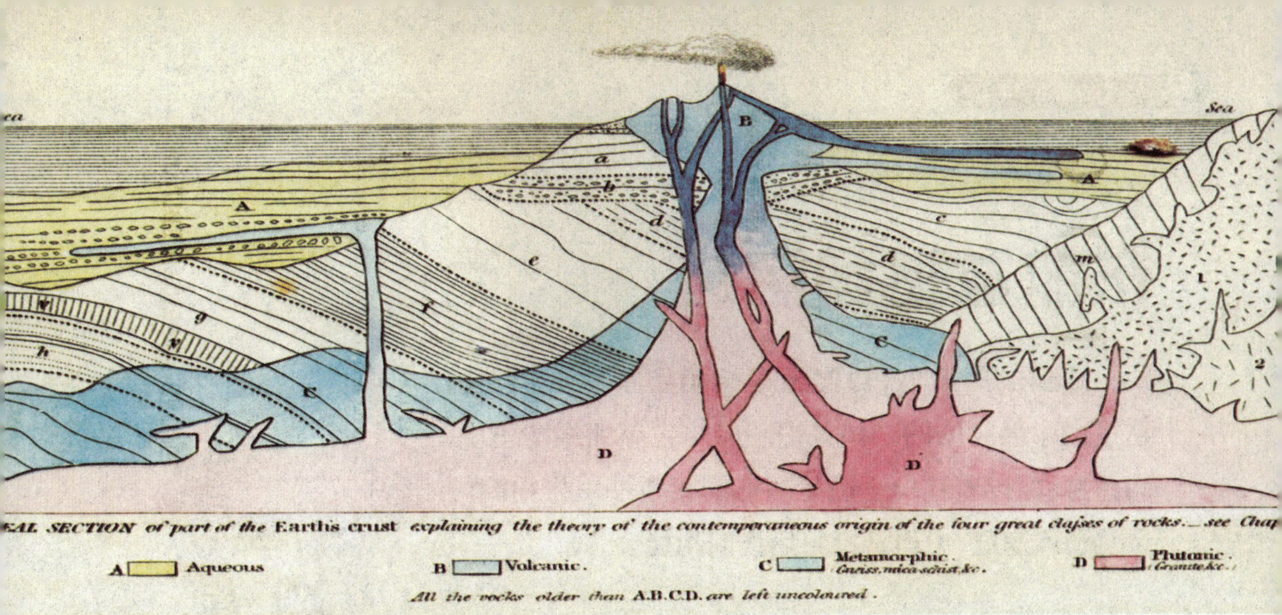

1857年美国出版的《地质学原理》中的插图描绘各种岩石的形成原理Ⓦ

赖尔从20岁就开始进行地质考察活动，多次勘察欧洲和美洲，他与新婚妻子的蜜月旅行竟然也是瑞士和意大利地质考察的科学之旅。考察中，他掌握了丰富的第一手地质资料。1830—1833年，赖尔集长期野外考察结果而著成的4卷本《地质学原理》出版。在书中，赖尔依据无可争辩的事实提出，地球上自然景观的改变并非都是由剧烈的自然灾害引起的，而大部分是由风化、水淋和潮汐等最平常的自然力一点一点形成的。赖尔还研究了海洋动物和陆地动物化石记录，指出从古到今的海洋物种具有高度的延续性，而陆地物种似乎变化得更剧烈，或者说经常灭绝。他认为，这是因为相比海洋环境，陆地环境总是处于一种持续变化的状态，对应于新的条件，就会出现新的陆地物种。赖尔这种思想不仅给地质学带来了崭新的理念，同时在生物学上给以拉马克为首的生物进化均变论（高等生物不是突然发生的而是经长期变化而形成的）提供了强有力的支持。赖尔的这本书热销一时，竟然到了洛阳纸贵的地步。即使多年后，也有不少年轻人因为读了这本书而走上地质研究的道路。

1832年版《地质学原理》第一卷中的页面Ⓦ

在达尔文搭乘“贝格尔号”开始他的科学考察时，船长送给他一本《地质学原理》，这使达尔文彻底改变了自己的旧观念，开始酝酿他那举世闻名的进化论。达尔文的进化学说之所以能够成形，如他自己所说：“主要是由于读了那本著名的、可钦佩的《地质学原理》得来的。”

1831年

布朗发现细胞核

细胞虽然很小，却像是个结构复杂的小小王国。这王国中最核心的结构是细胞核。它就如细胞王国的首都，保存着这个王国最核心的机密——生物的全套遗传信息，承担着繁殖后代的功能。

布朗Ⓦ

细胞核的发现并非易事，因为它太小了，只有在高倍显微镜下仔细观察才能看到。工欲善其事，必先利其器。细胞核的发现，离不开显微镜的发明和改进。19世纪初，担任军医的布朗得到了一个机会，去澳大利亚进行科学考察。考察期间，他花了5年时间搜集植物、对植物进行分类，并用新式显微镜观察植物的微观结构。他观察了许多种植物，发现在各种植物细胞中普遍存在一个“核”，他由此推断，这个“核”是细胞不可或缺的成分。在1831年的林奈学会会议上，布朗宣读了自己的论文，并正式命名了“细胞核”这个名字。后来，德国植物学家施莱登和动物学家施旺在布朗发现的基础上提出了细胞学说。

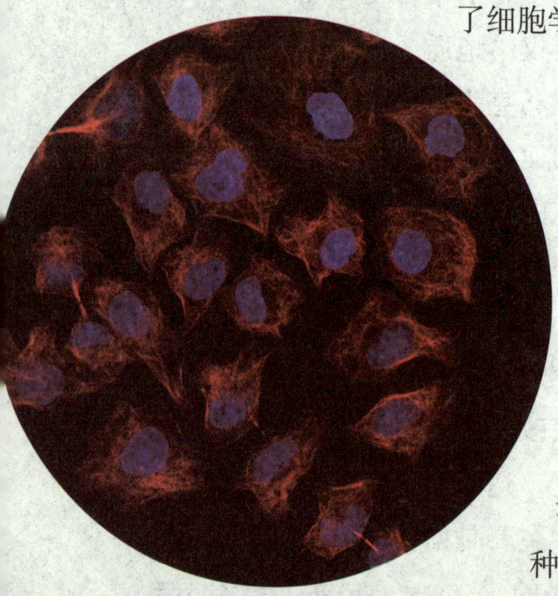

细胞和细胞核（蓝色）Ⓞ

1876—1878年间，德国动物学家赫特维希研究了海胆卵细胞的受精作用，发现精子的细胞核会进入卵子的内部，并与卵子细胞核融合，这才开始认识到细胞核的作用。现在我们知道，细胞核是遗传信息库，是细胞代谢和遗传的控制中心。

除了细胞核，布朗的发现还有很多，最广为人知的是他发现了著名的布朗运动。在澳大利亚考察时，他还发现了1200种新的生物种。他作出这么多的发现不是偶然的，而是善于观察的结果。

1838—1839年

施莱登和施旺创立细胞学说

大厦是由一块一块砖石砌成的，莎士比亚的作品是由一个一个单词组成的，一部大字典是由一个一个字组成的，千万种化学物质是由一种一种元素构成的。那么，组成动物和植物的“砖石”是什么呢？

这个问题是由德国植物学家施莱登和动物学家施旺解答的。他们创立的学说就是细胞学说。德国哲学家恩格斯把它与能量守恒定律、生物进化论并称为19世纪自然科学的三大发现。

施莱登Ⓦ

施莱登本来不是植物学家，他学的是法律，但当律师很失败，甚至有一次因绝望而打算饮弹自尽，幸好自杀没有成功，只是在脑门上留下一个疤。之后，他打消了寻短见的念头，放弃法律工作，转而寻求其他精神寄托。他先是对植物学产生了兴趣，英国植物学家布朗关于细胞核的发现启发他开始从事当时新兴的细胞研究，于是，31岁的施莱登再度踏入大学，他在科学研究方面的天分让他信心大增。他甚至取得了医学、植物学两个博士学位。

施旺Ⓦ

他思考和寻找着植物最基本的结构。用显微镜观察植物时，他发现了一个一个的“小室”，即细胞。各种植物的“小室”虽然不同，但是，其基本结构都相似。他认识到，细胞是组成植物体的基本单位。他在1838年出版的《植物发生论》中指出，植物体各部分都是由细胞或细胞衍生物所组成。细胞是一切植物机体的基本单位。细胞在植物学中的地位，就相当于原子在化学中的地位。

1837年10月，施莱登把自己对细胞的观察和思考结果告诉了柏林大学的动物学家施旺，特别指出细胞核在植物细胞发生中所起的重要作用。施旺深受启发，想起动物研究中发现过类似的结构。于是，他从植物细胞与动物细胞结构上的相似性出发，在细胞水平研究了动物体的基本构成。1839年，施旺发表了《关于动植物结构和生长相似性的显微研究》一文，把施莱登植物细胞的学说推广到了动物界，指出："整个动物和植物体乃是细胞的集合体，它们依照一定的规律排列在动植物体内。"这样，经过施莱登和施旺多年的研究，终于建立起了细胞学说，提出生物都是一个或多个细胞所构成的机体，细胞是生命的基本单位，这成为现代细胞生物学的认识基础。

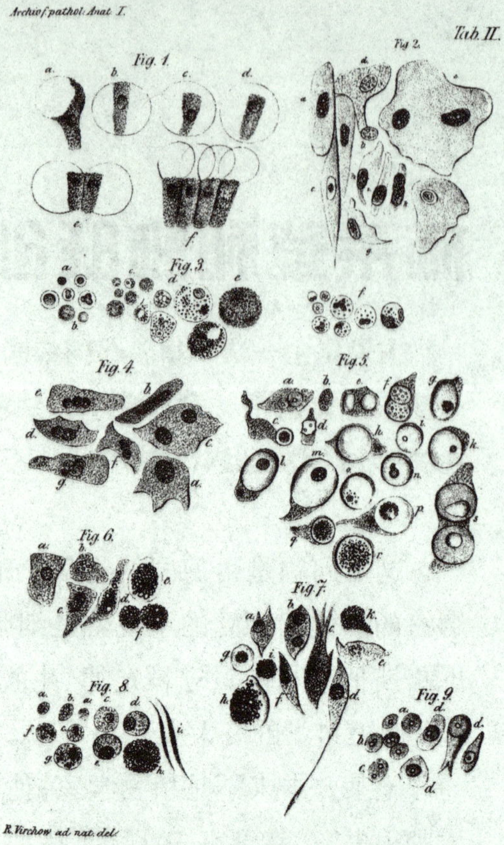

菲尔绍描绘的各种细胞Ⓦ

不过，他们观察的都是体细胞，而精子和卵子，人们当初还认为它们不是细胞。到了1841年，瑞士生理学家克利克用先进的显微镜细致观察了精子在睾丸中的形成，确证精子其实是变了形的、具有运动能力的细胞。他还通过观察证明了卵子也是一种细胞。克利克的发现为受精过程（精子与卵子融合为受精卵）和胚胎发育（受精卵经过细胞分裂和演化形成生命个体）的研究打下了基础。

此外，当时施莱登和施旺并仍然不太清楚"新细胞如何产生"。比如施旺就认为新细胞是由老细胞周围流动的颗粒生成的，施莱登则认为细胞能自由生成。直至1858年，德国病理学家菲尔绍才确认新细胞来自于已存在的细胞。正如我们现在知道的，新细胞是老的细胞分裂产生的。

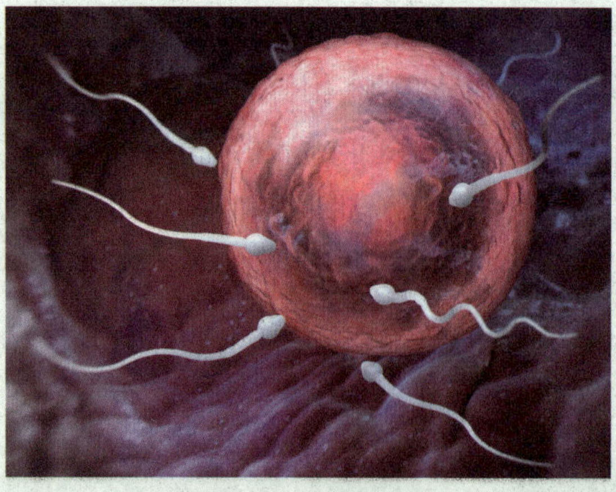
精子给卵子授精Ⓨ

细胞学说对当时人们思想的冲击不小，它让人们认识到，人类和常见的动植物一样都是由细胞构成的，并无特别之处。

1839年

米尔德发现蛋白质的化学组成

今天，我们对蛋白质这名词可以说是耳熟能详，但它究竟是什么，人们又是怎么一步步认识它的，我们恐怕不太清楚。

米尔德Ⓦ

19世纪，人们已经发现，动植物的体液或组织中存在一类特殊的物质，它们溶于水，但其水溶液被加热或加入酸后会产生沉淀。荷兰化学家米尔德分析了这类物质的化学组成，发现这些复杂的大分子化合物都有相似的组成，他用一个含有碳、氢、氧、氮的化学式作为它们的通式，认为只要在这个基础上加入一些含硫或含磷基团，就可以形成各种这类化合物。1839年，他发表了自己的研究成果，并将这类分子命名为蛋白质(protein，该词源于希腊语，意为“头等重要的”)。他还提出，动物可以通过食用植物获取蛋白质。

1842年，德国化学家李比希在他的《动物化学》中将蛋白质的地位大大提高，认为其对生命的作用比糖类或脂肪更为重要。

在米尔德和李比希之后，一代又一代科学家投入到对蛋白质的研究中，不断发掘着蛋白质结构与功能的奥秘，一次次重量级的发现让人们一步步揭开生命的奥秘。今天我们知道，虽然许多物质都是生物不可或缺的，但是，蛋白质的种类和结构非常丰富，它们为身体提供营养，组成细胞和组织的结构，作为酶催化体内各种生物化学反应有序、快速地进行，还在遗传信息的表达和传递过程中发挥作用。蛋白质对于生命而言，确实是极其重要的。

富含蛋白质的食物Ⓨ

1848—1868年
华莱士创立动物地理学

动物地理学是研究现代动物的生活、分布及其与地理环境相互作用的科学，由动物学和地理学交叉形成。它的创立者是英国博物学家、探险家华莱士。

华莱士Ⓦ

华莱士1823年出生于英国蒙茅斯郡的阿斯克，由于家境不佳，他并未接受太多的正规教育，14岁就辍学当起了土地测量员的助手，也由此学会了绘图，游历了各地。华莱士通过采集植物标本，学到了一些植物学知识，后来结识了英国昆虫学家贝茨，受其影响，又开始对蝴蝶和甲虫产生了兴趣。1848年起，他和贝茨一同到南美洲亚马孙河流域采集热带动植物标本。此后，华莱士成了一个职业的博物采集者，靠出售标本为生。

在一次又一次采集中，华莱士有旅行札记集结成书的收获，也有大量收集品沉没大海的损失，他对考察探险的热情始终不减。1854年，他到马来群岛采集考察，次年发表了《论控制新物种发生的规律》的论文，解释了物种的灭绝、产生、更替和进化，明确反对“生物神创”。1858年2月，他发表《论变种不断偏离原始类型的趋势》一文，阐述了他的物种进化观点：生物大都有过度繁殖的倾向，但由于食物、天敌、气候等自然环境条件的变化，使大量个体死亡，才保持了生物体间的一定比例。他认为，环境的变化会让那些在结构、习性、“能力”上产生“有益变异”的个体在生存竞争中占优势并趋于增多，而产生“有害变异”的个体则趋于减少或消

华莱士和他的兄弟设计的房子Ⓦ

华莱士书中的马来群岛上的蛙Ⓦ

失。最终，占优势的变种将取代原始物种，这种“不断地偏离原始类型的前进趋势”就是生物的进化。

华莱士将这篇论文寄给了达尔文征求意见，达尔文发现华莱士的观点竟同自己的“自然选择”不谋而合，这也促使了他加快了自己《物种起源》的写作进度。华莱士的这篇论文和达尔文之前二十多年的研究成果一起被糅合成一篇联名论文，于1858年7月1日在林奈学会的总部被宣读，并发表在同年的《林奈学会会报》上。这就是著名的有关自然选择学说的“联合论文”，它奠定了科学进化论的基础，向“神创论”发起了新一轮的宣战。

对于动物地理分布，华莱士也有着重要贡献。1854—1862年，他在马来群岛研究岛屿上的动物时注意到，东部岛屿与西部岛屿上的动物种群全然不同，就好像有一条看不见的分界线将两边的物种分成了两派，以西的生物与东南亚的种群相似，而以东的则接近新几内亚的种群。为纪念他的发现，科学界将划分这两区的界线称为华莱士线。他的《马来群岛》也成为19世纪最畅销的游记之一。

在积累了大量的实地考察经验后，华莱士借鉴前人的研究成果，根据哺乳类、鸟类、爬行类和昆虫的分布，把全球划分为6个区。1868年他又对岛屿动物的分布进行了详细分类，将其分成3种：孤立的、很久之前同大陆分开的、近期同大陆分开的。这实际上已经包括了动物在环境隔离后各自分化的趋势，同样与达尔文的进化论相辅相成。

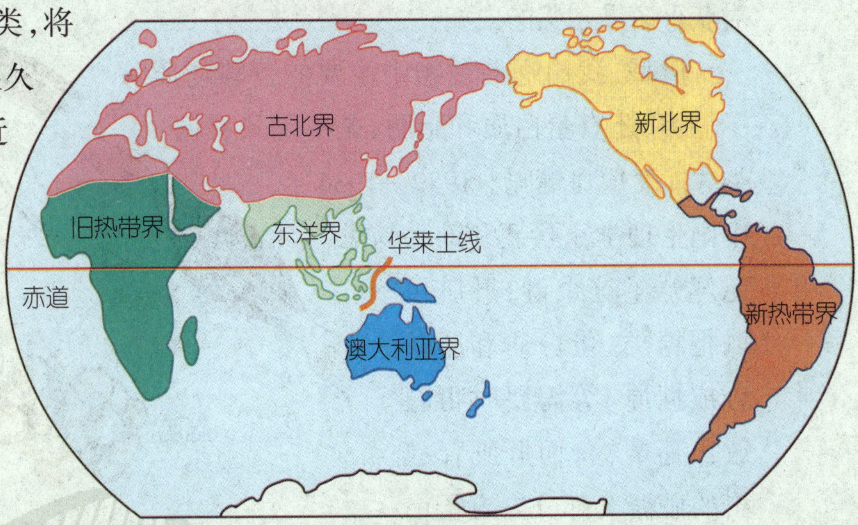

六大动物区系Ⓢ

1850—1936年

贝尔纳等研究糖代谢

如果把人比作一架机器，那它的燃料就是食物。食物转化成葡萄糖，葡萄糖分解成二氧化碳和水，同时释放出能量，维持人体的活动。血液中葡萄糖(血糖)含量过低时，我们会觉得头昏无力，眼前发黑。血液中葡萄糖含量总是过高时，就患上所谓的糖尿病。正常情况下，血液中葡萄糖的浓度是怎么维持在一个相对稳定的范围内的呢？

1850—1855年，法国生理学家贝尔纳发现，肝脏能合成糖原(糖原是由许多葡萄糖分子聚合而成的物质，主要的生物学功能是储存能量)，还能把糖原转化成糖分，起着稳定血糖的作用。

1929—1940年，捷克—美国生物化学家卡尔·科里和格蒂·科里夫妇发现，葡萄糖通过血液流动，被送往全身各处，在身体细胞中，葡萄糖被分解并产生能量；血液中葡萄糖浓度升高，表示糖分多余，此时血糖可转变为肝糖原将能量暂时储备起来，也可以转变成肌肉中的糖原(肌糖原)，供给肌肉活动。合成糖原后剩余的血糖则可转变为脂肪，还可以在转氨酶的催化作用下转变为某些氨基酸。

1947年，科里夫妇凭借在糖代谢领域的杰出工作，一起获得诺贝尔生理学医学奖，他们是继居里夫妇及其女儿女婿之后第三对获得诺贝尔奖的夫妇。

但是，我们吃的食物中主要的营养物质除了糖类，还有蛋白质和脂肪，是不是只有糖类才能变成血糖呢？1932—1936年，中国生理学家蔡翘和助手易见龙解开了这个谜：肝脏可以把糖类、蛋白质和脂肪合成糖原，等需要时再释放出葡萄糖，而肝脏释放出的血糖大部分来自蛋白质和脂肪。

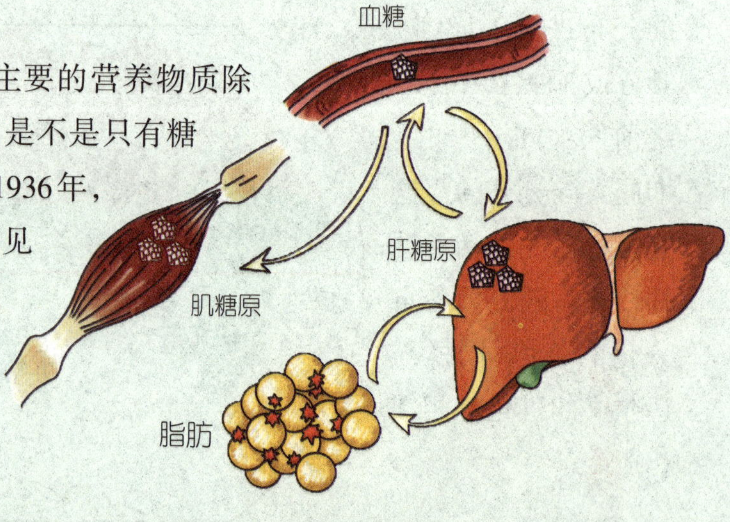

糖代谢Ⓢ

1854—1897年

布赫纳等发现酵母发酵液中存在酶

生物体内不断地进行着成千上万个生物化学反应。这些反应都是在某种物质的催化下进行的，它就是酶。人和哺乳动物体内含有5000多种酶。没有酶的参与，新陈代谢就不能完成，生命活动就无法维持。

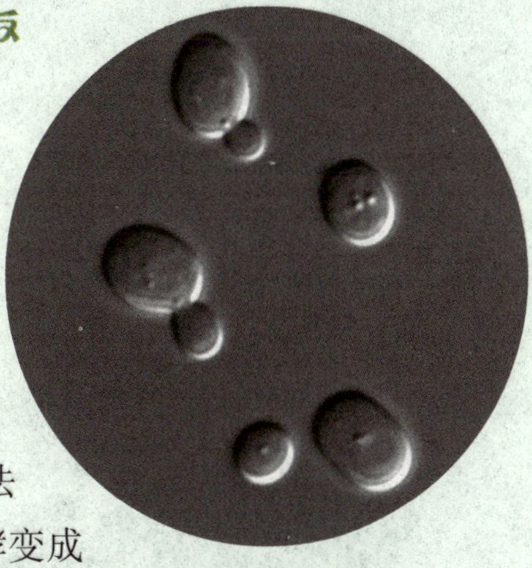

酵母Ⓦ

人类对酶的认识与酵母有着密切的联系。希腊语中“酶”的原意就是“在酵母中”。1854年，法国微生物学家巴斯德研究酒变酸时发现，葡萄发酵变成酒的过程中，发酵液中的酵母不断生长，同时产生酒精和二氧化碳。他认为，发酵必须有酵母或其他生物存在的条件下才能发生。

1897年，德国化学家布赫纳等人用沙研磨酵母细胞、过滤后在新鲜滤液中加入糖溶液，发现很快产生二氧化碳和酒精。布赫纳等人从滤液中提取出酶并制成干制品，发现干制品加入糖溶液仍然有明显的发酵现象。这就证明，酶可以离开活细胞起作用。布赫纳因关于酶的生物化学研究和无细胞发酵研究荣获了1907年诺贝尔化学奖。

酶能催化，但酶是什么呢？美国生物化学家萨姆纳相信酶是蛋白质。为了证实自己的猜想，他从1917年开始用刀豆粉为原料，分离、提纯其中的脲酶。1926年，他成功地分离出一种脲酶活性很强的结晶体，能使尿素很快分解成二氧化碳和氨，他证明这些结晶体的主要成分是蛋白质。这是生物化学史上首次得到结晶酶，也是首次直接证明酶是蛋白质，并因此推动了酶学的发展。萨姆纳因发现酶的化学本质于1946年获得诺贝尔化学奖。

发面包和酿酒都需要酵母Ⓨ

1857年
萨克斯开创植物生理学

今天，我们知道植物能进行光合作用、蒸腾作用，知道植物有趋光性、向地性等特征，知道植物生长存在最低温度、最高温度和最适温度等。这些知识都是由德国植物学家萨克斯通过实验证实的。他的研究开创了一个新领域——植物生理学。

萨克斯Ⓦ

萨克斯有三个最好的老师。一个是父亲，是位雕刻家。在艺术的熏陶下，萨克斯也爱好艺术，学会了仔细地观察和精细地描绘。一个是他的邻居。有一次他参观了邻居的实验室，认识到了自然的奥秘可以用实验的方法来揭示。第三个老师是大自然。他喜欢收集植物标本，大自然给了他无穷的乐趣，不断地向他提出问题。这三个老师帮助他走上了科学研究的道路。

他研究植物生理现象的范围非常广阔，例如，他最早揭示了种子发芽的奥秘。一颗黄豆吸收水分后，内部发生了复杂的变化，有些酶形成，细胞开始分化，有的形成了芽，有的形成了根。这个复杂的过程就是由萨克斯首先研究的。

他还研究植物在纯营养液中的培养和植物对矿物质的吸收，研究不同的温度对植物生长发育的影响，研究冻害会给植物造成什么样的严重危害。他还研究植物吸收光的效应，研究植物的叶、花、茎、根系的形成，根的生长过程等。

植物的趋光性　植物会向着有阳光的一面生长。Ⓞ

他有了一系列的重要发现。他证明了

豆子发芽Ⓢ

绿色叶片光合作用过程中形成淀粉；他发现植物生长主要不是依靠细胞的分裂，而是依靠细胞的增大；他还发现环境对各种植物的生理活动显示不同的效应，在最适温度、最适湿度下，植物长得最快。

萨克斯不仅获得了重要的科学发现，在实验技术和方法上也取得了创造性的成果。1864年，他把绿叶放在暗处数小时，消耗叶片中部分营养物质，然后把叶片的一部分暴露在光下，另一部分遮光。经过一段时间后，用碘蒸气处理叶片，结果遮光的部分叶片颜色依旧，而光照部分叶片显示深蓝色。因为碘只有与淀粉作用才变蓝，通过这个巧妙的实验，萨克斯便证明了光合作用产生了淀粉。他设计了一种玻璃箱，将植物种在里面，可以方便地观察它们的生长情况。他还发明了不用土而只用营养液来培养植物的方法，这可以算是如今无土栽培方法的“老祖宗”。

萨克斯设计的观察植物生长的玻璃箱Ⓟ

1857年，萨克斯在大学里开设植物生理学课程，编撰了《植物实验生理学手册》，这些成果的问世标志着这门学科的诞生。

植物生理学主要研究植物的物质代谢、能量转化和生长发育等的规律与机制，调节与控制，认识植物体内外环境条件对其生命活动的影响。直到今天，植物生理学研究对于加深我们对植物界的深入认识，促进农业、林业、牧业的发展，仍然具有重要意义。

1857—1885年
巴斯德创立细菌学说

人们早就发现，酒会变酸，鸡会因霍乱大片死亡，蚕会僵死，人会患上各种各样的传染病，但是，却不知道是什么原因造成了这样的现象，更没有科学的方法去防治。法国微生物学家巴斯德发现了细菌是致病的原因，找到了防治细菌的办法，创立了细菌学说。

巴斯德Ⓦ

1857年，一位酒厂老板前来求助：他的酒老是变酸。变酸的酒只能倒掉，损失很大。这个问题，也是法国酿酒业经常遇到的难题。巴斯德用显微镜观察正常酒和酸酒之间的差异，发现酸酒中有一种特殊的杆状细菌，又通过实验证明它是酒变酸的原因。他用类似的办法发现，鸡霍乱、僵蚕、炭疽都与某种细菌有关。

他还找到了对付细菌的办法。他发现，在50℃—60℃的温度下持续30分钟，酒中的有害微生物就会死亡，同时由于温度不高，酒的风味得以保持，这就是巴氏消毒法。到了今天，这种办法（当然经过一定改良）还用来消毒牛奶等希望营养不致流失、风味不致改变的饮料。

在巴斯德的年代，自然发生说非常流行，人们认为生命是自发产生的，也就是说，即使为酒等食物杀菌，细菌等微生物还是可以从中再度自发生长出来。可事实证明，巴斯德的消毒法非常有效。于是，巴斯德开始思考，并设计了一个巧妙的实验：他专门制作了一个曲颈瓶，将肉汤放在曲颈瓶中煮沸消毒。消毒后的肉汤如果不接触空气，就不会腐败；如果接触空气，就会腐败。他由此证明，肉汤是因空气中的微生物而腐败，生命不能自然产生。这个实验终于让人们相信，所谓的自然发生说是完全错误的，也让人们意识到，如果对食物加以消毒，杀死里面的有害微生物，再适当保存，就能使之不腐败变质。

巴斯德在研究鸡霍乱时发现，将病原体反复传代之后再注射到鸡体内，鸡竟然获得了对霍乱的免疫力。他大受启发，发明了“减毒疫苗”，即将处理后毒性降低、致病性减弱的病原体注射给生物，使生物获得对疾病的抵抗力。他还制成了狂犬病疫苗，并用它救活了被疯狗咬伤的少年迈斯特（被疯狗咬伤后会因感染狂犬病病毒而患上狂犬病，这在当时是不治之症），后来迈斯特当上了巴斯德研究所的看门人。

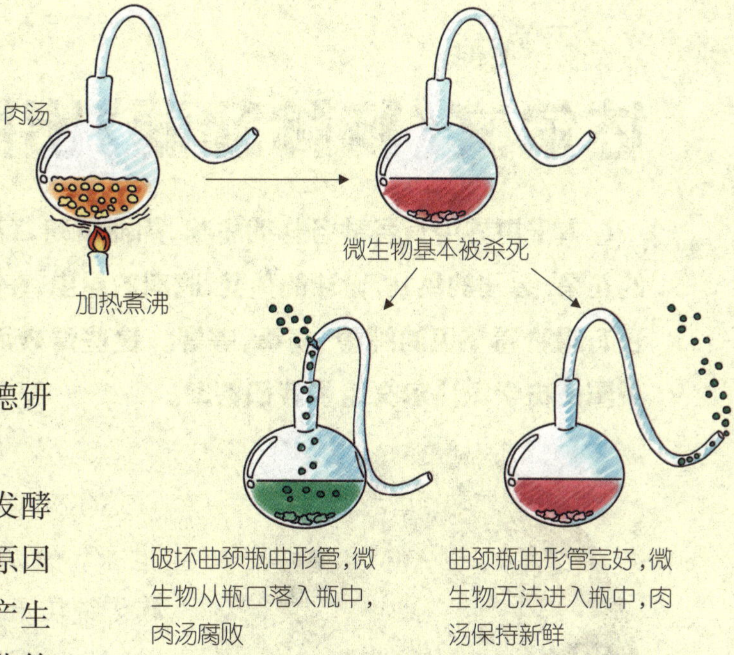

巴斯德的曲颈瓶实验Ⓢ

巴斯德一生的研究证明，发酵过程、腐败过程、致病过程的原因常常是细菌。一种病菌可能产生一种病。通过消毒、隔离、疫苗等途径可以防治疾病，从而建立起了细菌理论。

巴斯德头脑清晰，性格坚毅，集各种罕见特质于一身，这些都是他成功的关键。但他的缺点也非常明显，例如，他比较固执，比较偏激，极其自信又能言善辩；他对科学研究极端狂热，但缺乏学术修养，总喜欢跟他人争夺发明权。许多加在他头上的成就，其实都与助手们的创造性活动分不开，但他很不愿意与他们分享成果。在科学研究中，他往往是孤独的，隔绝于与他同时代的科学家。不过，这些丝毫掩盖不了他的光芒。他在生前备受尊崇，身后则被奉为一代宗师。

巴斯德在做实验Ⓦ

1895年9月28日，巴斯德在巴黎附近的圣克劳德去世。1940年，纳粹入侵法国时，命令身为看门人的迈斯特打开巴斯德的墓。但是，迈斯特宁死也不愿这么做，于是自杀了。强权永远也不可能扑灭科学和人性的光辉。

1859年

达尔文《物种起源》出版

大千世界中有各种各样的生物，绚丽缤纷，有高大的树木，翠绿的小草，鲜艳的花朵，会飞的鸟儿，游泳的鱼儿，鸣叫的昆虫，在陆地上奔跑的斑马、犀牛、大象，还有眼睛看不见的细菌、病毒，等等。这些奇妙而多彩的物种是如何起源的呢？英国博物学家达尔文给了我们答案。

达尔文(左)和堂姐Ⓦ

达尔文1809年出生于英国一个富裕的医生世家。父亲对他寄予厚望，希望他能将家族传统传承下去，成为一个医生，但他从小就对大自然有着浓厚的兴趣，热衷于观察自然界的动植物，采集昆虫标本、掏鸟窝、垂钓。

1825年夏天，达尔文开始跟随父亲学医，随后进入了爱丁堡大学医学院。达尔文对医学并不感兴趣，但经常光顾博物馆，与博物学家做朋友，学习了大量的博物学知识，还向一位黑人学习制作鸟类标本。在博物馆的实践课中，达尔文学到了地质学知识，听到了关于物种竞争的讨论。这些经历奠定了达尔文对大自然的浓厚兴趣，也使得他对医学更加厌恶。最终，他放弃学医并离开了学校。达尔文的父亲失望之余，希望达尔文至少可以成为一名牧师，于是把他送入剑桥大学攻读神学。但他仍然毫无兴趣，依旧将大把大把的时间花在与地质学、博物学相伴上。

1830年代的达尔文Ⓦ

毕业后，达尔文于1831年12月27日以博物学家的身份踏上“贝格尔号”军舰，开始了环球之旅。“贝格

南美加拉帕戈斯群岛的雀类Ⓟ

尔号”从英国出发，沿着南美洲东海岸的巴西、阿根廷等地行进，绕过火地岛，沿西海岸向北，之后跨过太平洋至大洋洲，经印度洋到达南非，再绕过好望角经大西洋回到巴西，于1836年10月2日回到英国，历时5年。

对于达尔文来说，环球旅行中的每一天都充满了惊喜。在踏进巴西热带雨林的那天，他在日记中写道：“这一天对我而言是永远不能忘怀的，我像一个瞎子重见光明一样，为我所见到的一切倾倒。”在写给朋友和家人的信中，达尔文说“我目前疯狂地痴迷于蜘蛛”；在观察新物种时，有着“难以言传的吝啬鬼般的狂喜”。他的足迹遍布巴西热带雨林、里约热内卢、马尔多纳多、布宜诺斯艾利斯、火地岛、智利和秘鲁等地，考察当地的地质结构、风土人情、生物种类。

南美洲加拉帕戈斯群岛的象龟和雀类，尤其是各个岛上的雀类，引起了达尔文极大的兴趣。这些雀类非常相似，但栖息于不同的生态环境，进而在形体大小、喙的形状、羽毛颜色及声音、饮食、行为等方面各有不同，这些现象引起了达

“贝格尔号”在火地岛Ⓦ

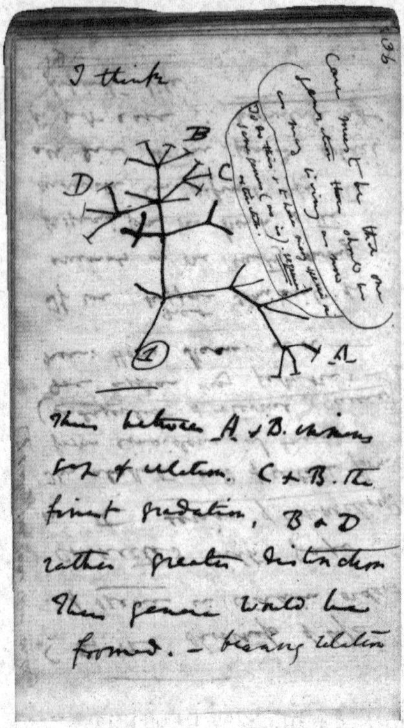

达尔文手稿中的进化树Ⓦ

尔文的深入思考，开始怀疑赖尔的物种不变的观点。所有这一切，他都写在了自己的航海日志中，并成为巨著《物种起源》的宝贵材料。达尔文在回到英国之后就开始整理航海日志和航行中搜集的海量的标本，并于1859年出版了巨著《物种起源》。

在《物种起源》一书中，达尔文第一次提出了进化的观点，认为生物不是一成不变的，而是会随着环境变化而变化；生物的进化是长时间缓慢变化的过程，而不是突然性的剧变；所有的生物都是从一个共同祖先，从低级到高级进化而来；生物群体会因为繁殖而扩大，因争夺资源而产生竞争，不适应环境的个体会被淘汰，适应环境的个体才可以生存。达尔文认为自然选择和人工选择的作用是相同的，既然人类可以使得家养动植物在短期内发生巨大的变化，那么自然界也可以在数百万年甚至更久的进化过程中，进化出我们现在见到的各个物种。在《物种起源》发表之后，达尔文还进行了大量的研究，讨论人类智慧、性选择、家养动植物等的进化。他在博物学、地质学等领域的卓越的研究开启了一个崭新的生命科学时代，而他也成为近代科学史上的一位巨人。

达尔文绘的家养鸽子Ⓟ

1861年
布罗卡发现大脑皮层语言区

大脑由两个半球组成，左右半球从形态上看基本对称。那么，当我们说话、思考时，是只需大脑中一部分区域起作用，还是需要整个大脑活动起来？

布罗卡Ⓦ

1861年，法国人类学家兼外科医生布罗卡收治了一名“失语症”病人。这名病人是巴黎的一名鞋匠，21年前卒中后就再也不能说出完整的句子，只会发“坦”这个音。无论别人问什么问题，他的回答都是“坦”，于是，人们叫他坦先生。布罗卡细心地为坦先生整整检查了5天，发现他的身体一切正常，没有什么病症可以妨碍发音，而且他很聪明，能借助符号来与他人交流。坦先生死后，布罗卡进行了尸体解剖，发现在他大脑左半球额叶有一处旧伤。布罗卡认为，“在这个病例中，左半球额叶损伤是造成失语的原因”。后来，他又对8名类似的失语症病人进行尸检，发现他们的左半球额叶都有类似的损伤。根据这些发现，布罗卡总结了一句有关脑功能的名言：“我们用左脑说话！”此后，脑的这一部分就被命名为“布罗卡区”。

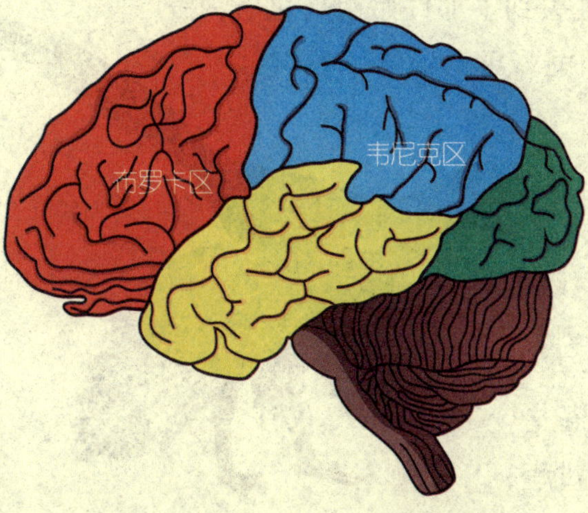

大脑中的布罗卡区和韦尼克区Ⓨ

1874年，德国科学家韦尼克发现，大脑左半球某个部分受到损伤也会导致失语症，不过原因不是无法表达自己的想法，而是不能理解别人的话，这个区域后来被命名为“韦尼克区”。布罗卡区和韦尼克区通常位于脑部的优势半脑（一般在左侧），共同控制我们对语言的表达和理解。

1863年
欧文描述始祖鸟化石

一般认为恐龙在6600万年前灭绝了，现在的地球上没有恐龙；但又有科学家说，恐龙没有灭绝，它的后代我们现在依然天天都可以看到，那就是在天空中飞翔的鸟类。那恐龙和鸟类的关系是什么？这个问题的答案要从始祖鸟的发现说起。

始祖鸟化石©

在达尔文发表《物种起源》后的第二年，也就是1861年，人们在德国的一个采石场里发现了一块从未见过的化石，化石中的动物有类似鸟类的羽毛，但又有类似恐龙的牙齿、尾巴和指尖。后来，人们把它命名为始祖鸟，认为这是现代鸟类的"老祖宗"，能够证明鸟类是从爬行动物进化而来的。

不过，当时许多人可不那么认为，英国著名的比较解剖学家和古生物学家欧文就是其中之一。欧文强烈反对达尔文的理论，可是，始祖鸟化石爬行类特征与鸟类特征共存，正是达尔文鸟类起源于爬行类理论的绝佳证据。因此，为了垄断研究权，欧文花重金买到了那件始祖鸟化石，并于1863年发表了一篇带有偏见的"鉴定书"，重点描绘了始祖鸟化石更像鸟类的特点，对它残留的爬行类特点，则一概轻描淡写。

最近20年来，科学家发现了更多化石，解答了许多有关鸟类起源和演化的疑问。特别是近年来在中国发现的孔子天宇龙、胡氏耀龙、赫氏近鸟龙、顾氏小盗龙等化石，勾画出了羽毛在恐龙中演化的过程，有力地支持了鸟类起源于爬行动物恐龙的假

始祖鸟复原图©

说。甚至有些科学家认为，始祖鸟也是一种长着羽毛的恐龙。相信随着化石等证据的不断发现，科学家能更加详尽地勾画出鸟类进化之路。

欧文在古生物学领域贡献卓越：他创造了“恐龙”这个词，第一次描绘了新西兰已经灭绝的古代巨鸟——“恐鸟”，他还是大英博物馆自然史馆的创立者之一。因此，尽管欧文对达尔文进化论的攻击使得后人对他非议不断，但他仍不失为一位伟大的自然主义者和科学家。

欧文和恐鸟骨架Ⓦ

近鸟龙复原图Ⓞ

1863年 赫胥黎《人类在自然界中的位置》出版

达尔文的《物种起源》是划时代的巨著，它以自然选择为核心，第一次从唯物主义的角度解释了整个生物界的发生和发展，并归纳出了进化的规律。《物种起源》的出版，动摇甚至推翻了神创论在生物学中的统治地位，令生物学经历了一场大革命。

这一变革自然遭遇到保守派的强烈抵制。有人不屑一顾，有人出言讥讽，有人严词斥责……但仍有一批进步学者，积极宣传和捍卫达尔文主义，甚至不惜被冠以“达尔文的斗犬”的名号，英国生物学家托马斯·赫胥黎就是其中的突出代表。在他看来，进化论轰开了人们的思想桎梏，启发和教育了人们，将他们从宗教迷信的束缚下解放出来。1863年，最能代表赫胥黎思想的《人类在自然界中的位置》一书应运而生。

赫胥黎生于伦敦西部，很早就开始对生物产生浓厚兴趣，他还接受过正规的医学教育，在医学方面也有着优异成绩和突出发现（如发现了毛发内鞘中的“赫胥黎层”）。1846—1850年，赫胥黎以海军军医身份登上海船，一头扎进了南半球海洋无脊椎动物的研究中，是他将水母和水螅合并命名为水螅纲（现被称作刺胞动物）。赫胥黎在生理学和生物学上的成就，使其年纪轻轻就成为了英国皇家学会会员。

托马斯·赫胥黎Ⓦ

《人类在自然界中的位置》成书的时间，恰好是《物种起源》广受争议的时期。赫胥黎梳理了类人猿的发现史，比较了各种灵长类在胚胎学、生理学和行为学等方面的异同，详细讨论了人类及其近亲物种的关系，描绘了一幅物种进化的波澜长卷。他用书中的数据和分析表达了明确的观点：人类正是、也只能是进化的产物，明确地支持了达尔文的进化论。赫胥黎同时在书中强调，人类与黑猩猩等

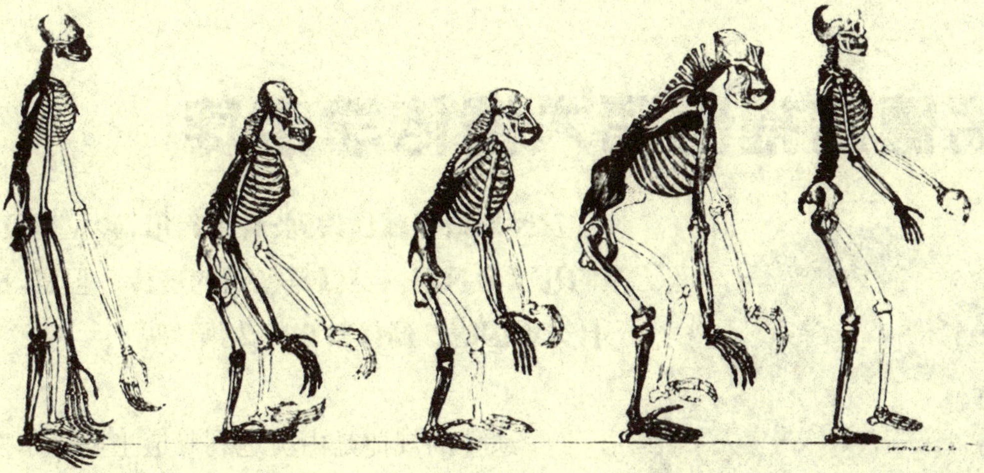

1863年版《人类在自然界中的位置》中灵长类几个物种的骨骼差异图Ⓦ

猿类如此接近，表明人类起源于类似的动物祖先；但他更坚信，文明人同野兽之间有着不可逾越的鸿沟，无论人类是否由兽类进化而来，但肯定已不属于兽类。书中还收录了赫胥黎的各次演讲，这些演讲不乏他对科学方法的阐述，洋溢着他对科学研究和普通大众的热情，生动呈现了一个思想睿智、善于雄辩的学者形象。与其说赫胥黎是达尔文的“斗犬”，不如说他是捍卫科学理想的战士。

1898年，我国学者严复将赫胥黎的另一著作《进化论与伦理学》的一部分译成《天演论》出版。之后，“物竞天择、适者生存”及“优胜劣汰”等书中文字风行，使得进化论在中国深入人心。如今，在伦敦南肯辛顿博物馆内达尔文的大理石像旁，同样树立着赫胥黎的大理石像，和达尔文一样，他的名字也成为了进化论立足于科学史的一部分。

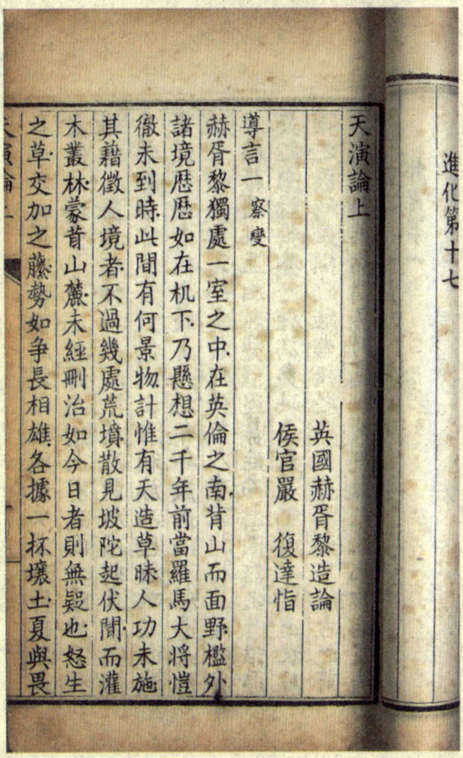
進化第十七

天演論上

英國赫胥黎造論

侯官嚴復達恉

導言一 察變

赫胥黎獨處一室之中在英倫之南背山而面野檻外諸境歷歷如在机下乃懸想二千年前當羅馬大將愷徹未到時此間有何景物計惟有天造草昧人功未施其藉徵人境者不過幾處荒墳散見坡陀起伏間而灌木叢林蒙茸山麓未經删治如今日者則無疑也怒生之草交加之藤勢如爭長相雄各據一抔壤土夏與畏

《天演论》内页Ⓟ

1865年

孟德尔提出两大遗传学定律

农民们很早就认识到：种瓜得瓜，种豆得豆，老鼠的儿子会打洞。这就是所谓的遗传。但是，这是什么原因呢？遗传有些什么规律呢？

孟德尔©

遗传的规律是由奥地利修道士孟德尔发现的。1822年，孟德尔出生于奥匈帝国的海因岑多夫（现捷克境内），他的父亲是佃农。童年时代，有一次他问父亲，为什么有的苹果是黄色，有的苹果是红色，父亲回答不出，让他问老师。老师说，这是上帝的安排。他又问，上帝为什么这样安排。老师发火了，认为他对上帝不尊重，对上帝的安排不可以问为什么。他没有得到问题的答案，但是，童年的疑问像种子留存在心上，等待着条件发芽。

对于孟德尔这样家境困难的孩子来说，要读书，唯一的途径是进入修道院。于是，喜欢科学的孟德尔进入布尔诺的修道院做了修道士，后来还当上了院长。在学习神学之余，他的全部时间用来做科学研究，希望回答童年的问题。

在孟德尔的时代，人们对遗传的认识还很粗浅，基本认同混合遗传学说：遗传是“黑＋白＝灰”，即父母的黑色和白色融合，得到子代的灰色。孟德尔却不这么认为，他从实验中寻找答案。从1854年开始，在长达10年的时间里，他用豌豆做了一系列实验。

豌豆Ⓦ

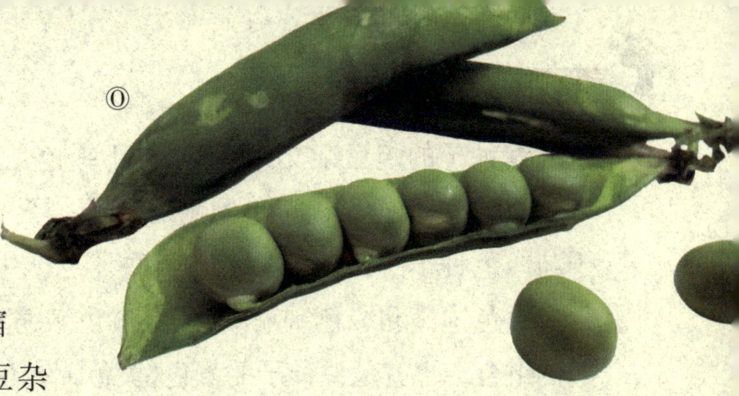

豌豆有不同特点（性状），不少是成对出现的：高茎的或者矮茎的，结的豌豆种子是黄色的或是绿色的，种子是饱满的或者皱缩的……孟德尔把成对性状的豌豆杂交，再将杂交后代播种。他积累了许多数据，分析这些数据时发现：高茎的豌豆和矮茎的豌豆杂交生成高茎的豌豆，这种高茎的豌豆再播种，产生高茎的和矮茎的豌豆的比例为3∶1。豌豆种子的颜色和饱满程度也符合这种规律。

现在，让我们来想象一下：倘若我们从来不知道有“基因”这种东西，也从来没学过“分离定律”和“自由组合定律”，那么，面对这些数字，是不是会觉得如坠云雾呢？所以说，此时孟德尔所表现出的科学天赋是惊人的——他推测有某种“因子”控制着生物的性状，这些因子或是“显性”，或是“隐性”，而且成对出现。在豌豆传代过程中，父本和母本中成对的遗传因子分开，彼此独立地传递到子代中，互不干扰。子代从父本和母本处各获得一对遗传因子中的一个。当子代的一对因子中含有“显性”因子时，只会呈现显性性状，只有两个因子都是“隐性”的时，隐性性状才会表现出来。这就是分离定律。

自由组合定律是说，一对遗传因子与另一对遗传因子的分离与组合互不干扰，各自独立地分配到配子中。孟德尔发现，结出黄色饱满种子的豌豆和结出绿

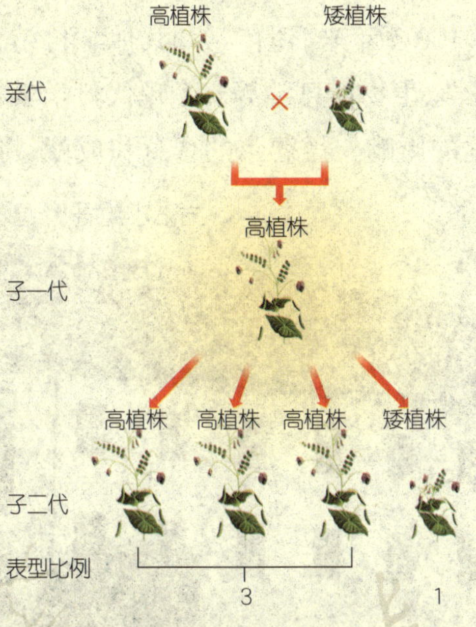

分离定律示意图©

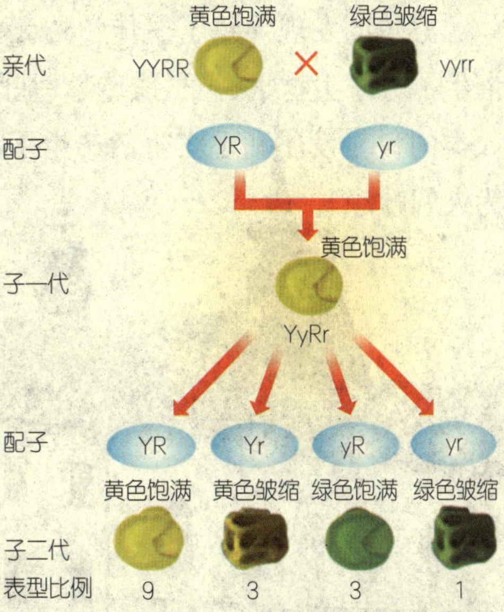

自由组合定律示意图©

色皱缩种子的豌豆杂交，黄色相对于绿色是显性性状，饱满相对皱缩是显性性状，因此子一代全结出黄色饱满的种子。子一代自交后得到的子二代中，黄色种子与绿色种子的比例是3∶1，饱满种子与皱缩种子的比例也是3∶1，但种子中不仅有黄色饱满和绿色皱缩的，还有黄色皱缩和绿色饱满这两种亲本中没有出现过的组合。也就是说种子的颜色（黄色或绿色）和形状（饱满或皱缩）这两对性状彼此独立，可以自由组合。读到这里，我们可以发现，只要把孟德尔原文的“因子”换成“基因”，就可以很好地用他当年的文字来理解我们今天的遗传学。可见，他的科学成就超越了时代。

1865年，孟德尔报告了他的研究结果，并于次年发表论文，提出了遗传学的两大规律，但是一直没有受到关注。孟德尔生前相信“我的时代会到来”，可惜直到1900年，才有三位科学家分别得到了与他相同的实验结果，他尘封已久的遗传规律才被重新发现。此时，孟德尔已去世16年，理论公布也已有34年之久。

孟德尔爱好科学，有生之年一直积极参与学术活动，他共参与了8个科学学会、26个非科学协会。他的实验对象除了豌豆，还有其他许多种植物。1859年，达尔文发表《物种起源》，提出了进化论，但是他没办法解释物种多样性的来源。因为，根据混合遗传学说，物种的种类会越来越少。不过，孟德尔在1860年第二版《物种起源》的德译本上写有批注，以自己发现的自由组合定律解释了物种多样性的来源。孟德尔迈出了从达尔文进化论到遗传物质的第一步，是当之无愧的“遗传学之父”。

孟德尔的发现导致了遗传学的诞生。100多年来，遗传学和其他学科结合，又催生了分子生物学、人类遗传学、基因组学、生物信息学等多个现代科学学科，对人类的科技发展和现实生活产生了深远的影响。孟德尔的智慧和成就，将长久为人们歌颂。

孟德尔所在修道院Ⓞ

1866年

海克尔绘制第一棵“生命之树”

德国博物学家、动物学家海克尔也是达尔文进化论的捍卫者和传播者。他出生于德国波茨坦，曾在维尔茨堡和柏林等地学习医学，先后师从动物学家克利克、病理学家菲尔绍及生理学家弥勒，研究低等海洋动物，并在1857年写成博士论文《论甲壳动物的组织》。随后，海克尔在柏林通过国家医学考试，参加了地中海动物学的考察活动，进行了放射虫的分类研究，之后在耶拿大学任教。

海克尔Ⓞ

海克尔爱好游历。正是在旅途中，他先后结识了达尔文和托马斯·赫胥黎等人。尽管他本人并不是一个严格意义上的达尔文主义者，而更推崇拉马克的学说，不过在之后达尔文同教会的对抗中，他不遗余力地宣传达尔文的观点，成为在德国推进进化论的先锋。

1904年版海克尔的《自然的美》中的藓类植物Ⓦ

海克尔不仅仅对生物学感兴趣，还是哲学家、医生以及艺术家，可谓全才。他的科学工作丰富多彩，命名了数以千计的物种；提出了不少现在仍在使用的生物学术语，如分类学中的门、系统发育学、生态学等；为海葵和浮游生物等绘制了五彩缤纷的图画。他所绘制的科学图画显示了他将科学和艺术相结合的独特眼光；他还绘制了一些动物胚胎图，指出它们与人类胚胎的相似性，以此

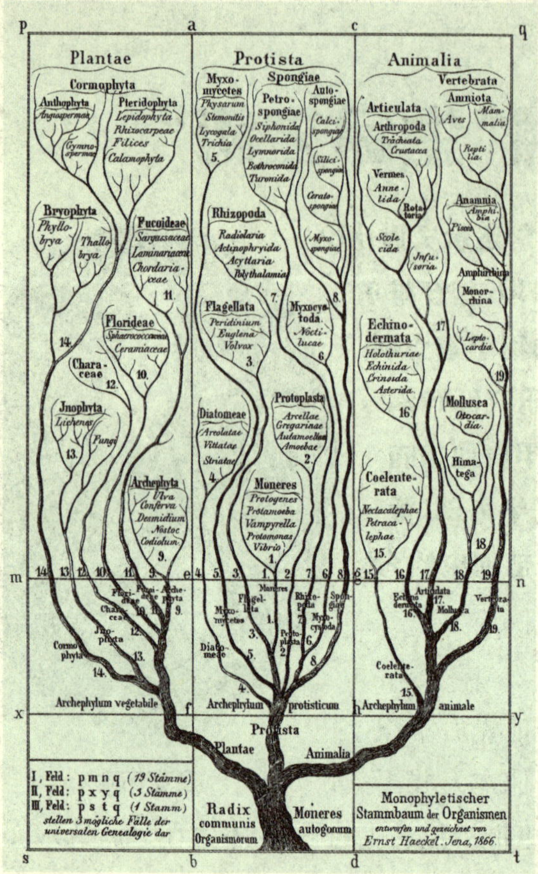

海克尔的“生命之树” 从左至右三个大分枝依次是植物、原生生物、动物。Ⓦ

证明不同物种之间存在联系。

1866年，海克尔的《生物普通形态学》一书出版，该书从进化的角度阐明了生物的形态结构，书中还绘有第一棵“生命之树”。这是一棵带有“树枝”和“树叶”的进化树，展示了地球上的主要生物门类（从单细胞生物到动物和人）的进化过程与亲缘关系。当然，它所显示出的物种亲缘关系并不完全正确，因为这棵进化树主要依据生物的形态和结构的相似程度来绘制，而不具有亲缘关系的生物在相同环境中会出现形态上的趋同进化。但毫无疑问，海克尔的进化树开创了这方面研究的先河。

20世纪下半叶，进化生物学取得了长足的进展，生物学家不仅可以比较不同物种的骨骼或颜色，还可以比较它们的蛋白质和基因。由于蛋白质和基因变化的速率相对恒定，也更能反映各物种的亲缘关系，用这些证据，生物学家们绘制出了更精确的进化树。

现代分类法及进化树©

1868年—20世纪初

米歇尔等发现核酸并研究其组成

今天，我们知道蛋白质和核酸是生命活动中两种最重要的物质。但是，认识核酸，经历了一个多世纪的岁月，是科学家们经过前赴后继的努力才完成的。

米歇尔Ⓦ

第一个发现核酸的是瑞士生物学家米歇尔。米歇尔于1868年获得医学博士学位以后，在德国蒂宾根大学从事脓细胞化学的研究。他研究些什么呢？他把医院用过的绑带收集起来，仔细提取绑带上的脓血，他的目标是里面的白细胞。这可是又脏又累的活儿，但他做得非常认真。

当时人们认为，白细胞的细胞核主要由蛋白质构成，但米歇尔把白细胞用化学试剂处理后，发现细胞核中含有一种不含硫、但磷和氮含量都很高的强有机酸。这显然不是蛋白质，于是他称这种新物质为"核素"。但是，治学严谨的导师霍佩－赛勒对他的结果半信半疑，没有发表他的论文。直到两年后，霍佩－赛勒自己从酵母研究中发现了类似的物质，才证实了米歇尔的工作。1871年，霍佩－赛勒终

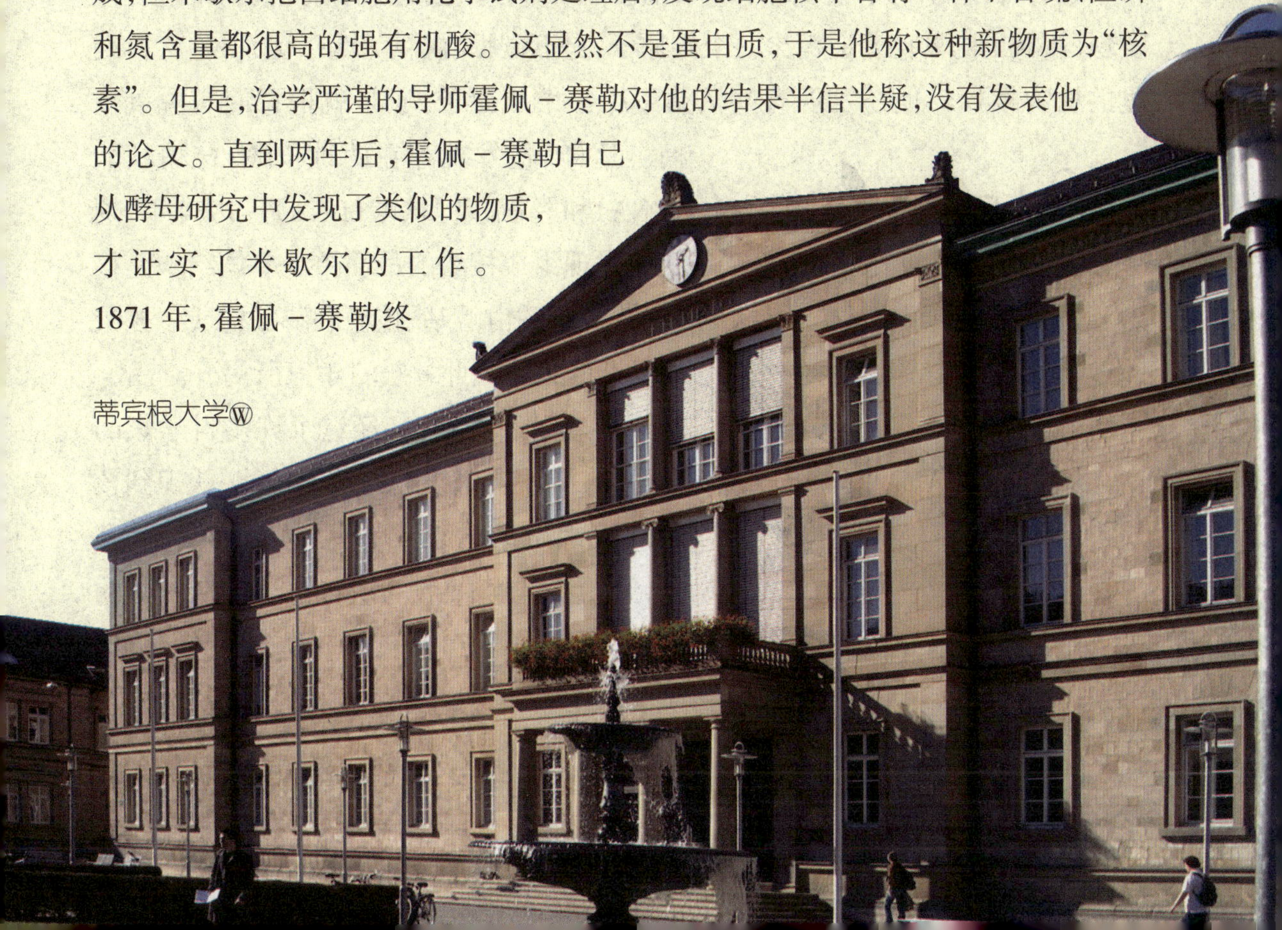
蒂宾根大学Ⓦ

于同意发表米歇尔的论文《脓细胞的化学成分》。这是科学史上第一篇关于核酸的论文。

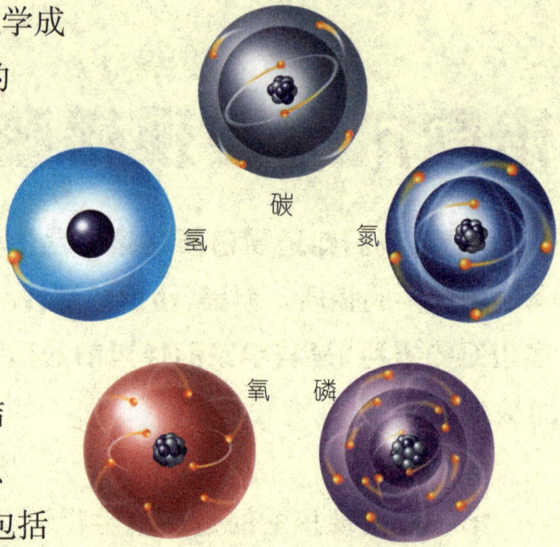

组成核酸的元素©

1871—1873年，米歇尔继续对莱茵河鲑鱼精子中的核素进行研究。霍佩－赛勒的另一个学生科塞尔接过了核酸研究的接力棒。1879年，科塞尔开始系统研究核酸的分子结构。他将核酸水解，发现它由糖、磷酸、有机碱三种物质构成。其中有机碱又包括四种成分，他按其结构的不同，分别命名为胸腺嘧啶（C）、胞嘧啶（T）、腺嘌呤（A）、鸟嘌呤（G）。1910年，科塞尔因核酸研究获得诺贝尔生理学医学奖。

1889年，在同一实验室工作的德国病理学家阿尔特曼从酵母和动植物组织中制备出纯净的、不含蛋白质的细胞核酸性物质，将“核素”更名为“核酸”。但是，人们仍然不知道核酸的结构和功能是什么。

之后，科塞尔的学生、俄国—美国化学家列文又把核酸的研究向前推进。他发现，核酸里的糖比普通糖少一个碳原子，是五碳糖（戊糖），为了区别，他称核酸里的糖为核糖。他还发现有些核糖里少一个氧原子，于是就把它们叫脱氧核糖。这样，他发现存在两种核酸：核糖核酸（RNA）和脱氧核糖核酸（DNA）。1934年，列文又发现组成核酸的最简单的单体结构是核苷酸，核苷酸由碱基、核糖和磷酸构成。核酸的复杂的结构到此才被科学家所揭开。

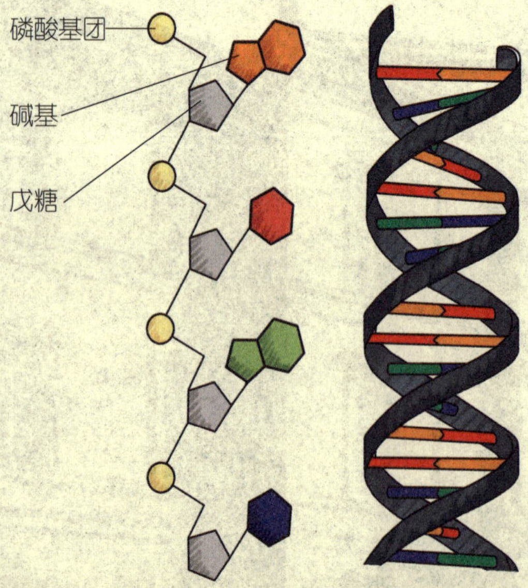

DNA组成Ⓢ

又过了许多年，又经过了许多科学家的努力，人们才认识核酸的遗传功能，认识到核酸的双螺旋结构，并破译了全部的DNA密码，开始了重组DNA的遗传工程。从核酸的研究历程可以看出，只有掌握前人的知识，站在前人的肩上，才能把科学研究不断推向新的高度。

1873—1891年 神经元学说建立

我们知道，动植物是由细胞组成的，神经系统自然也不例外。可是在19世纪，人们还不相信神经系统是由细胞构成的。这是为什么呢？

染色是研究细胞的基本技术，这种技术可以让人们清楚地看到一个个细胞的样子。可是神经细胞（神经元）不大好对付。首先，神经细胞排列得非常紧密，用普通染色法，它们会全部被染上颜色，成了乱糟糟的一片，没法区分谁是谁。其次，神经细胞上有一根根小小的"枝杈"，最长的叫轴突，其他的叫树突，它们又细又透明，普通的染料没法给它们染上颜色。所以，当时人们始终没法见识神经细胞的"真面目"。怎么办呢？

1872年，已发表了几篇神经学论文的意大利学者高尔基，迫于父亲的压力到某小镇医院做院长，研究生涯似乎不得不终结。然而，他并没有放弃，在自家的厨房里建立了简陋的实验室坚持研究。第二年，付出便有了回报。他依次用重铬酸钾和硝酸银处理脑组织，发现只有约5%的细胞被染上了棕黑色。而且，除了细胞体，所有的"树杈"（轴突和树突）从基部到尖端都清晰可见，就像在透明的密林中勾勒出一株完整的树。人们第一次看到了神经细胞，厨房实验室中的高尔基开创了神经研究的新时代！

1886年，瑞士—德国胚胎学家希斯在研究胚胎神经纤维时发现，每一条神经纤维都来自于单一的神经细胞，是细胞胞体细长的突起。这就是我们后来知道的轴突。在此基础上，1891年，德国解剖学家瓦尔代尔－哈尔茨首次使用"神经元"这一术语，并提出最初的神经元学说：神经元是神经系统的结构单位。但他并没有拿出更多的证据。

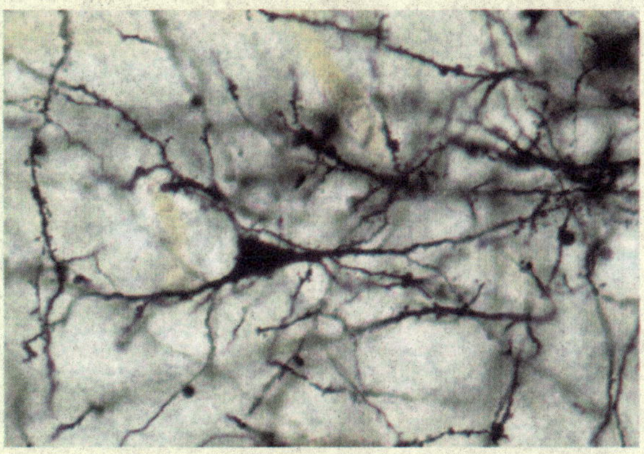

高尔基染色法显示的神经细胞©

最终为神经元学说提供有力证据支持的是西班牙神经生物学家卡扎尔。他直到1887年才看到高尔基制作的精美绘图，大为赞叹，很快掌握并改

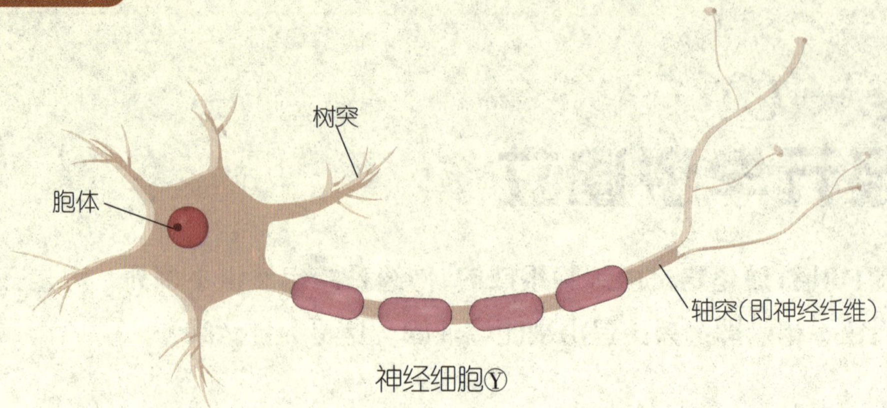

神经细胞Ⓨ

进了高尔基染色法,使其能显示更细微的结构。他绘制了数百幅图,表明神经系统由数十亿单个细胞组成。

1904年,卡扎尔观察了各种动物的不同脑区及视网膜等神经组织,发现神经细胞并没有连接在一起,而是一个个独立的单元,长的神经纤维只有在末梢才与其他神经细胞接触。卡扎尔还指出,对一个神经元而言,树突是它的“侦察兵”,专门负责接受从外界传来的信息;轴突则是“传令兵”,将神经细胞对外界的反应传递到其他细胞中去,传导是单向的。

这些观点都是现代神经学理论的基石,卡扎尔也成为近代神经科学当之无愧的奠基人。他所建立的神经细胞的特殊染色方法(卡扎尔法)沿用至今。

1906年,高尔基与卡扎尔分享了诺贝尔生理学医学奖。有趣的是,高尔基尽管在获奖演讲中用了“神经元理论”一词,可他认为神经细胞虽然没有融合,但直接连接在一起,电信号沿着某种“网络”在大群细胞间传播。这和卡扎尔的神经元之间是相互独立的认识不同,所以次日,卡扎尔在演讲中予以了反击。

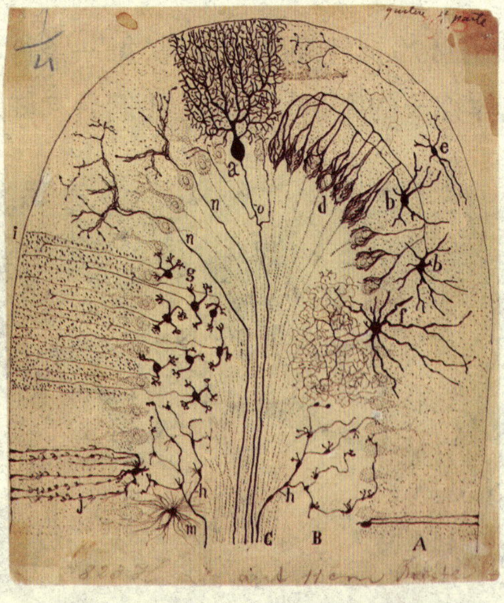
卡扎尔绘制的小脑神经细胞图Ⓟ

后来人们发现,虽然神经细胞确实是相互独立的,但中枢神经系统中还存在着不少突触。离子通道跨过突触的缝隙,将两个神经元连接在一起,通过通道可以直接传递电信号,使很多神经元几乎同时被激活。曾经对立的两种学说最终都得到了证明,或许是出于巧合,或许是出于科学直觉,当年的诺贝尔奖委员会完成了一次完美的评议,科学则实现了一次螺旋式的上升。

1875年
地球生物圈概念提出

生物圈指地球上存在生命活动和受到生物影响的区域，是生物系统与环境的总称，也是地球生态系统的总和。它位于大气圈、水圈、岩石圈、土壤圈交汇的地方。它诞生于30多亿年前、生命诞生之后，是生命与环境相互作用的产物。

1875年，奥地利地质学家聚斯出版了一本关于阿尔卑斯山起源的小册子，书中首次应用了“生物圈”这个词。生物圈概念提出后，越来越受到生物学家和生态环境科学家的重视。它有过三次大的发展。第一次在1972年，英国科学家洛夫洛克提出盖娅假说。盖娅是希腊神话中的大地之母。这个假说认为，生物圈类似于生命有机体，在一定范围内，它有自动调节的能力，使生物圈中物质流、能量流、信息流保持着相对稳定。第二次在1987年，布伦特兰夫人在世界环境与发展委员会的《我们共同的未来》中正式提出了可持续发展的概念，认为人类对资源的消耗、污染物的产生不应超过生物圈的忍受能力。第三次是1991年，美国在亚利桑那州建立了生物圈2号，这是一个巨大的、封闭的实验室，模拟地球生态系统，以研究生态环境的协调和平衡。研究表明，地球生物圈的平衡非常微妙，多样性可能是生物圈保持平衡的重要因素。

生物圈是人类生存和发展的自然基础，它的提出具有重要的科学意义。保护好生物圈不被破坏，就是保护人类自己。

生物圈的空间范围©

1877年

默比乌斯提出生物群落概念

俗话说，物以类聚。生物的存在，也不是孤立的。单个生物组成种群，许多种群在一定的环境下又组成了群落。生物群落是指生活在一定的自然区域内，相互之间有直接或间接关系的各种生物的总和。

群落概念最早是在1877年由德国生物学家默比乌斯提出的。他在研究海洋生物牡蛎时发现，牡蛎只出现在具备一定盐度、温度和光照条件的地方，并且总是与某些鱼类、甲壳类、棘皮类动物生长在一起，形成比较固定的有机整体。这一有机整体被他称为群落。

生物群落中，各个生物种群占据了不同的空间，使群落具有一定的结构。生物群落的结构包括垂直结构和水平结构。在垂直方向上，生物群落具有明显的分层现象。如在森林中，高大的乔木占据森林的上层，往下依次是灌木层和草本植物层。动物在群落中的垂直分布也有类似的分层现象。在水平方向上，由于纬度的不同、地形的起伏、光照的多少、湿度的大小等因素的影响，不同地段分布着不同的群落。

随着时间的推移，群落会发展变化，在这个过程中，一些物种的种群消失，另一些物种的种群兴旺，最后，这个群落会达到一个相对稳定阶段。随着时间的推移和环境的改变，一个群落可能被另一个群落代替。

群落是生物存在的重要方式，也是生物圈的重要表现形式。研究生物群落，能使人们更好地认识自然、保护自然和利用自然，实现可持续发展。

生活在一定自然区域内的动物和植物组成了一个群落Ⓢ

1879—1907年
法布尔《昆虫记》出版

法布尔是法国著名昆虫学家、动物行为学家、动物心理学家。陆续出版于1879—1907年的10卷本《昆虫记》是他最有影响的著作，被称为“动物界的史诗”，他则被法国文豪雨果称为“昆虫界的荷马”。

法布尔Ⓦ

法布尔出生于法国南部普罗旺斯的一户农家，幼年在祖父母农村的家中度过。他从小被乡间的蝴蝶、蝈蝈、萤火虫等昆虫所吸引，喜欢与昆虫交朋友。有一次他看到一群蚂蚁在忙碌地觅食、搬运，分工合作，井然有序，看得入了神。村里人进城的时候他在观察，太阳偏西村里人从城里回村，他还在观察。正是这种对生物的热爱，使他把《昆虫记》写得栩栩如生，惟妙惟肖。

法布尔主要靠自学。他14岁就开始谋生，后来考取师范，毕业后当了教师，边教书边自学，先后获得了文学、数学、物理学和其他自然科学的学位。他以哲学家的思想、画家的技艺、生物学家的观察、诗人的感受和文采撰写着昆虫的故事，字里行间充满着对自然的热爱和科学探索的精神，令《昆虫记》吸引了一代又一代的青少年。

节腹泥蜂Ⓨ

《昆虫记》真实地记录下昆虫的种种生活故事，充满了情趣，让人读起来兴味盎然。书中还传神地写了许多科学发现的过程。例如，有一次他从森林里拾到一只孔雀蛾的蛹。半夜里，蛹羽化成一只雌蛾，十几千米外的雄蛾们飞来，扑在玻璃窗上。法布尔想，雄蛾是怎么找到新娘的？于是他用玻璃罩、用涂了雌蛾身体气味的棉球，甚至剪去雄蛾的触角做实验，最后得出结论，雄蛾是“嗅”到了雌蛾发出的气味才赶来的，它们的触须是接受气味“信息”的天线。

1857年，他发表了《节腹泥蜂习性观察记》，这篇论文修正了当时流行的错误观点，赢得了法兰西研究院的赞誉，被授予实验生理学奖。

雄孔雀蛾Ⓦ

1859年，法布尔获得了此类研究的三项专利。后来，法布尔应公共教育部长的邀请，负责一个成人夜校的组织与教学工作，但他自由的授课方式引起了某些人的不满。于是，他辞去了工作，携全家在奥朗日定居下来，这一住就是十余年。在这十余年里，法布尔完成了后来长达10卷的《昆虫记》的第一卷。期间，他多次与好友一同到万度山采集植物标本。

1879年，法布尔买下了一块荒地，取名荒石园。这里是昆虫的乐园，也是他静心观察昆虫的工作室和试验场，他把大自然当作一本大书，天天“阅读”着昆虫的故事。法布尔一边进行观察和实验，一边整理昆虫的观察笔记、实验记录和科学札记，完成了《昆虫记》的后9卷。

法布尔的研究也曾遭到责难，但他辩驳说：“你们是把昆虫开膛破肚，而我是在它们活蹦乱跳的情况下进行研究；你们把昆虫变成一堆既可怖又可怜的东西，而我则使得人们喜欢它们；你们在酷刑室和碎尸场里工作，而我是在蔚蓝的天空下，在鸣蝉的歌声中观察；你们用试剂测试蜂房和原生质，而我却在研究本能的最高表现；你们探究的是死，而我探究的却是生！”

法布尔故居Ⓦ

1882—1888年 发现和命名染色体

如果把大脑看成是人体的"司令部",那么细胞核就是细胞的"司令部"。细胞代谢、生长、分化,全部得听从"司令部"的指挥。没有细胞核的真核细胞,如人体成熟的红细胞,既不能生长,也不能分裂。

弗勒明Ⓦ

细胞核是"司令部",那"司令"是谁呢?是一群小小的"魔法棒"——染色体。19世纪中后期,有科学家在用显微镜观察植物细胞时,隐隐约约看到细胞核内不均匀地分布着一些丝状物。后来德国生物学家弗勒明发现,这些丝状物能够被碱性染料(如龙胆紫溶液、苏木精、醋酸洋红等)染色。于是,弗勒明把它们称为"染色质"。科学家还发现,细胞分裂时,细胞核中出现一些粗短的"小棒",它们被德国解剖学家瓦尔代尔-哈尔茨命名为"染色体",这个词在希腊文中意为"带颜色的物体"。其实,染色质和染色体是同一种东西,只不过在细胞不分裂时(分裂间期)表现出丝状的染色质形态,而在细胞分裂时(分裂期)表现出短棒状的染色体形态。

染色体是由脱氧核糖核酸(DNA)和蛋白质构成的。长长的DNA链缠绕在一个个"组蛋白"小球上,像细线把珠子串起来。然后,按一定的规律折叠,就构成了显微镜下所见的染色体形态。DNA上记录着个体的全部遗传信息,基本上以基因的方式呈现,如人的头发、眼睛、皮肤的颜色都是由基因决定的。平常染色体会在某些区域"解"开折叠,在DNA上的基因的"指导"下,让细胞合成新的蛋白质,或进行某些生命活动,例如线粒体产生能量、叶绿体进行光合作用、溶酶体清除垃圾等。如果染色体不再发出命令,不用多久,细胞工厂就会陷入混乱,最后细胞也会死

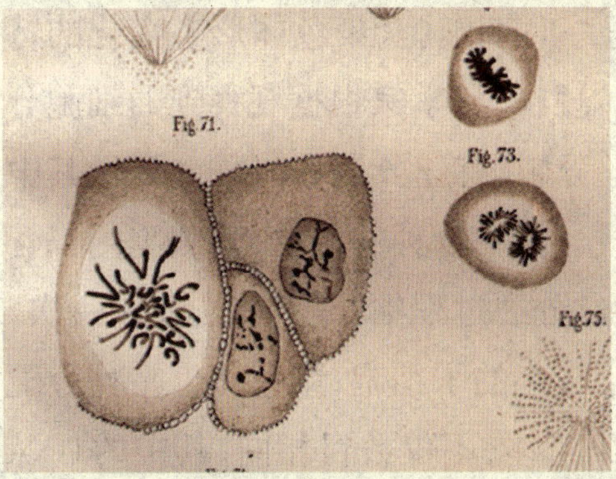

弗勒明书中的细胞及其染色体Ⓟ

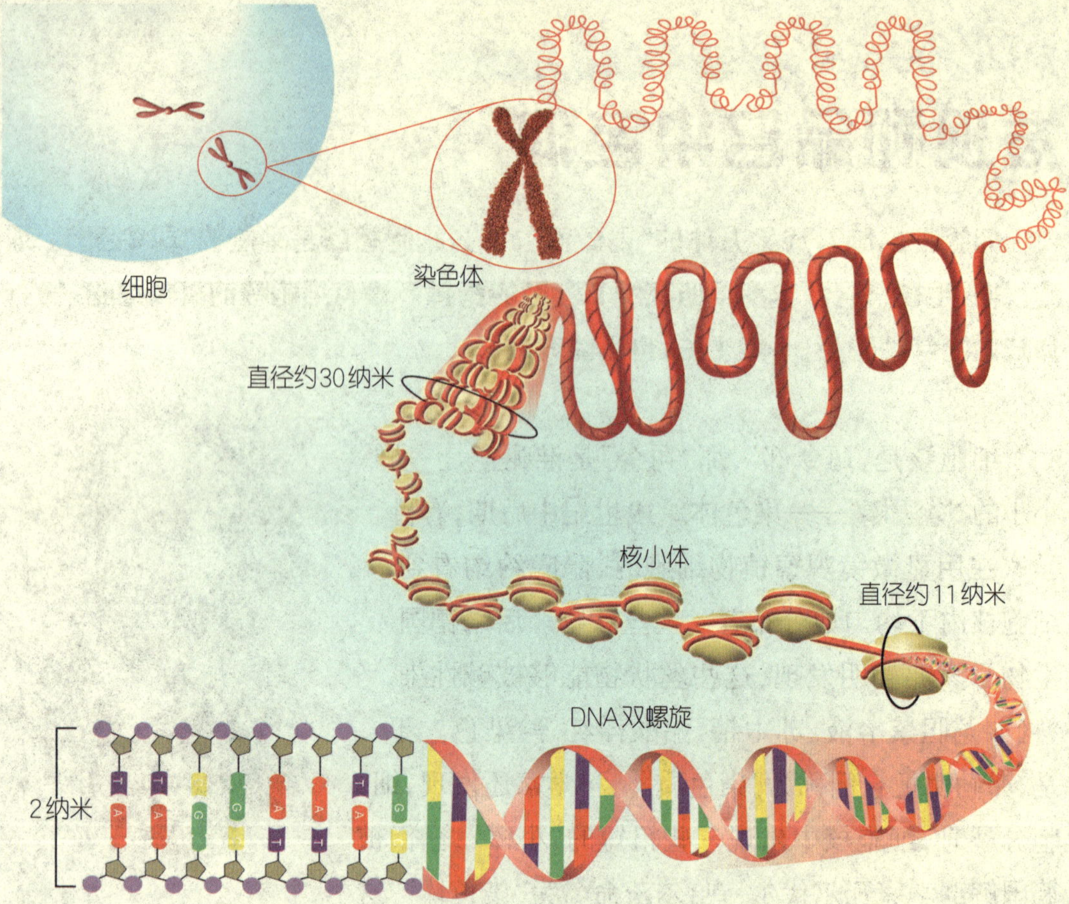

染色体折叠©

亡。说染色体是“司令部”里的“司令”，一点儿也不为过。

细胞以一分为二即“分裂”的方式产生新的细胞，通过细胞分裂，一个细胞变为两个细胞，两个细胞变成四个细胞，越变越多，于是一颗小小的种子才长成了参天大树。

1882年，弗勒明在他的《细胞质、细胞核和细胞分裂》一书中，将细胞分裂分为前期、中期、后期加以详细描述，确定了每一时期细胞、染色体形态变化的特征。这是当时研究细胞分裂最好的一本书。现在，科学家根据观察到的细胞分裂的情景，总结出细胞分裂有3种方式：无丝分裂、有丝分裂和减数分裂。其中有丝分裂是多细胞生物细胞繁殖的主要方式。同一物种的生物，其细胞内都含有固定数目的染色体，并且成对存在。在有丝分裂过程中，染色体先复制一次，数目加倍，母细胞从中间一分为二，成为两个较小的子细胞，染色体也平均分配给子细胞，因此，分裂后的两个子细胞中的染色体，不仅数目相同，其中的DNA也几乎一模一样。这就保证了遗传的稳定性。

1883年
高尔顿创立优生学

达尔文的表弟高尔顿是个百科全书式的科学家。高尔顿小时候是个神童，4岁时能写诗，5岁能背诵并理解苏格兰叙事诗《马米翁》，6岁时熟读荷马史诗，7岁能欣赏莎士比亚名著。他是人类学家、探险家、地理学家、发明家、气象学家、统计学家、心理学家和遗传学家。而最知名的是，他是优生学的创始人。

1869年，高尔顿在《遗传的天才》一书中，主张人类的才能是能够通过遗传延续的。1883年，他在《人类才能及其发展研究》中发展了这个思想，创造了“优生学”概念。他认为，人类要自觉地选择优秀者来代替自然选择，以促进人类素质的提高。

高尔顿在优生学研究时使用了统计方法和同卵双生子比较法。他曾对英国历史上的法官、政治家、军事家、文学家、科学家、诗人、画家、牧师等各类人物的家族进行了系统的考察，力图证明智力是遗传的。例如，他考察了1660—1868年间286名英国法官和他们的亲族情况，经过统计，得出平均每100个英国法官的亲属中共有38.3个名人。他还调查1768—1868年这100年间英国的首相、将军、文学家和科学家共977名，对他们的家谱研究后发现，他们的后人中有332名杰出人士。而全英国平均4000人中才有1个名人。他由此认为天才是可以遗传的。

虽然高尔顿的结论并不能使人信服，因为名人家族后代多名人，可能是因为这些家族更重视对后代的教育，也能为后代提供更好的教育条件，因此，无法确定智力有多少是由“遗传”得来。不过，仍然有人认为，高尔顿提出优生学，对于人类认识自身、改造自身是有积极意义的。不幸的是，第二次大战时这个理论被德国纳粹用于种族灭绝，“优生学”在西方也臭名昭著，成了一个贬义词。

高尔顿Ⓦ

1883—1890年
发现减数分裂

有性生殖是精子和卵子结合产生后代的生殖方式。1875年，德国生理学家赫特维希观察到，海胆的受精过程是精细胞和卵细胞相结合。但人们不明白：每个细胞都有一定数量成对的染色体，即有2n条染色体，那么，当精细胞与卵细胞结合的时候，精细胞中的2n条染色体与卵细胞中的2n条染色体结合，不是要产生加倍的染色体了吗？

事实上生物当然没有产生加倍的染色体。那么，生物有性生殖时是怎么解决这个矛盾的呢？

1883年，比利时细胞学家贝内登在观察马蛔虫受精时发现，精子、卵子的染色体数目都只有体细胞的一半。精卵结合后，精子中的1条染色体与卵子中的1条染色体结合成为含有2条染色体的受精卵细胞。1887年，德国生物学家魏斯曼提出了生殖细胞减数分裂的思想：染色体经一次复制，细胞分裂2次，得到染色体数目减半的4个性细胞。后来，科学家陆续在植物、动物中发现细胞分裂时染色体数目减少的现象。1905年，“减数分裂”一词被正式提出。

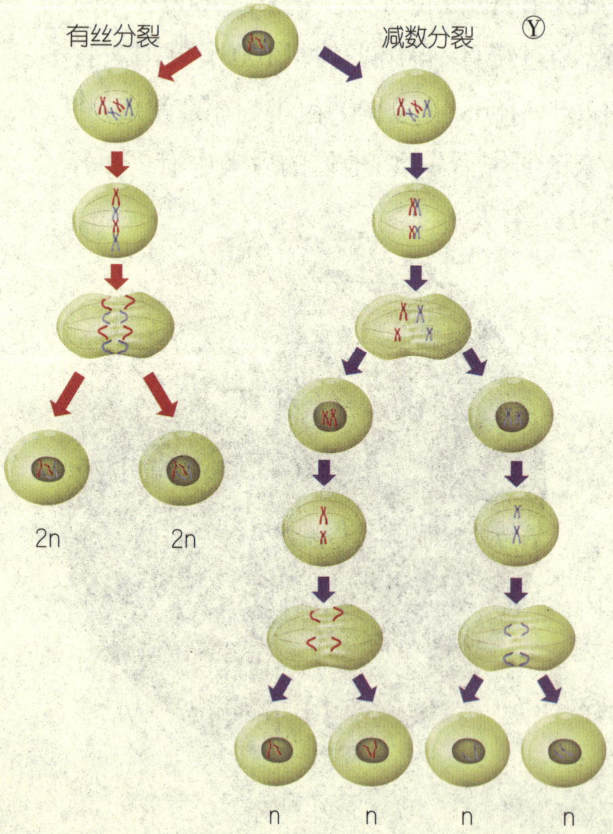

减数分裂是生物生殖细胞中染色体数目减半的分裂方式，具有很重要的生物学意义。由于减数分裂，每种生物代代都能够保持固定的染色体数目，有利于物种遗传的相对稳定。同时，减数分裂过程中非同源染色体重新组合、同源染色体间发生部分交换，有利于配子的遗传基础多样化，有利于物种的变异和进化。

1885—1892年

魏斯曼系统提出种质学说

生物的主要性状能一代一代地传下去，即“种豆得豆，种瓜得瓜”，孩子会长得像父母，这就是遗传；同时，生物子代与亲代不完全一样，即“一娘生九女，连娘十个样”，这就是变异。遗传和变异的机制是怎样的呢？这是19世纪晚期科学家希望回答的问题。

德国生物学家魏斯曼深受达尔文进化论影响，他提出了各种理论和假设，想用当时细胞学的研究成果回答这个问题。1885—1892年，他系统地提出了被称为“种质学说”的遗传理论。他认为，生物体内存在着两类物质，一种叫“种质”，另一种叫“体质”。种质是遗传功能的承担者。它是稳定的化学物质，可以发育成新个体的体质，同时留下一部分作为下一代发育的基础。种质不受环境的影响，性状因此不断地遗传给下一代。体质则不一样，它发育成为生物的器官和组织，会受到环境的影响。体质不能遗传，受到环境影响后的体质改变不能遗传给下一代。为了证明自己的结论，魏斯曼进行了著名的小鼠实验：剪除新生小鼠的尾巴，结果它们的后代仍然长出与正常小鼠一样长的尾巴；他连续剪断22代小鼠的尾巴，结果仍是一样。

遗传和变异　许多后天获得的性状，比如经过锻炼获得的强健肌肉，不能遗传。Ⓢ

当时不少人认为，后天获得的性状是可以遗传给下一代的，但魏斯曼的理论和实验强有力地挑战了这种观点。虽然，魏斯曼的学说有很多错误和粗陋的地方，但他不仅提出了“遗传物质”的概念和传递机制，而且明确了遗传具有物质载体，这可是很先进的。在他的影响下，人们开始深入地研究遗传物质，后来终于发现染色体就是遗传的物质载体。

1888—1891年

鲁和德里施开创实验胚胎学

一个小小的受精卵，在合适的条件下，竟能发育为个体，真是无比神奇！人类迄今也没有完全破解其中的来龙去脉。要解开这个谜团，显然不能满足于观察，而要进行设计巧妙、操作精细的实验。到了今天，科学家们已经有许多精巧、成熟的实验手段来研究胚胎，但万事开头难，实验胚胎学的先驱是如何做的呢？

19世纪中期，科学家已经比较清晰地描绘了动物胚胎在发育各阶段的外形。1868年，德国动物学家海克尔出版了科普著作《自然创造史》，他在书中用栩栩如生的插图呈现了各种动物的胚胎，通过比较来佐证进化论的正确性。

然而，科学家至此只是描绘了胚胎发育的过程，不能解答胚胎"为什么"能发育成个体。19世纪末，德国生物学家魏斯曼提出种质学说，认为在细胞分裂过程中，细胞核物质分布不均，使分裂后形成的各个细胞长成了不同的样子。同期，海克尔的学生、德国动物学家鲁和德里施等人则开始用实验方法研究胚胎。

1888年，鲁发现，当蛙的受精卵分裂为2个或4个细胞时，如果用热针穿刺并杀死其中的半数细胞，剩下的就会发育成半个胚胎。他因此认可了魏斯曼的假说，还进一步提出胚胎发育的"镶嵌"理论，认为胚胎分裂为几个细胞后，成了一幅"拼图"，每个细胞将发育成特定的部分。

然而，他的同门德里施则在1885年发现，用移除部分细胞及其他多种方式干扰早期海胆胚胎，都不会对最终的发育结果造成影响。1891年，德里施将分裂成2个细胞的海胆胚胎一分为二，发现分离后每个细胞都能发育成完整的海

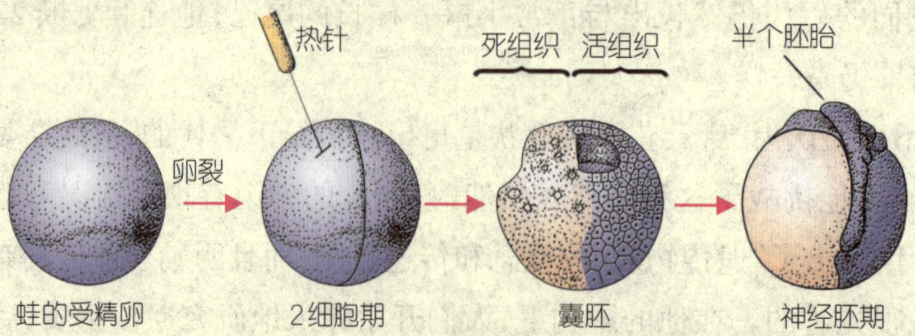

鲁的蛙卵实验Ⓢ

胆。后来他还发现，用分裂成4个细胞的海胆胚胎做实验，也能得到相同结果。德里施的实验，是对鲁的实验与理论的直接挑战，相关争论持续多年，还在海克尔、鲁和德里施之间造成摩擦。

后来，德国胚胎学家施佩曼证明，德里施的结论基本正确，但在特定条件下，实验也能得到鲁的结果。尽管以现在的眼光看，鲁和德里施的实验、结论都存在缺陷，但他们开创了实验胚胎学的先河。

鲁和德里施通过干扰胚胎，研究胚胎各部分所起的作用，是实验胚胎学发展初期的主要手段。后来成为著名遗传学家的摩尔根曾到意大利那不勒斯动物学实验站，跟随德里施学习新兴的实验胚胎学。

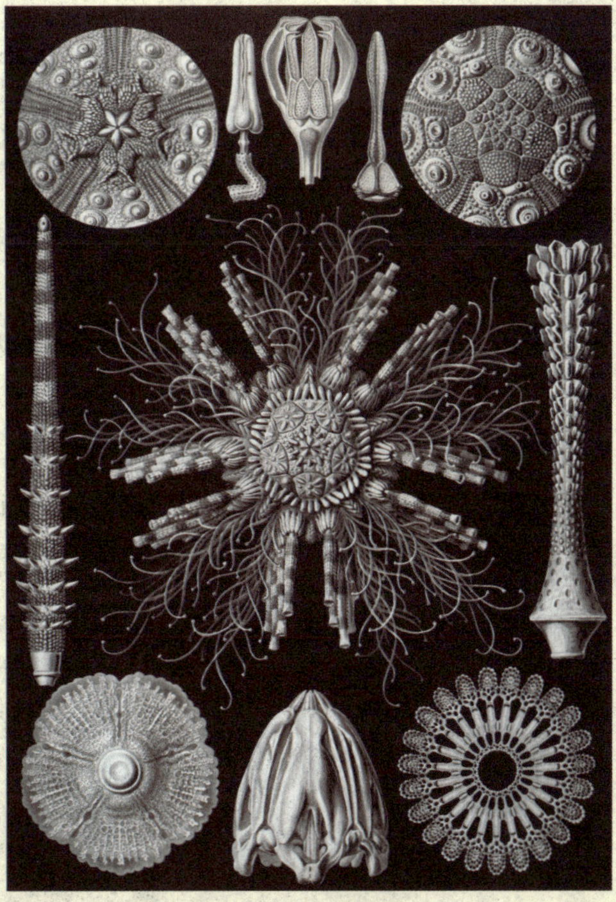
各种海胆Ⓦ

到了20世纪上半叶，人们可以利用切除、移植、标记和组织培养等各种手段研究胚胎，实验胚胎学才逐渐发展为一门独立的学科。

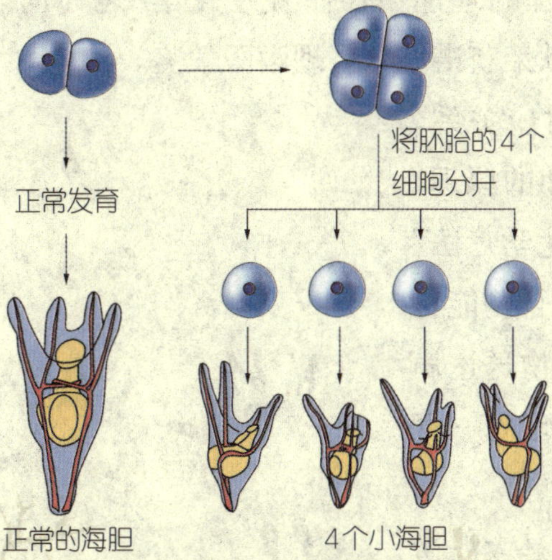

德里施的海胆实验Ⓢ

说起来，德里施与中国还有不解之缘。1922—1923年，他曾在北京和南京访问讲学。1923年，国立东南大学(今南京大学)还授予他荣誉博士学位。东南大学1921年建立了我国第一个生物学系，1922年中国科学社生物研究所在南京成立，这是我国第一个生物研究所。蔡元培曾经说道："在中国当代的著名生物学家中十有九个以这样或那样的方式与这个研究所发生关系。"

1890年代

埃尔利希提出免疫机制的侧链理论

19世纪末至20世纪初，人类已经发现了不少疾病的病原体，如锥虫、梅毒螺旋体，但对如何治愈这些疾病仍没有好办法。科学家经过长期的免疫学研究，已经发现了不少有价值的现象，但背后的原理是什么呢？

埃尔利希Ⓦ

1890年代，科学家们将一种植物蛋白相思豆毒素注射到小鼠体内，第一次注入的剂量极为微小，后几次剂量逐渐增加。他们发现，小鼠随之产生免疫力，这被称为主动免疫。而经毒素免疫后，母鼠的乳汁和血液中均含抗毒素，幼鼠吸食母鼠乳汁或接受抗血清便可获得暂时的免疫力，这叫做被动免疫。

在大量免疫学实验的基础上，德国免疫学家埃尔利希在1890年代提出了侧链理论。该理论认为动物细胞表面存在许多侧链（后改称为受体）大分子，可以结合某些毒素（抗原）；当机体受到抗原侵害时，便会产生大量侧链并释放到血液中以中和毒素，血液中的这些侧链就是抗体。

这是最早用化学反应来解释免疫过程的理论，首开“免疫化学”之先河。1908年，埃尔利希因其对免疫学的杰出贡献荣获诺贝尔生理学医学奖。

显然，抗原与抗体之间存在着某种对应关系。埃尔利希进一步设想利用抗原与抗体中和的原理，以特定的化合物来治疗疾病。他创造了“化学疗法”一词，还提出了“魔弹”概念，即如果一种化合物能有针对性地与某种病原体结合，就可以将药物送达病原体，从而减少对人体的伤害。这一创新理念一直沿用至今，如利用单克隆抗体治疗癌症。

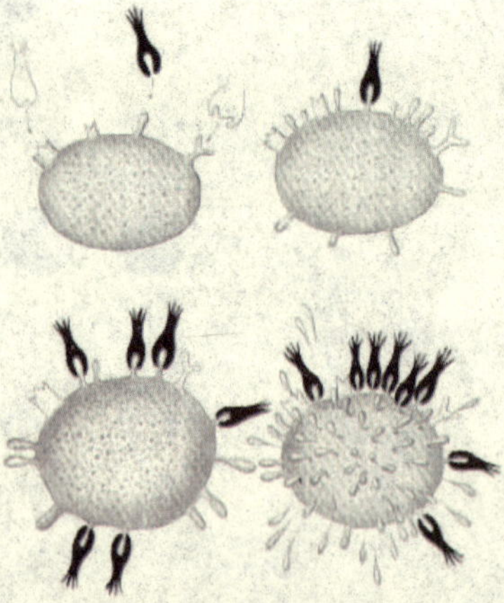

侧链理论Ⓟ

可在那么多化合物中筛选“魔弹”无疑是大海捞针。埃尔利希从细菌染色法中得到启发，他认为染色剂之所以能染色，就是与特定的生物或组织发生了作用，而这正是“魔弹”的关键；对合适的染色剂进行修饰就可以得到各种备选的化合物，再通过实验筛选出疗效好、毒性小的药物。

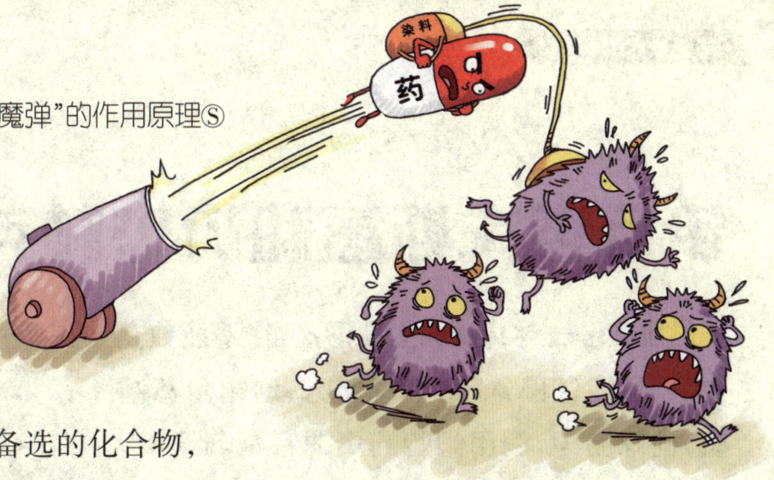

“魔弹”的作用原理Ⓢ

经过一系列尝试，埃尔利希发现“锥虫红”能够杀死鼠体内的锥虫，尽管对更大的哺乳动物没什么效果，但毕竟是一个好的开端。他此后发现有文献称，一种名为“阿托西”的化合物能够杀死锥虫，但副作用大，甚至会使人失明。既然如此，何不借用阿托西的“魔力”呢？只要对其加以改造，降低毒性，不就有可能创造出针对人体内锥虫的“魔弹”吗？

于是，埃尔利希把工作重点转向对阿托西化学结构的确定、改造和试验。最终，他于1909年秋发现，实验组第六组中的第六种药物（编号606）对治疗梅毒很有效。尽管它是含砷化合物，对人体有一定的副作用，但比起当时用于治疗梅毒的汞剂来说，安全性大为提高。

“606”是世界上第一种化学疗法药物，具有里程碑的意义。没有埃尔利希的侧链理论、试验思路和艰辛尝试，“606”是不可能问世的。现在，科学家已能解释许多疾病的原理及免疫现象，针对关键分子，寻找可能有药效的化合物。但是，先进的方法并不意味着对科学传统的颠覆，埃尔利希等科学前辈们开拓创新、不畏失败的精神将永远传承下去。

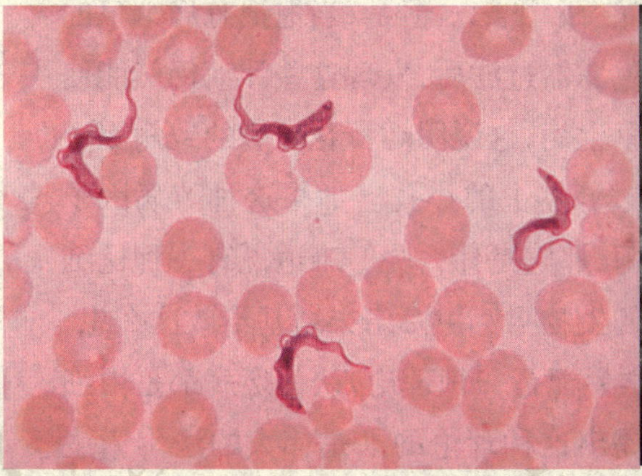
光学显微镜下的锥虫和红细胞Ⓓ

电子显微镜下的梅毒螺旋体Ⓓ

1892—1898年

伊万诺夫斯基和贝杰林克发现病毒

病毒是一种特殊的生命形态，它不能独立生活，只能在侵入“宿主”（如人、动植物和细菌）的细胞中，利用细胞的资源合成新病毒。那么病毒是怎么被发现的呢？

纪念伊万诺夫斯基的邮票Ⓨ

19世纪下半叶，烟草种植业蓬勃发展，但人们很快发现，许多烟草的嫩叶抽出不久，叶面上就莫名其妙出现了一条条黄绿相间的斑纹，接着就变得斑斑驳驳，很快整片烟叶枯萎腐烂。这种“烟草病”迅速蔓延，大片烟草因此死亡，烟农们损失惨重。由于生病的烟叶就像布满花纹一样，1886年，德国农艺学家麦尔将这种烟草病命名为“烟草花叶病”。他把有病烟草的汁液注射到健康烟草的叶脉中，结果健康的烟草也生病了。麦尔推测，烟草花叶病可能是一种传染病，但他认为这种病是由细菌引起的。

贝杰林克Ⓟ

1892年，俄国植物学家伊万诺夫斯基重复了麦尔的实验，同时加入了自己的创造性工作：他制作了一种过滤器，过滤器上的小孔很小，可以把溶液中的细菌“拦截”下来。但是，当他把有病烟草的汁液用过滤器过滤后，发现这些汁液仍然能使健康烟草生病，这说明烟草花叶病的致病因子能通过过滤器上的小孔。如果这种致病因子不是细菌，那它是什么呢？难道说有一种比细菌还要小的生物吗？伊万诺夫斯基不敢这么想，因为当时科学界流行一种理论，认为疾病都是由细菌引起的。提出这种理论的人是伟大的法国微生物学家巴斯德。巴斯德实在太权威了，没人愿意对他的理论提出挑战，伊万诺夫斯基也不例外。他推测，也许烟草花叶病的致病因子只是细菌产生的一种毒素。

6年以后，荷兰微生物学家贝杰林克在研究烟草花叶病时发现，把患病烟草的汁液注射到健康烟草中可以使健康烟草患病，而且后者的汁液还可以继续感染新的健康烟草，这说明汁液中有活的生物。贝杰林克提出这种生物具有以下特点：非常微小，能通过细菌过滤器；在体外非生命物质中不能生长；只有在活的植物细胞中才能进行繁殖。这真是令人激动的发现！贝杰林克认为，烟草花叶病的致病因子不是细菌，而是比细菌小且有传染性的生物，他给这种生物取名为“病毒”。

贝杰林克首先提出烟草花叶病的病原体是一种“过滤性病毒”，一举打破了当时人们普遍信奉的“疾病由细菌导致”的传统框架，令人们对生命世界的认识进入更加微观的层面。不过，贝杰林克认为病毒以液态形式存在，今天看来这显然是错误的。科学的发展就是这样，旧的理论不断被修正、完善甚至被推翻，新的理论不断产生，周而复始，人们永远处在对真理的持续探索中。

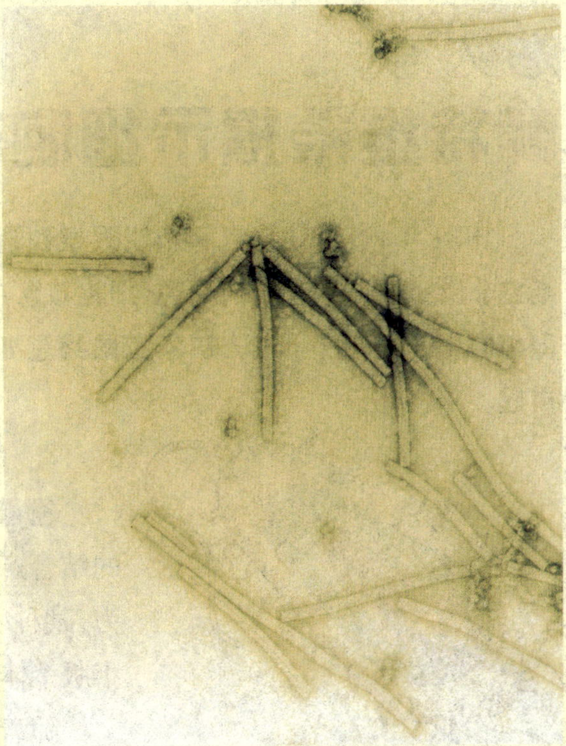

电子显微镜下的烟草花叶病毒Ⓦ

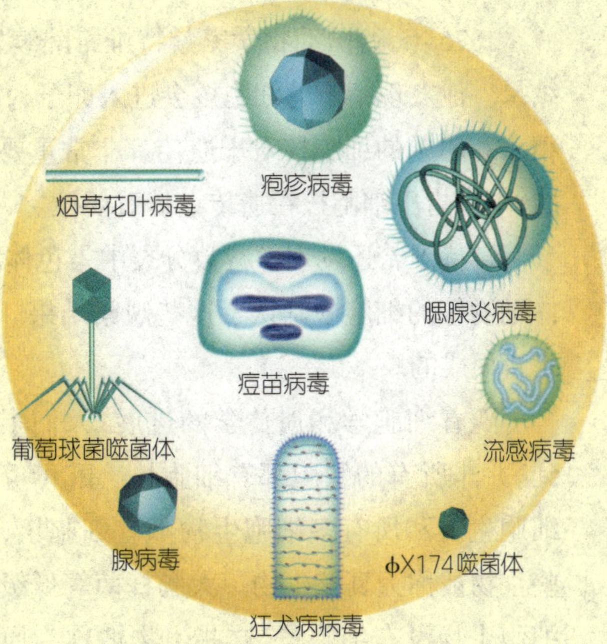

几种病毒的形态和大小　外圈示金黄色葡萄球菌相对大小。Ⓒ

1893年
赫特维希揭示细胞核的重要性

1831年，英国植物学家布朗观察到细胞核在各种植物细胞中普遍存在，推断它非常重要。现在我们知道，细胞核含DNA，在遗传过程中起着决定性作用，但当时很难证明。那么，科学家最终是如何揭开奥秘的呢？这要从爸爸妈妈讲起。

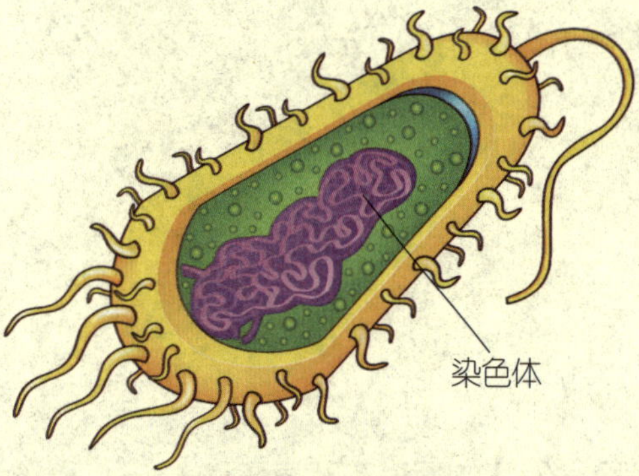

细菌的原核细胞Ⓨ

爸爸会产生精子，妈妈会产生卵子，精、卵的结合产生了胚胎。可几百年前，一些学者认为，某种生殖细胞内就含有微型器官构成的缩小版个体，甚至画出了“精子里的小人”。

随着科学的进步，人们认识到先前的“微缩个体”观念完全错误，但仍不知道卵子和精子哪个更重要。

1876年，德国动物学家赫特维希陆续发表有关海胆卵细胞受精作用的研究结果。他发现精子的细胞核会进入卵子，并同后者的细胞核融合。这说明，来自精子和卵子的细胞核对于遗传都非常重要。1893年，他的专著《细胞与组织》出版，书中指出细胞核在遗传上的重要性。

赫特维希还发现了减数分裂中染色体减少的现象。随后，他在两栖动物、软体动物等的细胞中确认了这些观察结果。他推论，生物个体是由单一有核细胞发育而成的。

随着细胞学和遗传学的进展，人们了解到，并非所有的细胞都有细胞核。酵母等单细胞生物和所有多细胞生物都有细胞核，这些生物被称为真核生物。大肠杆菌等低级单细胞生物没有细胞核，这些生物被称为原核生物。真核生物和原核生物遗传信息的载体都是DNA，不过，真核生物的DNA主要位于细胞核中，原核生物的DNA散在细胞质中。

动物的真核细胞Ⓨ

19世纪末—20世纪中叶

从还原论、整体论到生物系统论

生命现象极度复杂，我们要如何去研究并探索生命的本质？对此，主要有两大针锋相对的观点——还原论和整体论，正是在激烈的争论中，人们对生命的认识逐步深入。

在现代科学的发展过程中，物理学先行一步，极大地推动了生产力的发展，更新了人们的观念。生物学的发展不可避免地受到物理学中流行观念的影响，当代还原论的形成就是例证。

17世纪，法国哲学家笛卡儿提出了机械论，这个理论视生命体为一部机器，认为只要将其分解成足够简单的部分，就可以理解生命的运行。当代还原论虽然不再将生命视为机器，但基本思想如出一辙，认为可以通过复杂系统各部分的行为来解释它。

整体论则认为，应该用系统、整体的观点考察生命世界，各部分是有机的整体，不能割裂或分开理解，否则将难免疏漏。

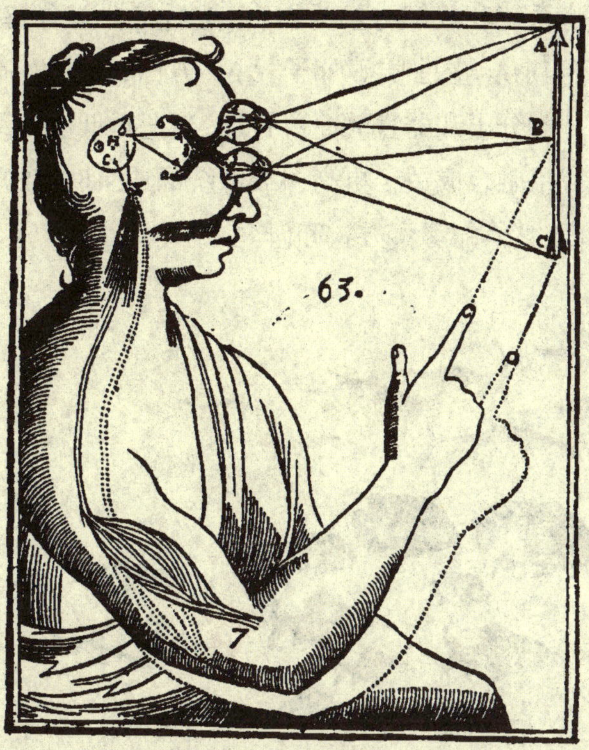

笛卡儿的机械论Ⓦ

19世纪末20世纪初，科学家在还原论的指导下，用物理、化学规律解释了很多生命现象。生命科学取得了令人瞩目的成就，还原论处于优势地位。但是，与此同时，在研究具有系统性、复杂性的生命现象时，整体论常体现出独特的优越性，例如英国生理学家谢灵顿关于神经系统反射活动整合问题的研究，就扩大了整体论在生命科学中的影响。

1920年代—1950年代，奥地

利理论生物学家贝塔朗菲发表了一系列论著，提出机体系统论，强调必须将生物当作一个整体或系统来研究，并给出三个基本观点：(1)系统观点，生物体是一个系统；(2)动态观点，生物体是一个能保持动态稳定的系统；(3)等级观点，生物体从生物分子到多细胞个体，再到超个体的聚合体，层次分明，等级森严。系统论进一步发展并完善了整体论，不过直到1960年代后，这个理论才受到人们重视。

随着对生命现象认识的逐步深入，科学家发现了许多还原论难以解释的生物学现象，似乎整体论应更受重视。不过，进入“基因时代”后，由于认为只要测出基因序列，就能解开生命的奥秘，还原论扩大了“领先优势”。但人们很快发现，事实并非如此，于是整体论再度扳回局势，并推动了基因组学、蛋白质组学等的兴起。

还原论与整体论的“斗争”看似很激烈，但实际上对科学家来说，它们各有优劣，不能简单地非此即彼。在当今生命科学研究中，人们更重视结合两者解决问题。例如，一方面，将完整的生命个体分解为系统和组织，再将系统和组织分解为器官，然后将器官分解为细胞，直至DNA、蛋白质等分子；另一方面，认为生命不是各种化学分子和器官的简单叠加，当把对低层次系统的研究成果融合成关于更高一级系统的成果时，注重采取更全面、整体的考察方式和研究方法。

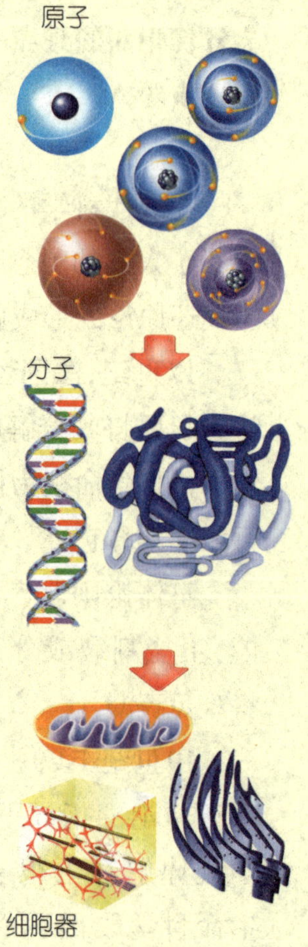

生命系统各层次©

1902年

斯塔林和贝利斯发现促胰液素

你在夜里安然入睡，在白天精神焕发。可某天你坐上飞机，飞越太平洋到达位于西半球的美国，当地艳阳高照，你却困得只想睡觉。这就是产生了所谓的“时差”：你的手表显示现在是北京时间凌晨1点，你应当在床上呼呼大睡。是什么让我们的身体有“想睡”的感觉呢？是我们身体中的一种物质——褪黑激素。

褪黑激素因能使青蛙的皮肤颜色变浅而得名。白天，身体里褪黑激素很少，我们保持很好的精神状态。到了晚上，身体里褪黑激素会逐渐变多，我们感到越来越困。随着黎明的到来，褪黑激素越变越少，我们就该睡醒了。褪黑激素由一个小腺体——松果体制造并分泌。松果体位于两个大脑半球中间，形状就像一个小松果。松果体对光照很敏感，如果它持续感受到光照，就会抑制褪黑激素的分泌。反之，如果身处黑暗之中，松果体就分泌褪黑激素，进而向中枢神经发布“信息”：表示已经入夜，应该睡觉了。这是“日出而作，日入而息”的生理基础。每天太阳有规律地东升西落，我们身体中褪黑激素也很有规律地变多变少，因此睡眠—清醒都是有规律的事。年纪大的人体内褪黑激素含量减少，会表现为不易入睡，所以老人总是睡得很少，起得很早。不过，长期熬夜或睡懒觉都会使褪黑激素的分泌与太阳的东升西落“不同步”，最后使得我们白天哈欠连连，夜里却怎么也睡不着，像产生了“时差”一样。

像褪黑激素那样，由松果体一类的内分泌腺体产生的化学物质，被称为激素。激素控制着身体的生

时差ⓢ

长、新陈代谢和神经信号的传递等诸多方面，至于它的发现，还得追溯到19世纪。

19世纪末，俄国生理学家、条件反射学说创立者巴甫洛夫发现，如果把稀盐酸灌进狗的十二脂肠，胰腺就会分泌消化液。他认为，这是一种由神经控制的反应即神经反射。可当他切断一切他可以想到的神经后，十二指肠遇上稀盐酸时胰腺仍然分泌胰液。这实际上已经证明了，神经反射并不是使胰液分泌增加的原因。不过，巴甫洛夫还是坚持胰液的分泌是由一种神经反射支配调节的，只是支配这种反射的神经很“顽固”，他无法切断而已。

英国生理学家斯塔林对巴甫洛夫这位权威并不迷信盲从。1902年，他和贝利斯证明，促进胰液分泌的，其实是一种化学物质“促胰液素”：当酸性的食物进入十二指肠，肠道黏膜中一种细胞就分泌促胰液素。促胰液素被运送到胰腺，胰腺就会分泌更多的胰液。后来他们把促胰液素这类能引起生理反应的特殊化学物质称作hormone（激素），这个词来源于希腊语，意为“兴奋刺激”。促胰液素就是人类发现的第一种激素，而关于激素的学问，则被称为内分泌学。

除了促胰液素对消化起调节作用外，人体还能分泌多种激素，其中包括肾上腺素、甲状腺素、生长激素和胰岛素等，对生命活动的调节起着十分重要的作用。激素在人体内的量虽然不多，对人体健康却产生很大的影响，缺乏或过多都会引发各种疾病。

激素的神奇作用Ⓢ

1903年

巴甫洛夫发现条件反射

对俄国著名生理学家巴甫洛夫来说，狗既是他的实验对象，也是他忠诚的伙伴。为了获得必需的实验用狗，他常常弄得自己身无分文，生活窘迫。在十月革命胜利后的初期，苏联肉类和粮食十分缺乏，人们靠一点点食物艰难地维持生活。可就在这种情况下，巴甫洛夫宁肯自己忍饥挨饿，也要节约口粮喂狗。据说，有一年冬天，革命导师列宁委托他人前去看望巴甫洛夫，并且问他需要什么东西，巴甫洛夫迫不及待地喊出了一句话："狗！我只需要狗！"

从20世纪初到生命最后时刻的35年中，巴甫洛夫一直致力于大脑生理学的研究，做了许多关于狗的有趣而重要的实验，揭示了生理学上的许多规律，包括著名的条件反射定律。

巴甫洛夫在实验中发现，把食物放到狗的嘴边时，它就开始分泌消化食物所需的唾液，这是动物与生俱来的先天本能，毋须后天学习训练，也不因环境改变而丧失。巴甫洛夫把这种现象称为"非条件反射"。如果只给狗摇铃，因为铃声与食物没有任何联系，狗根本不理会，也没有口水流出来。如果在摇铃后，立即给狗喂食，狗的口水就流了出来。以后，在较长的一段时间里，给狗喂食时，总是伴随着摇铃。多次重复之后，一个奇特的现象出现了：只要铃声一响，即使不喂食物，狗也会流出口水。由此可见，铃声已经和食物一起成为固定的信号出现在

条件反射实验Ⓢ

狗的大脑中,因此狗一听到铃声,就作出消化食物的反应,流出口水。巴甫洛夫把这种现象称为“条件反射”。

巴甫洛夫Ⓦ

后来的实验证明,动物的条件反射只是一种暂时的联系,例如,一旦只有铃声而不喂食,狗分泌的唾液就会一次比一次减少,直到完全不流。也就是说,暂时建立起来的条件反射会逐渐消失。1903年,他在第十四届医学大会上宣布了自己的发现,指出条件反射既是心理学现象,也是生理学现象。

当时有不少人对巴甫洛夫的条件反射学说表示难以理解。在一次演讲中,巴甫洛夫拿起一只柠檬说:“诸位都知道,什么是柠檬和柠檬酸,我不准备把它送到你们口中,而只是给大家看一看……”说到这里,在场的人感到口里都流出了口水,许多人还不自觉地做出了吞咽的动作。“诸位并没有吃到柠檬,却流出了口水,”巴甫洛夫接着说,“但诸位又都是吃过柠檬的,知道它很酸,所以一见它就流出了口水。这种流口水的反射是有条件的,因此我们称之为条件反射。这种反射是后天通过训练形成的,它扩大了动物对环境的适应能力。”

由于条件反射新概念的确立,生理学出现了一个极其广阔的研究领域,这就是高级神经活动。条件反射作为“大脑两半球最一般的活动方式”,它和高级神经系统的关系,吸引着科学家们进行深入研究。

对柠檬的条件反射Ⓢ

1905年
威尔逊和史蒂文斯发现性染色体同性别的关系

在1932年洛杉矶奥林匹克运动会赛场上，一位名叫瓦拉谢维奇的波兰选手格外引人注目，在女子100米跑的小组赛、半决赛和决赛中，她都跑出了当时的世界纪录，最终夺得金牌。瓦拉谢维奇在此后的运动生涯中，曾18次打破世界纪录，成为田径历史上最伟大的运动员之一。可是在她死后，法医竟宣布“她”是一名男性！消息一经公布，世界一片哗然：之前的运动会怎么会男女不分呢？

据当时的法医介绍，瓦拉谢维奇在出生时就属于性别不明人群，原因是她体内既拥有决定性别的Y染色体，但同时又多出一条X染色体，也就是说，她具有XXY染色体。看到这里，大家不禁要问什么是X、Y染色体？它们与性别有什么关系？

1902年，美国生物学家麦克朗在蚱蜢和其他直翅目昆虫中发现了一种特殊的染色体，或可决定昆虫的性别。1905年，美国细胞学家埃德蒙·威尔逊观察到一种半翅目昆虫的雌性个体的体细胞有22条染色体，而产生的卵子有11条染色体；雄性个体的体细胞有21条染色体，而产生的精子有两种，一种有11条染色体，另一种只有10条染色体。威尔逊将与性别有关的染色体表示为X，缺少它表示为O。则精子的染色体类型就有两种，一种是X型，另一种为O型，而卵子均为X型。受精后产生的后代，XO为雄性，XX为雌性。同年，美国生物学家史蒂文斯发现，有一种甲虫的雌雄个体体细胞的染色体数目相同，但在雄性中有两条染色体大小不同而无法配对，其中

世界冠军是男是女?Ⓢ

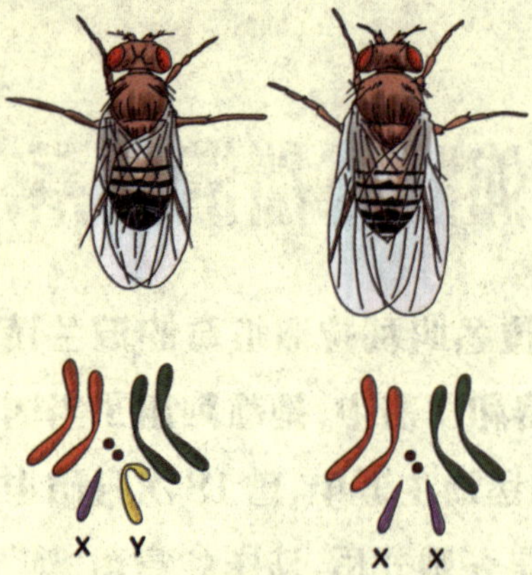

雄果蝇(左)、雌果蝇(右)及其染色体Ⓢ

一条在雌性的体细胞中也有,但却是成对的。史蒂文斯将雄性独有、无法配对的这条染色体称为Y染色体,并推论性别决定的基础在于是否存在Y染色体。随后,在黑腹果蝇中也发现了相同的情况:果蝇体细胞中共有4对染色体,在雄性的体细胞中有一对染色体形状不一样。史蒂文斯虽然只根据异形染色体与性别的相关性发现了性染色体,但后人众多的实验已证实她的推论是正确的。后来,又有科学家证明了在雄蛾中染色体都是同形的,而在雌蛾中有一对异形染色体。到这里,轮廓渐渐清晰:这些异形染色体的存在和性别有着相关性,科学家将之称为性染色体。

今天我们知道,哺乳动物、某些两栖动物、某些鱼类、昆虫以及雌雄异株的植物等生物的性别都是由性染色体决定的。就人类而言,人的性染色体是X染色体和Y染色体,健康的人有23对染色体,包括22对常染色体和一对性染色体。正常情况下,女性正常的性染色体组成是XX,男性则是XY。Y染色体其实就成为了男性的象征。有趣的是,Y染色体仅能由父亲传给儿子。

性别决定的类型多种多样,除上文所述外,鸟类、鳞翅目昆虫、某些两栖类及爬行类动物的性染色体则属于ZW类型,此类性别决定正好与XY型相反:雄性具有两条Z染色体,雌性带有一条Z染色体和一条W染色体。

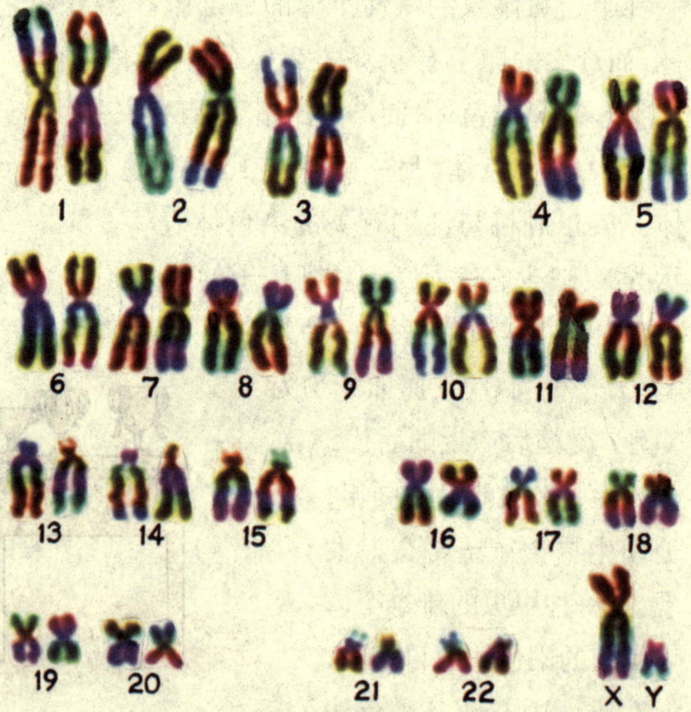

人类染色体(男性)Ⓒ

1906年

谢灵顿《神经系统的整合作用》出版

1905年被称为物理学的奇迹年。在这一年，爱因斯坦发表了4篇重要论文，奠定了现代物理学最重要的基石。对于神经科学领域而言，1906年也可以算是一个奇迹年。因为在这一年，当时已名满天下的英国生理学家谢灵顿将自己两年前在美国耶鲁大学的10堂系列讲座的内容整理成文并出版。这本书就是著名的《神经系统的整合作用》。

谢灵顿Ⓦ

在该书中，谢灵顿全面总结了过去20多年神经科学领域实验观察的结果，并以此为基础提出了许多异常犀利而有预见性的假说和理论。这部著作为神经科学领域带来了全新的视角和研究方法，很大程度上奠定了今天人们对神经系统的认识。

书出版之时，学术界还在为网络理论和神经元学说哪个更正确争论不休。在《神经系统的整合作用》中，谢灵顿列举了大量关于反射弧传导研究的结果，坚定地支持了神经元学说，为这场旷日持久的争论画上句号。

谢灵顿曾发现脊髓神经中有两类神经——感觉神经和运动神经。感觉神经的作用是输入感觉信号，运动神经则输出指令，控制肌肉的收缩与放松。在此基础上，他于1893—1909年建立了交互神经支配理论，后人称谢灵顿定律。该理论提出，当脊髓内一群神经细胞兴奋时，脊髓内另一群神经细胞就受到抑制。在身体活动上就表现为，一群肌肉收缩时，另一群能够对抗它们的肌肉就会放松。例如，我们屈臂时，肱二头肌收缩，同时肱三头肌舒张。正是交互神经支配作用的存在，我们身体的各块肌肉才能协调活动，完成各种简单或复杂的动作。

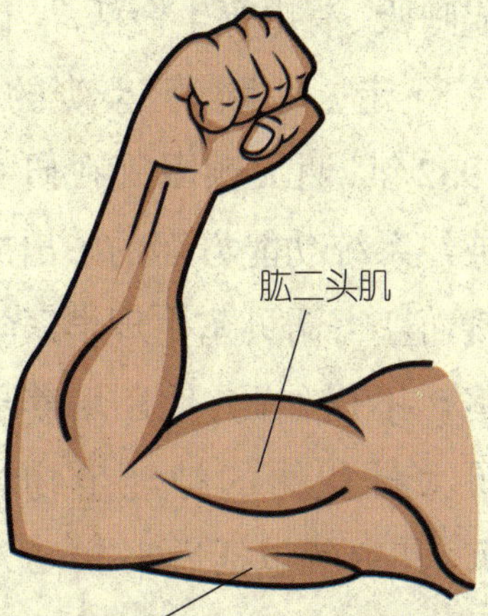

屈臂时肌肉相互配合Ⓨ

不过，脊髓的"最终命令"又是怎么传输出来的呢？谢灵顿在书中详细阐述了其最重要的发现之一：交互抑制。信号从神经元逐级传入，兴奋作用和抑制作用相互影响，最终在效应器（运动神经元支配的肌肉）上产生整合后果。就是说，脊髓中各级神经元像高速公路上变少的车道，神经信号一级一级下传，兴奋信号和抑制信号相互"抢道"，最终竞争脊髓前角运动神经元——谢灵顿称之为运动传出的"最后公路（或最终共同通路）"。

书中除了对当时实验研究结果的汇总外，谢灵顿还从哲学角度对神经系统的作用机制进行了探讨。例如，他反对以"脊髓的精神力量"来解释反射"为什么"会存在，而从"在自然选择下的某种适应形势"这一颇具达尔文特色的角度，解释这种"有目的性的神经机制"。

在该书最后几个章节中，谢灵顿将讨论的主题从简单的神经轴提高到大脑皮层，还分析了从原生动物一直到人类的神经系统构造。他在全书的总结中写道："生物学的主要研究方向，最终必然会转向大脑及其生理学和心理学上的特性。"这句话直到100多年后的今天，依然如此正确。

《神经系统的整合作用》是神经科学史上具有承前启后意义的重要经典著作，在问世半个多世纪之后，依然再版并作为重要的学术参考读物在使用。

谢灵顿作出了许多重大发现，提出许多现代生理学中的重要概念，使人们认识到神经系统是如何作为一个整体协调运作，指挥身体完成呼吸、消化等生命活动，以及行走、跳跃等运动的。1932年，谢灵顿因其在研究神经系统功能方面的杰出成就而获得诺贝尔生理学医学奖。不仅如此，他还培养出了大批优秀的神经生物学家，其中就包括后来1963年诺贝尔生理学医学奖得主埃克尔斯。

1907—1908年
哈里森和卡雷尔开创动物组织培养技术

组织培养是指在无菌条件下，从动物或植物体内取出一些组织块或细胞在实验室条件下进行培养。培养时尽量模拟生物体内的环境，让细胞在适宜的营养、酸碱度、氧气和二氧化碳浓度等条件下分裂倍增（称为增殖）或分化。

一般来说，植物组织培养比较容易成功，植株上的一小块组织（一小团细胞）就可以长出根、茎、叶，最后发育成一株完整的植物。而动物，尤其是高等动物，组织培养对培养条件要求较高，而且动物细胞一般不会重新长成个体。

1907年，美国生物学家哈里森将一小片蝌蚪的脊髓转移到青蛙半凝结的淋巴液中，这片组织竟然在体外存活了几个星期，一些神经细胞还长出了轴突。这一实验标志着动物组织培养就此拉开帷幕。次年，法国医生卡雷尔将外科无菌技术引入动物组织培养。他在没有抗生素的条件下将一块鸡胚心肌组织培养了20年，这可比一只鸡能活的时间还长！他的实验引起了许多科学家的兴趣，但是别人怎么也无法重复出他的实验。后来人们认为，一方面，是卡雷尔外科技术精湛，在实验操作中能做到不发生污染。而大部分人在进行实验时，常常因细菌等微生物“污染”细胞，使细胞死亡，导致实验失败。这个问题，后来常常通过在培养时添加抗生素加以解决。另一方面，科学家后来发现，动物细胞分裂数代后就“衰老”了，无法再分裂。因此，要使用特殊的培养手段，让动物细胞有近于无限繁殖的能力，也就是说，让细胞“永生不死”。

现在，组织培养技术迅速发展，并广泛应用于生物学、医学的各个领域。利用这种技术，科技人员探索生命的奥秘，诊断疾病，开发治疗方式，还发展出多种工艺，改善着人们的生活。

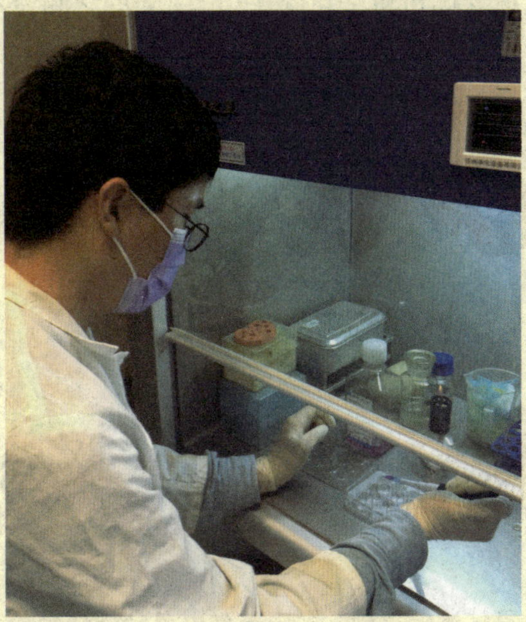

动物组织培养⑩

1908年

哈代和温伯格提出群体遗传平衡学说

遗传学不仅研究基因是怎么样从父体和母体传给下一代的，还研究在一个群体中，某个基因是怎么发生变化的。研究群体遗传结构及其变化规律的学科，称为群体遗传学，它是一门遗传学的分支学科。

1908年，英国数学家哈代和德国遗传学家温伯格分别提出了群体遗传平衡学说（又称“哈代平衡”），这一学说主要用来描述生物群体中等位基因频率及基因型频率之间的关系。这是群体遗传学的起源。

等位基因频率是指某个等位基因在群体的所有等位基因中所占的比例，而基因型频率则指某一基因型个体在群体中所占的比例。例如，一个基因座上有A和a两种等位基因，相应的基因型就有AA、Aa和aa三种，在某个群体中，A（或a）的频率就是基因频率，AA（或Aa、aa）的频率就是基因型频率。群体遗传平衡学说的主要观点就是：在理想条件下，群体中的基因频率与基因型频率在世代传递中会保持不变。

“群体遗传平衡”的理想条件是：种群必须非常大（即个体很多），种群内部个体之间可以随机交配，不同种群之间没有个体的迁移和交流，没有突变产生并且不存在自然选择压力等。而在现实中，不可能存在这种条件严苛的理想状态，总会有一些干扰因素，所以，遗传学家可以提出假说，猜测是什么因素造成了群体遗传“不平衡”。这样，就达到了估计遗传学参数、检验遗传假说的目的。

在此基础上，英国遗传学家费希尔、英国—印度遗传学家霍尔丹及美国遗传学家赖特等发展了群体遗传的理论和方法，使群体遗传学最终成为一门独立的学科。

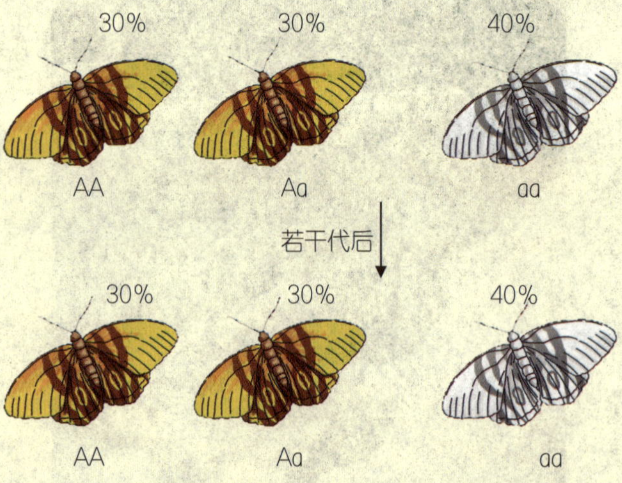

群体遗传平衡　每一世代中每种蝴蝶的基因型频率在蝴蝶群中所占的比例都是不变的。Ⓢ

1910年
摩尔根证明基因位于染色体上

摩尔根Ⓦ

19世纪五六十年代，奥地利修道士孟德尔通过豌豆实验，发现了遗传学的两大定律：分离定律和自由组合定律。但是，孟德尔提到的决定生物性状的遗传因子——被后人称为“基因”——在当时只是一个虚化的概念，人们不知道基因长什么样，到底在生物体的哪个部位上。

20世纪初，年轻的美国遗传学家萨顿在观察动物细胞时意识到，基因的行为与细胞减数分裂过程中染色体的行为极为相似，基因很可能就在染色体上！

不过，萨顿是通过推理得出这一结论的，因此他的观点在当时并没得到认同。不少人认为，基因和染色体行为相似不过是一种巧合。这些持不同意见的人中，就包括美国遗传学家摩尔根。摩尔根终生信奉“一切通过实验”的原则，因此他试图用实验解决这个问题。

摩尔根的研究对象是果蝇，他的实验室被同事戏称为“蝇室”，因为里面除了几张旧桌子，就是几千个培养了无数只果蝇的牛奶罐。1910年5月，这里产生了一只奇特的雄蝇，它的眼睛不像其他果蝇那样是红色，而是白色的，这是基因突变的结果，它也因此成为科学史上最著名的昆虫之一。这时摩尔根家里正好添了第三个孩子，当他去医院看望妻子时，他妻子的第一句话就是：“那只白眼果蝇怎么样了？”他的第三个孩子很健康，但那只白眼雄果蝇很虚弱。摩尔根极

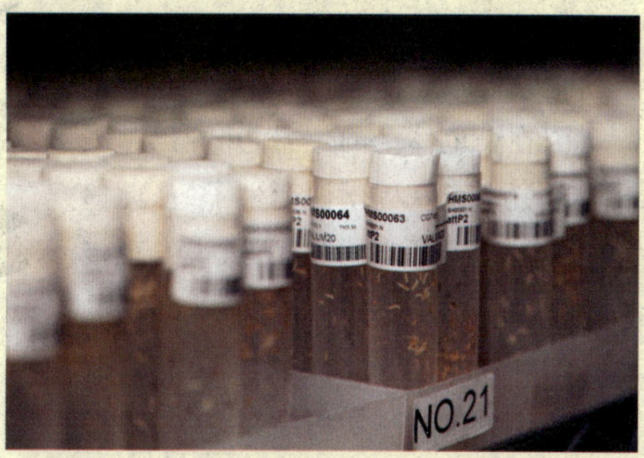

实验培养果蝇Ⓒ

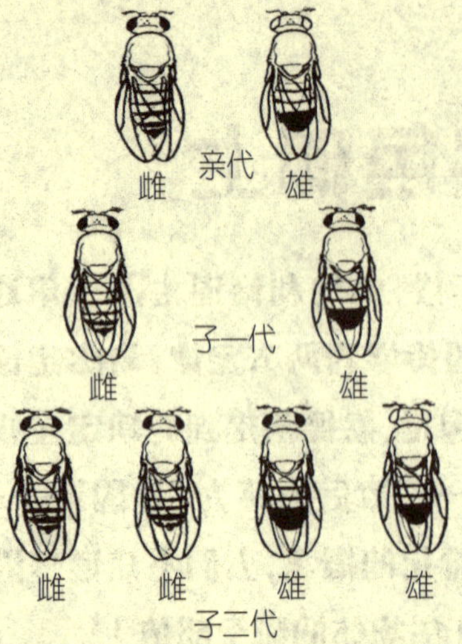

果蝇白眼的伴性遗传Ⓟ

为重视这只果蝇，将它放在单独的瓶子中饲养，每天晚上带着它回家，睡觉时放在身边，白天又带着它去上班，生怕这只宝贝果蝇出意外。在他的精心照料下，虚弱的白眼果蝇终于在与一只红眼雌性果蝇交配后才死去，将突变的基因传给了下一代，留给了苦心培养它的摩尔根。10天后，子一代杂交果蝇长大了，全部是红眼果蝇。摩尔根再用它们互相交配，又焦急地等待了10天，得到子二代果蝇，其中红眼果蝇与白眼果蝇的数目，基本符合3∶1的比例。实验结果完全符合孟德尔从豌豆遗传实验中总结出的规律。

当摩尔根用放大镜仔细观察这些白眼果蝇时，他发现了一个奇怪的现象：这些白眼果蝇居然全部是雄性，没有一只是雌性。摩尔根想，由于雌果蝇性染色体是XX，雄果蝇性染色体是XY，如果果蝇的红眼对白眼是显性，而控制果蝇眼睛颜色的基因只存在于X染色体上，就能解释上述果蝇实验的结果。摩尔根又进行了其他果蝇杂交实验，其结果最终都只有假设果蝇眼色基因在X染色体上才能予以解释。

就这样，摩尔根用实验证明了基因在染色体上。他还提出，基因在每条染色体上呈直线排列，不同染色体上的基因可以自由组合，但排在同一条染色体上的基因是不能自由组合的。他和他的学生还推算出果蝇各种基因在染色体上的位置，并画出基因位置图。基因学说诞生了，从此遗传学结束了空想时代，重大发现接踵而至，并成为20世纪最为活跃的研究领域。为此，摩尔根荣获1933年诺贝尔生理学医学奖，被后人尊称为“遗传学之父”。

白眼雄果蝇Ⓒ

红眼雌果蝇Ⓒ

1910—1984年
沃尔科特等发现三大生物群

我们身边的生物世界丰富多彩，但在很久以前，生物的形式非常简单。直到5.7亿—5.05亿年前，地球上“突然”出现了各种奇特的动物，种类几乎跟现在的无脊椎动物一样丰富。这段时间被称作寒武纪，当时出现许许多多种新生物的现象被称作“寒武纪生命大爆发”，是生物进化史上最重大的事件之一。认识寒武纪生物最重要的化石“宝库”，是布尔吉斯生物群、埃迪卡拉生物群和澄江动物群。

1909年夏，在加拿大布尔吉斯，美国古生物学家沃尔科特像往年一样带着全家在野外考察。当时他爬到另一片岩层考察，妻子则在小道边等候，并敲开身边的页岩查看，竟发现了几块不同寻常的化石。次年，他开始大规模发掘化石。

随着保存完整的新化石不断被发现，越来越多的古老生物展现在人们面前，包括三叶虫、海绵、怪诞虫等100多种无脊椎动物。几乎所有现存物种都可以在6.5万余块化石中“认祖归宗”。这些生物生活在寒武纪，距今已有约5.15亿年。布尔吉斯生物群的发现，证实了寒武纪生命大爆发的存在。

埃迪卡拉生物群是澳大利亚地质学家斯普里格于1946年发现的。当时，南澳大利亚州政府派他去埃迪卡拉检查废矿，他却意外发现了一些独特的化石。这些化石种类繁多，形态各异。有的为柄状印痕，与现代海鳃相似；有的为圆形压印，与现代水母相似；有的有蠕虫一样的细长印痕，与现代环节动物相似；也有的是椭圆形、盾形印痕和T形纹道等，可能是古代节肢动物留下的。这些生物生活在距今约6.8亿—6亿年，那段时期被称为前寒武纪。

布尔吉斯页岩中发现的三叶形虫纲代表物种 *Waptia fieldensis* 复原图Ⓦ

布尔吉斯页岩中的化石Ⓦ

不过，人们最初对这些化石普遍抱有疑问，《自然》杂志也拒绝发表斯普里格的文章。还好，仍有少数科学家坚持研究，最终使学术界认可了这一重大发现。1960年，国际地质会议正式为这个化石群命名为“埃迪卡拉生物群”。2004年，该生物群生活的年代被定为“埃迪卡拉纪”。这是120年来，在地质纪年中首次增加“纪”，可见这一发现多么重要。

埃迪卡拉生物群是目前发现的最古老的无脊椎生物群之一，向人们展现了寒武纪之前的生物形态。也表明地球生命经过30亿年的积累后，即将爆发出无穷的“创造力”，翻开进化史上的新篇章。

澄江动物群是在我国云南省澄江县帽天山发现的。地质学家侯先光至今仍记得发现澄江动物群的每个细节：1984年7月1日，“天下着雨，我已经连续4天没有任何收获。早上8点，围着帽天山走了一圈后，在西面的一个山坡开始工作。下午两点，我敲开第一个化石，有5分钱币大小的白印子。20分钟后，又发现一个半椭圆的白印子，都是新物种……那种兴奋的感觉无法用语言形容”。

埃迪卡拉生物群化石之一⓪

如果不是侯先光对科学的热情和坚持，这么重要的化石不知还将埋藏多少年。要知道，野外工作异常艰苦，侯先光整天早出晚归、翻山越岭，累得腰酸背痛，有时甚至有跌落山崖的危险。午餐一般

澄江动物群复原图 (1)云南虫,海口虫的姐妹,是包括人类和恐龙在内一切具有脊椎骨的动物的祖先;(2)—(7)多腿缓步类,是现代节肢动物的远祖,分别为(2)心网虫、(3)微网虫、(4)爪网虫、(5)贫腿虫、(6)怪诞虫、(7)罗哩山虫;(8)抚仙湖虫,节肢动物的祖先类群;(9)、(10)大附肢节肢动物,是包括蝎子、蜘蛛在内的现生螯肢动物祖先类群的化石代表;(11)奇虾,最古老的巨型捕食者;(12)川滇虫,奇虾主要的食物来源;(13)金壁虫,生活在软泥表面的微型节肢动物,是不少捕食者重要的食物来源;(14)三叶虫,其外骨骼为抵御捕食者的攻击提供了进化的优势;(15)先光海葵,海葵最古老的代表;(16)帽天山栉水母;(17)海绵;(18)海豆芽,经历了5亿多年延续至今却形态变化不大的腕足动物;(19)曳鳃类,曳鳃动物门的化石祖先,与现代的曳鳃类形态相似;(20)古虫类,一类灭绝了的生物类群,与节肢动物具有密切亲缘关系;(21)火把虫,可能是现生的蚯蚓、沙蚕等环节动物的祖先类群;(22)依尔东钵。⓪

是随身带的冷馒头或面条,回到住处也常是"灰头土脸"。在多雨季节,他也要冒雨去一二十千米外的山头考察。最终,他的艰辛有了回报。

澄江动物群距今约5.7亿年,它的发现轰动了古生物学界,被称为20世纪"最惊人的发现"之一。迄今为止,科学家已从帽天山采集5万余块动物化石,其中有寒武纪早期巨型食肉动物代表奇虾、节肢动物的原始类型抚仙湖虫、已知最古老的脊索动物云南虫等。

2001年,帽天山成为国家地质公园,随后又被列入联合国"全球地质遗址预选名录",成为"代表地球重要历史阶段并包括生命记录的突出模式"。2003年,侯先光等获得国家自然科学奖一等奖。

布尔吉斯生物群、埃迪卡拉生物群和澄江动物群并称为地球早期生命起源和进化的三大奇迹,为揭开寒武纪生命大爆发的奥秘提供了科学证据,也丰富了人们对生物进化渐变与突变过程并存的认识。

1910年代—1935年

希尔等阐明糖酵解原理

我们都有过这样的感觉：运动后身体会变热，甚至出汗；如果运动过于剧烈，肌肉会变得僵硬，第二天还会感到酸痛，这是为什么呢？

希尔Ⓦ

生命活动几乎都会引发物理和化学变化，发热与酸痛正是肌肉收缩产生的物理和化学现象，都与我们身体中的一种代谢活动——糖代谢关系密切。我们每天摄入的食物中有相当一部分参与能量代谢，以维持生命活动和个体运动的需求。糖代谢顾名思义，就是把体内的糖转化为身体所需的物质和能量的过程。人体组织中的糖代谢有多种途径，其中一种称为糖酵解。

运动时产生的热量主要来自肌肉收缩。我们在天冷时会发抖，就是肌肉在发挥产热保暖的作用。1909年，年仅23岁的英国生理学家希尔开始了研究生涯，从产热入手研究肌肉运动。希尔研读文献，充分利用前人的成果。首先，他测量出了肌肉在短时间内很细微的温度变化。次年，希尔就发现：肌肉产生的热量与做的功成正比；肌肉收缩时，产热快且不需要氧；肌肉收缩后的恢复期，热能产生虽然较慢但产能较多，且只能在有氧条件下发生。接着，希尔结合从前科学家的研究成果，即肌肉在无氧条件下收缩时会产生乳酸，重新接触氧后，乳酸又会逐渐消失，大胆地推测：乳酸是参与肌肉代谢活动的重要物质，乳酸的消耗需要氧支持。我们剧烈运动后肌肉会酸疼，正是氧供应不及，肌肉产生了乳酸的缘故。

迈尔霍夫Ⓦ

然而，要怎么证明这一推测呢？1919—1920

年，德国生物化学家迈尔霍夫发明了估测肌肉中乳酸含量的新方法，终于证明在无氧条件下，肌肉产生的乳酸与肌肉所做的功成正比，与此同时，肌肉中的糖原减少，且减少的糖原量与生成的乳酸量存在对应关系。也就是说，肌肉做功时，消耗了糖原，产生了乳酸。这一过程后来被称为糖酵解。迈尔霍夫还发现，在肌肉的恢复期，有1/5左右的乳酸被氧化，产生的能量则被用来将剩余的乳酸重新变成糖原，储存起来。

无氧运动后肌肉疼痛Ⓢ

迈尔霍夫的研究结果与希尔观测的热量变化恰好对应，可谓殊途同归。当时，第一次世界大战刚刚结束，希尔也重新开始对肌肉收缩的研究。从那时起，希尔与迈尔霍夫就一直保持密切的通信联系，开展长期合作。1922年，两位科学家共获诺贝尔生理学医学奖。

不过，糖酵解到底是怎么从糖原这个“始发站”出发，经过一系列变化，最终到达产生乳酸这个“终点站”的呢？为了画完这条详细的“线路图”，后来的科学家们付出了艰苦的努力。除迈尔霍夫外，1918年起，德国生物化学家恩布登和苏联生物化学家帕尔纳斯等，相继投入研究中，终于在1935年阐明了整个过程中的化学反应步骤、涉及的酶和相关产物。因此，这种糖酵解也被称为恩布登—迈尔霍夫—帕尔纳斯途径。

从微生物到人，普遍存在着糖酵解途径，它是生物进化过程中一种古老的代谢方式。糖酵解途径的阐明对人类认识生命过程具有重要意义。

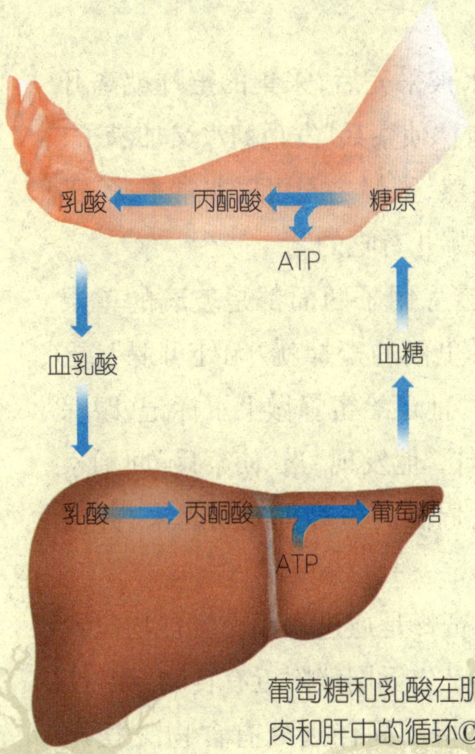

葡萄糖和乳酸在肌肉和肝中的循环©

1910年代—1930年代

弗里施等在动物行为学方面作出开创性贡献

动物神奇的行为会让我们着迷：我不是鸭妈妈，但为什么小鸭子会跟着我走？蜜蜂找到花朵后，为什么会引来很多同伴？它们是怎么交流的？

动物行为学家经过几十年的努力，已经解开了许多奥秘，而奥地利的弗里施就是其中的佼佼者。他发现，蜜蜂用舞蹈来告诉同伴食物在哪里。

弗里施从小就喜欢和动物打交道，这与他母亲的言传身教密不可分。他母亲每年秋天都会从宠物商店里买一只蓝山雀，整个冬天都在照料它，允许它在屋子里飞来飞去，到春天再把它放生。母亲对小鸟的照顾给弗里施留下了非常深刻的印象。他还记得，母亲会对任何残忍对待动物的行为感到愤怒。这使他在很小的时候就领悟到，动物是有意识的，它们的行为也有意义。

弗里施在上学前，已经在房间里建起了一座"小动物园"。他每年都会抓些蛙和蝾螈，带回家里喂养、观察。他甚至在水缸前，盯着它们看几个小时。到中学时，他已经养过100多种动物。正是他与动物打交道的丰富经验、持之以恒的细致观察，为他打开了科学的大门。

弗里施观察蜜蜂时发现：当他"供应"的糖水被采完后，采集的蜜蜂就离开了，偶尔才会有充当"侦察兵"的蜜蜂飞来。可一旦"侦察兵"发现糖水又加满了，几分钟内，就会再次出现"蜂拥而至"的盛况。显然，蜜蜂之间可以非常准确、迅速地交流"哪儿有吃的"。

蜜蜂的"圆舞"（右）和"摆尾舞"（左）Ⓢ

弗里施采用了两面都是玻璃的单层蜂巢，这样里面的蜜蜂就"无处可躲"，更方便观察。他还给蜜蜂做上了标记，跟踪蜜蜂的动向。他发现，当"侦察兵"回到家里跳舞时，周围的蜜蜂都激动起来，并向食物飞去。

原来，蜜蜂是通过舞蹈交流食物位置的。"圆舞"是告诉同伴附近有食物，而"摆尾舞"则是指示同伴远处有食物。"摆尾舞”的方向提示食物所在的方向，重复次数则表示距离的远近。

“印记”现象　刚孵出的小鹅跟着“妈妈”。Ⓢ

后来，他又用了许多动物，特别是无脊椎动物和鱼类，从事进一步的研究，结果显示出动物具有明显的感觉能力，这正是有助于适应环境的。从这些研究，他得到了一些不仅获取新知而且平添奇趣的结论，比如鱼类能听到声音。

洛伦茨被称为“现代动物行为学之父”，他也来自奥地利。洛伦茨也对一切生物怀有仁爱之心，他开创了崭新的调查研究学派，与蛙、鸭、鹅、猴、狗等动物为伍，甚至还学会了几种动物“语言”，使自己能与它们“平等交流”。在此过程中，他获得了一个重要发现：如果小鹅失去了母亲，就会把某个“大家伙”（比如洛伦茨）当妈妈，跟着跑来跑去。他将此称为“印记”现象，是天生本能和后天学习相互作用的有趣例子。他的研究揭示出，动物的行为既有先天因素，也受后天的影响。

英国—荷兰动物学家廷伯亨同样重视野外经验。他说：“我爱在自然环境中研究动物的生活，我发现在现场所作的长时间观察，不但可以知道动物行为的方式，而且可以触发灵感，获得有助于建立新理论的种种观念，以便在可能的时候再用实验来证实。”

廷伯亨不仅具有敏锐的观察力，还善于设计实验，在复杂的环境中，找到诱发动物行为的真正原因。他发现行为反应能帮助动物克服生存和繁殖的难题，会随年龄的增长而变化，还能通过学习修正。

1973年，弗里施、洛伦茨和廷伯亨因在动物行为学方面的杰出成就而共获诺贝尔生理学医学奖。

动物的学习Ⓢ

1915—1917年

特沃特和德雷勒发现噬菌体

细菌能导致许多疾病，是肉眼看不见的神秘杀手。但“一物降一物”，自然界中有一类更小的生物，能够感染、杀死细菌。这就是噬菌体。

特沃特Ⓦ

20世纪初，人类通过在牛身上制造牛痘来生产天花疫苗，但这些疫苗总是被葡萄球菌污染。英国微生物学家特沃特着手研究这种细菌，却有了意外的发现。他用放大镜仔细观察，看到葡萄球菌菌落内部有不少透明的小点。他将透明处的物质接种到正常菌落上，结果正常菌落里面也出现了透明小点，说明透明处存在某种可以阻碍细菌生长的物质。进一步研究发现，这种物质必须依赖细菌才能存在。1915年，特沃特把他的观察结果发表在医学杂志《柳叶刀》上，但未能引起重视。

1917年，只有高中学历、自学成才的法国—加拿大微生物学家德雷勒，也发现了这种物质，并将其命名为噬菌体。他认为这是种“肉眼不可见的、能对抗痢疾杆菌的物质”，它使菌落变得透明（细菌死亡），从而释放新的噬菌体。

德雷勒幼年丧父，十几岁时就周游欧洲，特立独行。他24岁时回到加拿大，在家里建了一座实验室研究微生物。他在父亲朋友的帮助下，获得政府委任，研究如何将枫糖浆发酵为杜松子酒。这位长辈还建议他仿效法国微生物学家巴斯德，从研究发酵起步，巴斯德由此成为他一生的偶像。

由于经济压力，德雷勒后来只能远赴他乡工作。他先在危地马拉研究真菌导致的咖啡植株的

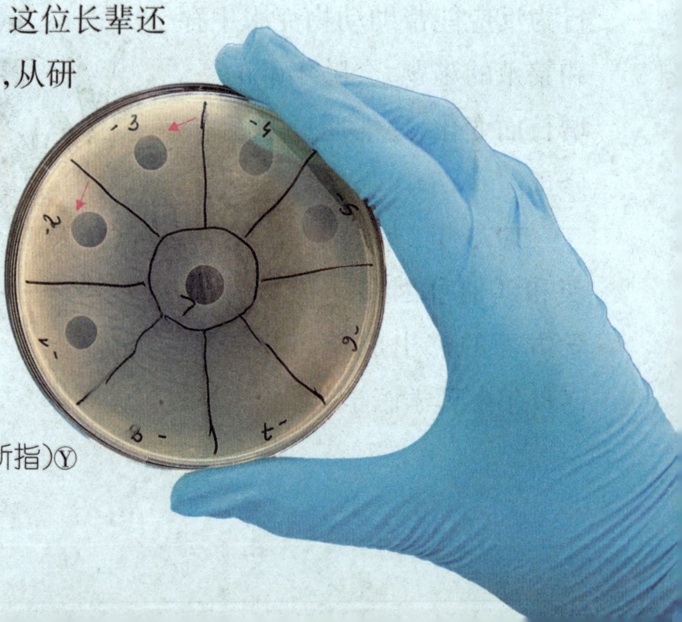

噬菌体形成的大的“透明”斑点（箭头所指）Ⓨ

疾病，又在墨西哥研究制酒。为订购大规模制酒设备，他来到巴黎，顺便在巴斯德中心无偿工作。值得一提的是，德雷勒在墨西哥期间的一项工作极富创意，使其在科学界确立了名望：他从蝗虫胃中提取出能让蝗虫生病的细菌，用它抑制了蝗灾。

德雷勒Ⓦ

1919年，德雷勒成功地从鸡粪中分离出噬菌体，并用它治好了鸡斑疹伤寒。他再次展现大胆、进取的一面：当年8月，他就用噬菌体治愈了一个患者。但是，人们当时对噬菌体究竟是什么仍然认识不清，德雷勒认为噬菌体是一种以细菌为食的生物，也有人认为它们是细菌体内生成的酶，在某种刺激下可溶解细菌。因此，德雷勒的临床实验面临强烈的道德质疑。

1920年代，德雷勒在多个国家推广噬菌体疗法，他在印度直接将噬菌体投入疫区水井，使霍乱死亡率迅速从60%降到8%。噬菌体疗法形成了一股热潮。1924年，德雷勒荣获列文虎克勋章，他的偶像巴斯德曾在1895年获得同一殊荣。

然而，噬菌体疗法的推广道路异常崎岖。当时无法保证噬菌体的活性，也不知道合理的剂量，还时有误诊，因此很多科学家不再对德雷勒抱有好感。第二次世界大战后，由于青霉素的大规模应用，噬菌体疗法在西方被淘汰。

虽然噬菌体没有在医疗上发挥重要作用，但它的发现仍然意义重大，因为它不仅强化了病毒是微生物这一概念，还开辟了生命科学研究的新领域，许多科学家利用噬菌体，揭开了不少生命的奥秘。

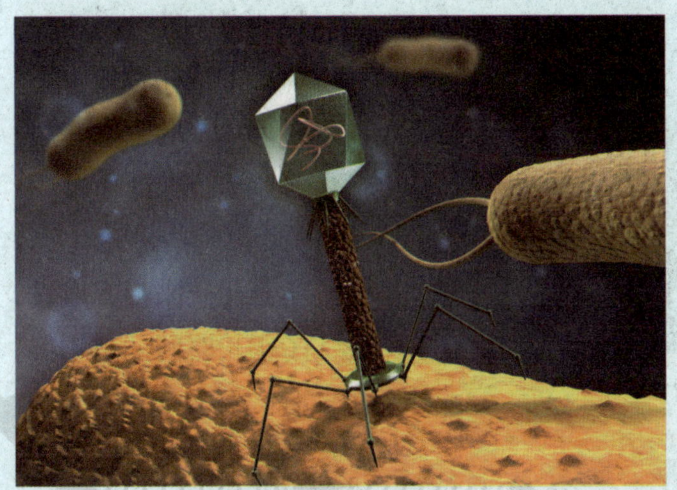

T4噬菌体吸附在大肠杆菌上Ⓨ

1960年代，诺贝尔基金会公布了一份名单，列出所有应当获得诺贝尔奖却没有获得的人，德雷勒榜上有名。据信，他曾8次获得提名。

1916年
克莱门茨提出“演替顶极”概念

在一片荒地上，不知不觉就会有植物长起来了，渐渐地还会有灌木、小树，如果有足够长的时间，还会成为茂密的森林。在这个过程中，一种植物群落被另一种植物群落代替，称为群落“演替”。那么，这种演替是否有尽头？

一片荒地上会落有各种植物的种子，但最初它们根本长不起来。只有地衣类植物才能在石头上利用很少的水分生长。它们还能通过分泌有机酸等物质，把岩石转化为土壤。可这却使其他在土壤中生长的植物能够挑战地衣的“统治”，繁殖更快的苔藓就这样毫不留情地取代了地衣的地位。当土壤厚度增加，苔藓植物的地位又会被生长和繁殖能力更强的草本植物所取代。

随着时间推移，草本植物又让位于更有效利用阳光的灌木，以及高度更具优势的乔木。当树木成为“统治者”时，群落就达到了相对稳定的状态，不大会再发生变化。此时可以说，群落演替达到了“顶级”。

美国生态学家克莱门茨在1916年提出了植物群落演替中的“演替顶极”概念。他强调，在某一气候条件下，群落的发展最后都要达到与该气候完全相适应的最稳定的状态。

“演替顶极”的概念，可以让人们更清楚地认识到人类对自然的干扰。但很多科学家认为，克莱门茨过于强调气候的作用；而要达成“演替顶极”，花的时间也很长，削弱了这一概念的应用价值。不过，到1990年代，“演替顶极”的概念再度崛起，一些理论生态学家用它来形容成长了很长时间的植物群落。可见，一个巧妙的术语本身就有着独特的魅力。

群落演替Ⓢ

1918—1924年
施佩曼推进胚胎发育研究

胚胎发育是最神奇的生命现象之一。例如人类的受精卵，看上去与其他动物的差不多，但在合适的条件下，竟会发育出手脚，长出嘴巴、鼻子、耳朵，发育出聪慧的大脑。整个过程有条不紊。这是如何进行的呢？

19世纪末至20世纪上半叶，人们逐渐掌握了不少微观操作技术和物理、化学手段，对胚胎的实验研究进入了黄金时期。而德国胚胎学家施佩曼，将人类对胚胎发育的认识，提升到了新的高度。

1894年，施佩曼决定放弃临床医学的学习，转向更感兴趣的动物学。1896年冬，他不幸感染肺结核，不得不接受隔离治疗。但对科学事业满怀热情的他，并没有缩在病床上虚度时间，而是阅读了德国生物学家魏斯曼的著作，书中关于遗传、发育的理论和敏锐见解激发了他自己进行胚胎研究实验。

在胚胎研究中，分离细胞是重要的手段。在此之前，以德国动物学家德里施为代表的科学家，将很多海胆胚胎放在一起，通过震荡，使胚胎分离成单个细胞。虽然证明分离出来的单个早期胚胎细胞也能发育成个体，但仍然无法知道胚胎特定部位的细胞如何发育。

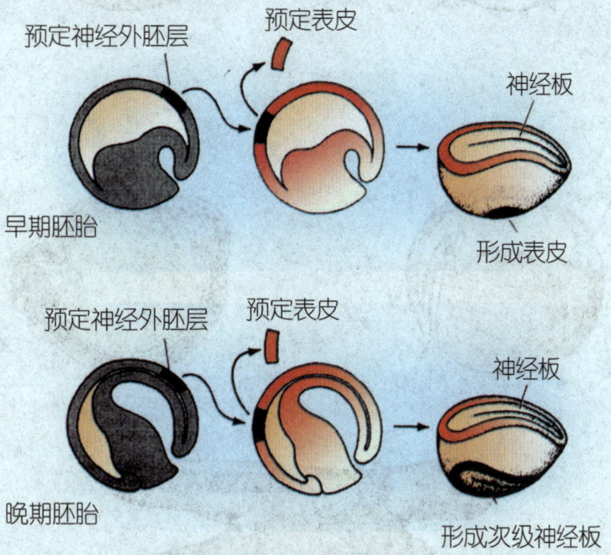

胚胎异位移植实验Ⓢ

施佩曼是个实验操作高手，他甚至能用胎毛做的环分离细胞！这使他有能力完成更为精巧的实验。

同时，他也是实验设计的大师。1918年，他在蝾螈胚胎发育早期，将应该发育成神经的细胞移植到预期发育成皮肤的胚胎部分。结果，移植过去的本来应该发育成神经的细胞，最后变成了皮肤。这说明，它们受到了周围其他细胞的影响。施佩曼将这种现象称为“诱导”。进一步的实验表明，胚胎发育晚期的细胞，在移植后不会有“诱导”现象。

施佩曼Ⓦ

施佩曼不断尝试移植胚胎各部位的细胞，于1924年得到了更惊人的发现。胚胎上有个区域叫背唇部，将那里的细胞移植到应该形成腹部表皮的地方，那里就不会发育成表皮，而是开始形成与背唇部及其周围一样的结构，最后长出了另一个胚胎。这表明，胚胎背唇部能诱导其他部分的发育，在胚胎发育中起着关键的组织作用。施佩曼把这个区域称为“组织者”。1935年，施佩曼因发现“组织者效应”而荣获诺贝尔生理学医学奖。

施佩曼还研究过“克隆”。1928年，他利用蝾螈胚胎，完成了人类历史上首次动物细胞核的移植实验。他在1938年出版的著作中公布了这个“奇异的实验”，并进一步设想，可以从发育后期的胚胎细胞、甚至成体细胞中取出细胞核，将其移植到一个卵子中。1996年诞生的克隆羊多莉“制造思路”几乎如此。

施佩曼的细胞核移植的设想直到1952年，才由其他科学家在蛙的胚胎细胞实现。1960年代，中国著名科学家童第周开始鱼类克隆实验，终获成功，他还将鲤鱼细胞核移植到鲫鱼细胞质中，创造了“核质杂种鱼”。

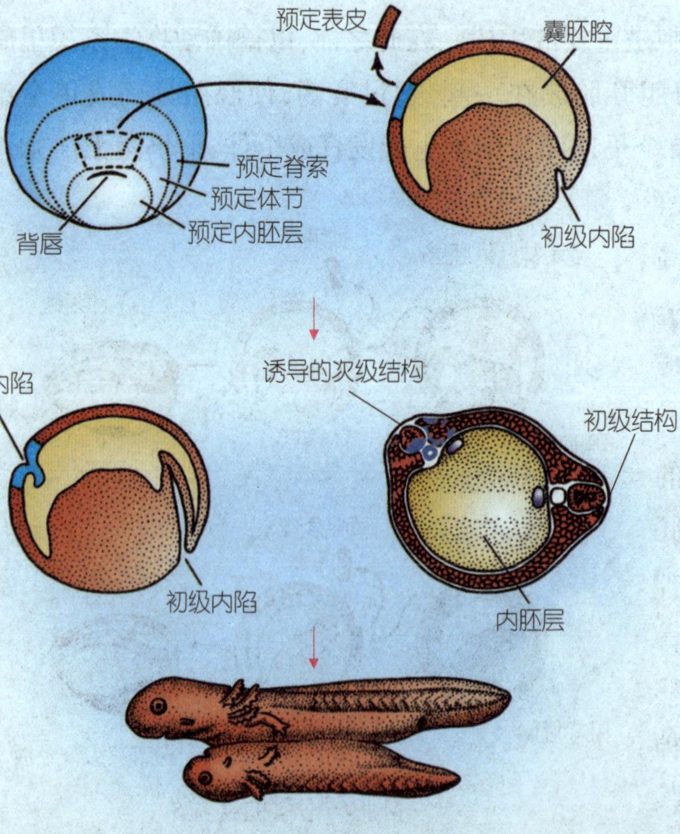

胚胎背唇部细胞移植实验Ⓢ

1921—1930年

勒维和戴尔发现神经冲动的化学传递

神经元(即神经细胞)就像接力跑的选手,把神经信号传递给其他神经元。神经信号有时是电信号,有时是一类化学分子,这类化学分子称为神经递质。

1921年,德国药理学家勒维做了一个实验:把一只蛙的心脏连同连接着心脏的神经一起取出,在合适的条件和一定时间内,蛙心还能保持跳动。他发现,刺激蛙的迷走神经,蛙心跳就会减缓,此时吸取蛙心中的组织液,注入另一个不带迷走神经的蛙心中,该蛙心的心跳也逐渐减慢。这表明,迷走神经受刺激后释放了某种影响心脏活动的化学物质。勒维对这种化学物质进行了研究,初步认定这种物质是乙酰胆碱。

英国生理学家戴尔也进行了一些相关实验。1929年,他确认动物身体的其他部位也有乙酰胆碱。1930年,他证明乙酰胆碱参与多种神经活动,是一种重要的神经递质。

继乙酰胆碱之后,科学家又发现了去甲肾上腺素、多巴胺等神经递质。正是由于神经递质不同,细胞间传递的信息才迥然不同,而神经递质的浓度、传递快慢影响着生理和心理活动。对神经递质、神经冲动传递等的研究,不仅丰富了对生命的认识,还找到许多疾病的发病原因并开发出相应的治疗手段。

1936年,勒维和戴尔因在证实神经冲动化学传递机制以及发现第一个神经递质上作出的贡献,荣获诺贝尔生理学医学奖。

1924年

发现南方古猿化石

达尔文认为，人是从古猿进化而来的。1889年，德国博物学家海克尔指出，猿与人之间应该存在一个过渡环节。1924年，在南非汤恩采石场发现了一具头骨化石，这具头骨距今有250万年，有点像猿的，但从眼窝、牙齿及枕骨大孔等地方看，又和人类的小孩很像。澳大利亚人类学家达特经过研究，把这具头骨代表的物种命名为非洲南猿，并将其归于南方古猿属，认为它就是猿与人之间的过渡物种。

汤恩头骨Ⓦ

当时，人们认为人类是从亚洲起源的，而南方古猿是在非洲发现的，所以，南方古猿是人类的祖先这一观点备受质疑。有的人类学家就指出，在汤恩出土的头骨根本不是“人”的头骨，而是属于一头幼猿。但是后来，越来越多南方古猿属的化石在南非和东非被相继发现，南方古猿在人类进化历程中的地位才逐渐被确定。化石清楚地表明，从脑容量、“面部特征”再到“身材”，南方古猿都比较低等的灵长类更接近人类。在埃塞俄比亚，还发现了大量的南方古猿的股骨、胫骨及足迹化石，这些化石显示，它们已能直立行走，因此，人类学家相信，它们确实是“人”。

南方古猿生活于距今400万—130万年的非洲大陆，有七八个种之多。最新研究认为，其中的一种——纤细种，靠着不断增大的脑容量，也就是越来越发达的头脑，最终在进化中胜出，繁衍至今。

现在，科学家相信，人类的演化之路不是“直线”形的，即一个物种慢慢变得越来越像今天的物种，而是像树叉：某种远古人类分化成众多种类，有的灭绝了，有一支比其他的更像今天的人类；之后，这支又分化成多个种类，其中只有一支能继续演化成今天的我们。不过，这些种类之间的关系如何，他们之中谁才是我们的直系祖先，至今仍有疑问。科学家认为，研究南方古猿，对于解开这些疑惑有着重要的意义，而越来越丰富的化石证据以及近年来兴起的古基因组学研究，也必将勾勒出愈发精确生动的人类进化之路。

1925年

细胞膜脂双层模型建立

多数生物由细胞组成，细胞膜保护胞内物质、控制物质进出细胞，这层细胞膜究竟是什么样的呢？

早在19世纪末，英国生物学家奥弗顿就意外地发现，能溶解于脂类的物质更容易透过细胞膜。奥弗顿据此提出，细胞膜的成分应与脂类相似，某些物质是直接“溶解”于细胞膜，而得以通过的。

后来，美国物理化学家朗缪尔发现，构成脂膜的分子一头容易与水结合，被称为“亲水端”，另一头则不易与水结合，被称为“疏水端”。脂类在水面会形成由单层分子构成的膜，此时，分子自动“竖立”起来，亲水端与水面接触，疏水端都朝向外面。

1925年，荷兰生物化学家戈特等提取了红细胞膜的脂质，铺展在水面上，计算后发现，单层脂膜的面积大约是红细胞表面积的两倍。由此，他们提出，红细胞由脂质包裹，并且脂质有两分子的厚度，这即是细胞膜的脂双层模型。

在脂双层模型的基础上，科学家又陆续提出了细胞膜结构的多种模型，其中获得最多实验支持的是美国细胞生物学家辛格和尼科尔森于1972年提出的流动镶嵌模型。有的蛋白质分子只有一小部分埋在脂膜里，大部分暴露在脂膜外，像浮在水上的小船；有的蛋白质分子则是大部分埋在脂膜里，像只露出潜望镜的潜水艇；还有的蛋白质横穿整个脂膜，一端在细胞外，一端在细胞内，如同沟通细胞内外的“桥梁”。膜上的蛋白质控制物质进出细胞，并接受、释放信号，还会同脂类一起“流动”。

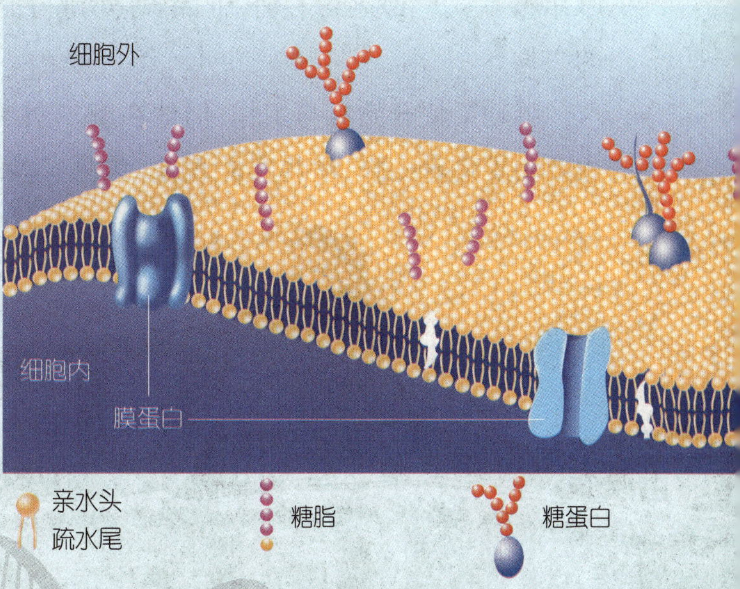

流动镶嵌模型©

1927年

缪勒证实X射线会诱发突变

X射线是十分有效、常见的检查手段，但医生一般不会建议儿童和青少年接受X射线检查。即使成年人，每年接受的X射线检查也不宜过多。因为，X射线会诱发基因突变和染色体畸变，最严重的后果之一就是让我们患上癌症。而首次证实这一点的，是美国遗传学家缪勒。

缪勒Ⓦ

缪勒在哥伦比亚大学读书时阅读了不少遗传学、实验生物学和生理学大师的著作，不仅将遗传学确立为主攻方向，还为日后的实验设计打下了基础。但遗传学也是非常庞大的学科，具体该做什么，缪勒一时也没有方向。他在大学组建了生物学俱乐部，成员有两位学弟——布里奇斯与斯特蒂文特，日后他们都成为了生物学家。

谁也没有想到的是，这两位本科生学弟给留校攻读研究生的缪勒，带来了巨大的影响。他们在著名遗传学家摩尔根的果蝇实验室中"打杂"。当时摩尔根本人已经名声在外，但缪勒直到与他们交流后，才对果蝇产生了浓厚的兴趣。

缪勒很快开始参与工作，但他在摩尔根团队的工作并不显眼。他在团队中主要负责理论工作，解释实验现象，预测实验结果。当时，生物学正开始飞速发

缪勒故居Ⓦ

展，越来越需要团队合作。可如何公平、合理地分享成果呢？处于前沿的摩尔根团队，在这方面也只能自己摸索。这个团队更重视实验及其结果，缪勒的名字未能出现在重头文章的作者名单中，让他有种受骗的感觉。

缪勒离开摩尔根团队后，继续从事果蝇研究，专注于突变问题。基因的自发突变其实非常少见，而科学家要研究基因，往往需要比较各种突变的后果，因此必须找到提高突变率的方法。

1927年，缪勒发表论文，提出受大剂量X射线照射的果蝇，突变率会增加约150倍，在短时间内就可发现许多突变基因。其中有些突变会导致被照射的生物死亡，被称为“致死突变”。

X射线诱发的变异大多数与自发突变完全相同，只是频率要高得多。X射线甚至能影响染色体，使其断裂、丢失部分片段等。此外，缪勒还发现，用不同剂量的X射线，在果蝇生命周期的不同时刻进行处理，将得到不同的结果。这些研究对人类预防离子辐射伤害，有很重要的启示作用。

缪勒首次证明X射线会诱发基因突变和染色体畸变，并弄清了诱变剂剂量与突变率之间的关系，为诱变育种奠定了理论基础，开创了全新的研究领域——辐射遗传学。缪勒也因此荣获1946年诺贝尔生理学医学奖。他所建立的检测突变的ClB方法，至今仍是检测果蝇突变的重要手段之一。

1950年代，美国等国正全力研制核武器，进行了大量核试验。人们对放射性尘埃的担忧也与日俱增。缪勒感到自己责无旁贷。他和其他科学家四处奔走，呼吁重视核战争的威胁。

1955年2月，罗素写信给爱因斯坦，希望他能邀请一些著名科学家共同发表宣言，避免毁灭人类的核战争发生。爱因斯坦欣然同意。7月9日，《罗素—爱因斯坦宣言》在伦敦发表，缪勒也是参与签名的10位顶尖科学家之一。宣言促成了帕格沃什科学与世界事务会议，引发了一场著名的科学家国际和平运动——帕格沃什运动。

1928年

温特发现植物激素

窗台上的幼苗为什么会向着窗外生长？坚硬的猕猴桃又酸又涩，为什么和苹果放在一起就会变熟变软？这些奇妙现象的背后，都有植物激素的影子。

早在1880年，达尔文父子就发现燕麦胚芽会向光弯曲。后来，丹麦生物学家博伊森－詹森试着将胚芽鞘尖切去，发现胚芽不再弯曲，甚至停止生长。

到了1928年，荷兰植物学家温特猜测，胚芽鞘尖存在促进其生长的化学物质，他把切下的胚芽鞘尖在琼脂上放几个小时，使琼脂吸附胚芽鞘尖中的化学物质。然后将琼脂切成小块，放在去除尖端的胚芽上，而且偏向一侧。结果发现，即使在无光条件下，这样做也会使胚芽弯曲。

温特的猜想得到了证实，这种物质后来被称为生长素，是第一种被发现的植物激素。低浓度的生长素能促进植物生长，过高浓度的生长素会抑制植物生长。

后来，科学家还发现了多种植物激素，它们对植物的生长有重要作用。今天，人们已经能合成多种植物激素或与天然激素有相同作用的化合物，应用于培养植物产品和处理蔬果等。

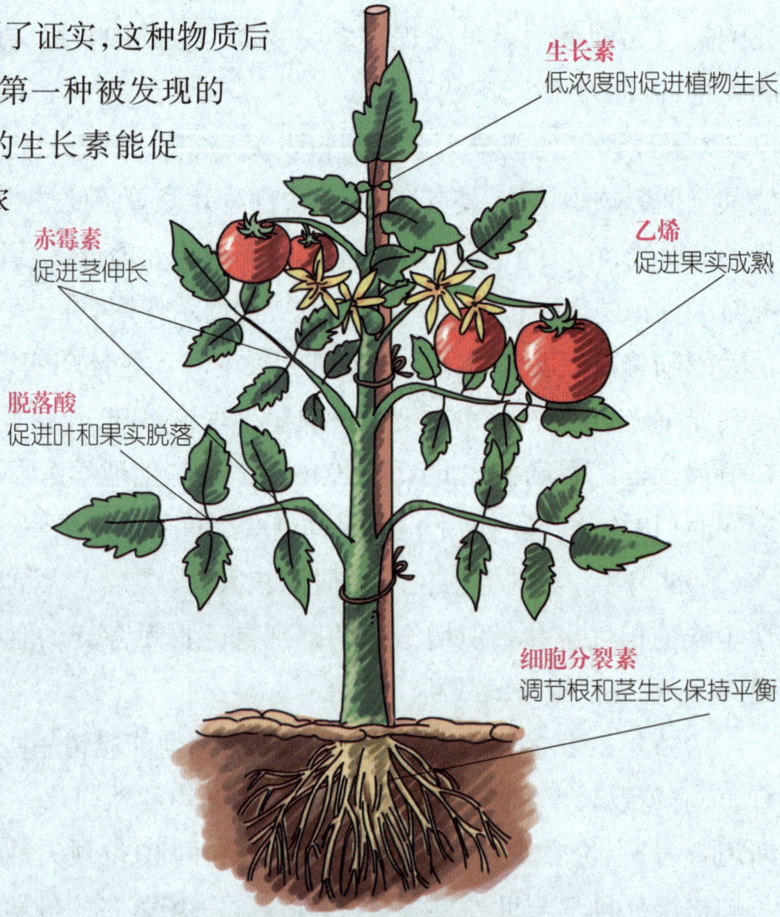

各种植物激素Ⓢ

1928—1944年

格里菲思和埃弗里证明遗传物质是DNA而非蛋白质

孩子长得像爸爸妈妈，是因为遗传了他们的特征，这是我们都知道的事情。可你有没有想过，一个小小的受精卵，如何“知道”该怎样长呢？显然，在小小的细胞里，记录了遗传信息。那么这些信息究竟“写”在哪儿呢？

格里菲思Ⓦ

科学家将“写”有遗传信息的分子称为遗传物质。20世纪初，遗传物质最热门的候选者是蛋白质和核酸。很多科学家认为，遗传物质一定是蛋白质。因为蛋白质种类繁多，在组成生物体结构、维持并促进生命活动方面起着不可替代的作用。而核酸结构过于简单，似乎不大可能承担起保存海量遗传信息的重任。

但是，科学是讲求证据的。英国微生物学家格里菲思和美国生物化学家埃弗里，用精巧的实验改变了人们的认识。

1920年代，格里菲思在英国卫生部的实验室里研究肺炎。全国各地的肺炎球菌样本都会被送到格里菲思手中，由他研究、分类，并在小鼠身上做实验，探索致病机制。

在这些肺炎球菌中，有一种叫S型菌。S是英文smooth（光滑）一词的首字母，这种菌能形成光滑的菌落。在细菌表面，有特殊的保护层，叫作荚膜。荚膜能够保护细菌，不受小鼠免疫系统的攻击。一旦小鼠感染了S型菌，就会生病，最终死亡。不过，加热可以杀死S型菌，把死菌注射到小鼠体内，小鼠不会患病。

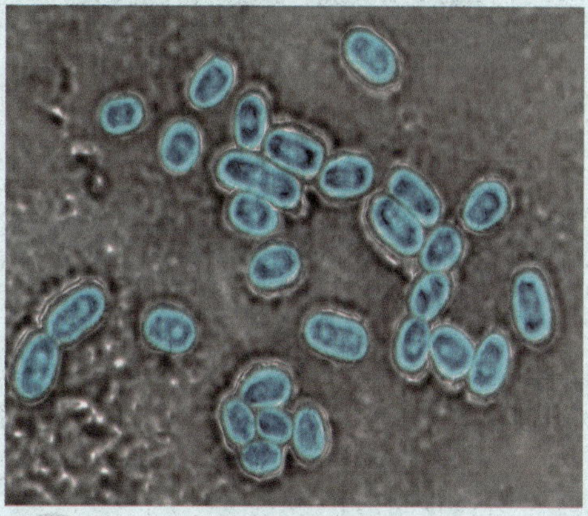

肺炎球菌Ⓒ

还有一种叫R型菌。R是英文rough（粗糙）一词的首字母，这种菌的菌落是粗糙的。细菌表面则没有荚膜，如果与小鼠的免疫系统交手，一定会败下阵来，无法让小鼠患病。

1928年，格里菲思发现，虽然死亡的S型菌

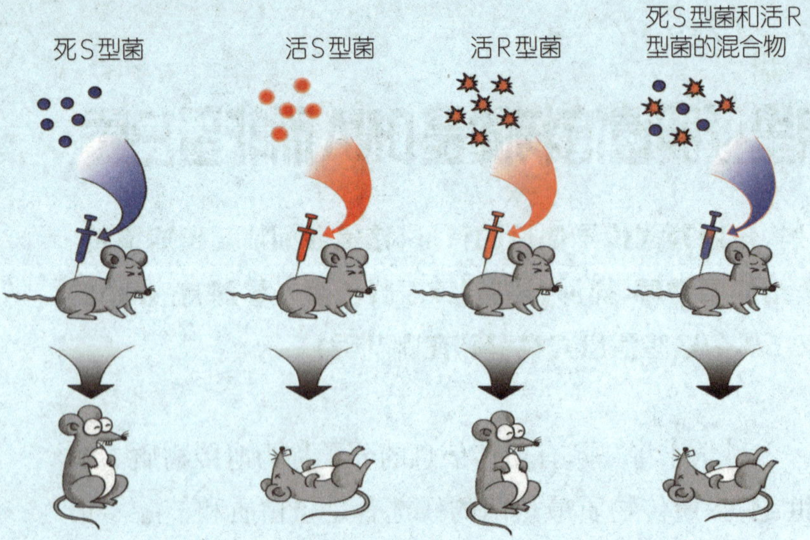

格里菲思实验Ⓢ

与活的R型菌都不会使小鼠患病，但将它们混合后再注射到小鼠体内，小鼠竟然死亡了！而且在死亡小鼠体内发现了S型菌。

这说明，一部分R型菌变成了S型菌，而且格里菲思证明这些菌的后代也是S型菌。显然在S型菌的“尸体”中，存在“遗传物质”，R型菌“读懂”了上面的遗传信息，获得了S型菌的特征。

但在S型菌的“尸体”中，有蛋白质、多糖、核酸等多种物质，到底哪种才是遗传物质，格里菲思也无法确定。不过，这些实验为后来者打开了思路。

此后，科学家分离纯化生物化学物质的技术手段越来越先进。1944年，美国洛克菲勒研究所的埃弗里等人，分别去除S型菌“尸体”中的各种成分，余下的、经过纯化后的单一物质，或为脱氧核糖核酸（DNA），或为蛋白质，或为多糖。把这些物质分别与R型菌混合培养，他们发现，只有DNA能够将R型菌转化为S型菌。

埃弗里Ⓦ

埃弗里首次证明，遗传物质是DNA而不是蛋白质。不过，许多科学家仍然怀疑这个结论，仍旧认为DNA过于简单，无法记录海量信息。但是，埃弗里的实验极大地推动了对DNA的研究。到了1952年，美国细菌学家赫希尔用噬菌体进行实验，才让人们确信，DNA是遗传物质。1953年，DNA的双螺旋结构被发现，DNA相关的研究一日千里，才解答了关于DNA以简单符号记录海量信息的疑问。科学的研究之路，总是这么严谨、漫长而艰难。

1929年

裴文中发现北京人头盖骨

周口店遗址位于北京市西南房山区周口店镇龙骨山北部，是世界上材料最丰富、最系统、最有价值的旧石器时代早期的人类遗址。

1923年，奥地利古生物学家师丹斯基在周口店龙骨山发现了一枚属于早期人类的牙齿化石。1926年，他在整理自己从周口店发掘的标本时，发现了另一枚早期人类牙齿化石。1927年，在北京协和医学院任教的加拿大古人类学家步达生把牙齿的主人命名为"北京中国人"，以后便有了俗名"北京人"，科学定名则为"北京直立人"。大规模发掘工作随后展开，发掘工作由中国地质调查所和协和医学院主持。1929年12月，终于有了震惊世界的发现：中国古人类学家裴文中发现了完整的北京人头盖骨化石。1936年，中国旧石器考古学家贾兰坡在11天内发现了3个头盖骨化石，再度震惊中外。该遗址至今共出土北京人的头盖骨6具、头骨碎片12件、下颌骨15件、牙齿157枚，以及其他骨化石，分属40多个男女老幼个体。另外还发现约10万件石器，以及用火的灰烬遗迹和烧石、烧骨等。

北京人头盖骨相当完整，为研究人类进化提供了宝贵的资料。北京人属直立人种，既具有人的性质，又保留了古猿的特征。北京人头骨构造像人，尽管是

北京人头盖骨　左图为修复后的第一个北京人头盖骨；右图为裴文中抱着经石膏加固的头盖骨，拍摄者因太专注于头盖骨而忽略了裴文中的头。⓪

8—9

70 50

北京人狩猎归来想象图塑像Ⓨ

周口店猿人洞遗址Ⓒ

20

30

1941 12

1929年

菲斯克等分离出腺苷三磷酸

我们学习、运动，都离不开能量。但是，身体即使把食物分解成最简单的葡萄糖，还是无法直接利用它们。身体能直接利用的能量，是从哪儿来的呢？

1927年，美国生物化学家菲斯克和苏巴罗发现，肌肉收缩时，磷酸肌酸会分解，肌肉复原时，又会重新合成磷酸肌酸，在此过程中能量也不断生成、消耗。这说明磷酸肌酸分解过程中断裂的化学键（后证明是磷酸键）具有很高的能量，而且可以快速释放，很可能是能量的直接来源。

1929年，菲斯克和苏巴罗小组，以及德国生物化学家洛曼独立发现了一种与能量来源有关的化合物。1935年，洛曼确定了它的分子式：由1个腺嘌呤核苷和3个磷酸组成，是腺苷三磷酸（ATP）。洛曼还发现，ATP的1个高能磷酸键会断裂，变为1个磷酸和1个腺苷二磷酸（ADP），同时释放出能量；而在得到能量时，ADP和磷酸又能生成ATP。

磷酸肌酸分解时，其实是把高能磷酸键给了ADP，生成ATP，补充驱动肌肉收缩时消耗的ATP。不过，磷酸肌酸也是有限的，只能供肌肉收缩10秒钟。之后就要靠消耗葡萄糖产生ATP了。

我们一切生命活动所需的能量都直接来自ATP，它是细胞储存和传递化学能的“通用货币”。细胞中的线粒体是合成ATP的主要场所，另外，植物细胞的叶绿体也能通过光合作用合成ATP。

ATP是怎么产生的呢？1950年代—1980年代，科学家发现，在动物细胞线粒体内膜上有一种ATP合酶，它能催化ATP的合成。1997年，在这方面研究作出重大贡献的科学家博耶、斯科与和沃克共获诺贝尔化学奖。

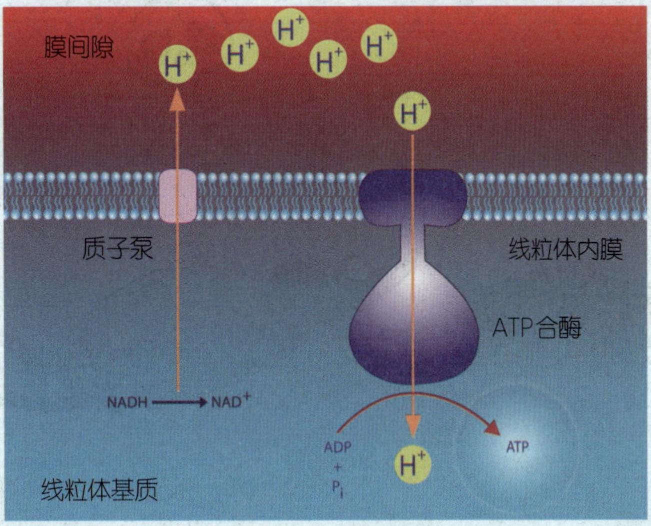

合成ATPⓎ

1930年代

罗斯确定必需氨基酸

蛋白质是由氨基酸组成的，但动物对各种氨基酸的需求是不同的。

1930年代，美国营养学家罗斯用数种已知氨基酸的混合物喂养小鼠，结果小鼠很快死亡；改用牛奶中的蛋白质酪素来喂，小鼠就活得很好。显然，酪素中有小鼠极为需要的物质。

罗斯将酪素的分解产物逐一加入氨基酸混合饲料中，终于发现了一种新的氨基酸——苏氨酸。小鼠自己不能合成苏氨酸，只能从食物中摄取，罗斯称其为"必需氨基酸"，而动物能自身合成的则被称为"非必需氨基酸"。

经过实验，罗斯最终确定了啮齿类动物的10种必需氨基酸：赖氨酸、色氨酸、苯丙氨酸、甲硫氨酸、苏氨酸、异亮氨酸、亮氨酸、缬氨酸、精氨酸和组氨酸。

人体的必需氨基酸只包括前面8种。了解哪些是必需氨基酸十分有用，例如，赖氨酸能促进大脑发育，是肝及胆的组成成分，能促进脂肪代谢，调节松果体、乳腺及卵巢等的活动。但在粮食类的植物蛋白中，普遍缺乏赖氨酸，所以，人们发明了赖氨酸面包，人为加入赖氨酸作为补充。

动物能自身合成精氨酸和组氨酸，但合成量通常不能满足需要，必须部分依赖进食，因而这两种氨基酸又被称为半必需氨基酸。

1931年

赖特阐述遗传漂变问题

1908年，英国数学家哈代和德国遗传学家温伯格提出了著名的群体遗传平衡学说，即在理想状况下，某一基因型的个体在群体中所占的比例保持不变。这一学说为后来群体遗传学的诞生奠定了基础。在这一工作的影响下，许多科学家利用数学方法，对影响群体中基因频率和遗传结构的选择效应、突变、迁移等进行了研究，其中最为重要的是美国遗传学家赖特、英国遗传学家费希尔和英国—印度遗传学家霍尔丹的工作，他们共同构建了群体遗传学的理论框架。

1931年，赖特发表论文《孟德尔群体中的进化》，阐述了遗传漂变问题。遗传漂变是指在小群体中等位基因频率会随机波动，这种波动导致了有些基因会被固定下来，有些基因最终会在群体中消失，从而导致群体遗传结构的改变。换句话说，小群体中某个基因在世代传递过程中能否被保存下来纯属随机事件。例如，一个群体中等位基因有A型和a型。如果群体很大，每一世代中两种等位基因的比例都与上一世代接近，可能经过很多代，群体中A型和a型的基因比例也不会发生明显变化（即实现“群体遗传平衡”）。但如果群体很小，从某一世代起恰好A型的个体明显多于a型的个体，A型就很快被固定，即所有个体都只携带A型等位基因，而a型很快就在这个小群体中消失了。群体越小，漂变速度越快。遗传漂变现象在因地理和社会因素被隔离的动物群、人群中，都可以找到实例。由于赖特的这一发现，遗传漂变也称作“赖特效应”。

遗传漂变Ⓢ

1932年

豪泽提出“竞争排斥原理”

俗话说，“一山不容二虎”，因为一座山上的资源不足以同时养活两只老虎。可以推断，两个物种如果需要相同的资源，也会容不下对方，争个你死我活。但在自然界中，物种间的关系非常复杂，如何证明这一现象的存在呢？

揭开谜底的是苏联生物学家豪泽。他小时候经常在苏联南部的高加索山脉过暑假，在一次次野外旅行中，对大自然产生了浓厚的兴趣。他还详细记录了一些生物（如西伯利亚大足蝗等）的生活史和行为。

豪泽进入大学后，由生物学家阿尔帕托夫担任导师。他从阿尔帕托夫那儿学到当时比较新颖先进的知识，为日后的研究打下了理论基础。当时有理论认为，如果一个物种个体数量的增长受到资源的限制，那么两个共享资源的物种的个体数量也会受限制，两个物种还会相互竞争。

豪泽基于自己的野外体验，认为自然界相互影响的因素太多，很难解释清楚物种间的这种竞争关系。只有在简化的实验室条件下，控制各种变量，才能精确地证明特定因素对个体数量的影响。

1932年，豪泽选择在分类和生态上极相近的两种草履虫——双小核草履虫和大草履虫进行实验。它们之间只存在食物竞争关系。当单独培养时，两种草

大草履虫竞争不过双小核草履虫Ⓢ

履虫都能正常生长。当混合培养时，16天后只有双小核草履虫生存，大草履虫全部死亡。

豪泽认为，大草履虫之所以死亡，是因为其产生下一代所需的时间比双小核草履虫长一些，种群增长慢，对食物的竞争力相应变弱。种群增长快的排挤了增长慢的，这就是当两个物种利用同一食物资源时产生的竞争排斥现象。

占据不同生态位的莺类

科学家把物种所处的时间、空间环境，以及它与其他物种的相互作用，想象为一个个“位子”（生态位）。每个位子只能“坐”进一个物种，相似的物种如果硬要挤在一起，就会发生竞争，竞争失败的一方会被取代。后人将这一发现发展为“竞争排斥原理”，生态位相同的两个物种不可能在同一地区内共存。

大自然有无数种生物，这与“竞争排斥原理”是否矛盾呢？豪泽认为，现存物种即使看上去习性非常相似，其实在食性或其他生活方式上都各具特点，从而具有不同的生态位。后人则提出了更完善、严格的竞争排斥原理定义：如果某个物种与另一个适应性更好的物种就某种有限资源进行竞争，即使其他方面都完全相同，只要该物种每一个个体都输掉了竞争，它就会被对方排斥掉。

除了草履虫，豪泽还试图利用细菌来验证自己的理论。1942年，他在混合培养短芽孢杆菌和金黄色葡萄球菌时，发现前者对后者有抑制作用。豪泽从杆菌菌落内分离出了可抑制金黄色葡萄球菌等革兰氏阳性菌的短杆菌肽，用以治疗感染。当时正是第二次世界大战时期，这种抗生素很快投入大规模生产和应用，挽救了许多苏联士兵的生命。

1935年

坦斯利提出"生态系统"概念

从远古时代起，人类就在不断积累关于自然界的认识。古人注意到，环境对生物有很大的影响。"橘生淮南则为橘，生于淮北则为枳"就是一个例子。古人也知道要约束人类的行为，与自然和谐相处，例如"树木以时伐焉，禽兽以时杀焉"。那么现代科学家是如何认识这些关系的呢？

英国生态学家坦斯利1935年提出的"生态系统"概念是现代生态学的理论基石之一。他早年从事古植物学研究，在阅读了丹麦植物学家瓦明的著作《植物群落》后，把兴趣转向生态学方向。

在经过多年观察、研究后，坦斯利正式提出了"生态系统"这一概念，以强调非生物因素与生物因素的互相作用，呼吁其他科学家在做研究时，能够考虑到两方面的影响。

坦斯利认为，"生态系统的基本概念是物理学上使用的'系统'整体。这个系统不仅包括有机复合体，而且包括形成环境的整个物理因子复合体……我们对生物的基本看法是，必须从根本上认识到，生物不能与它们的环境分开，而是与它们的环境形成一个自然系统"，"这种系统是地球表面的自然界的基本单位，它们有各种大小和种类"。

此后，生物学研究不再局限于生物本身的特点，还扩展到各生物群落之间的依存关系以及生物群落与环境之间的相互作用。而地球，就是我们最大的生态系统，是人类唯一的家园。

海洋生态系统©

1936年
哈金斯和鲍林提出氢键理论

生物都是由原子、分子组成的。在生物大分子中，让原子“手牵手”的主要是共价键，它们使原子比较牢固地结合在一起，保持着稳定性。但还有一种化学键对生物大分子至关重要，它就是氢键。

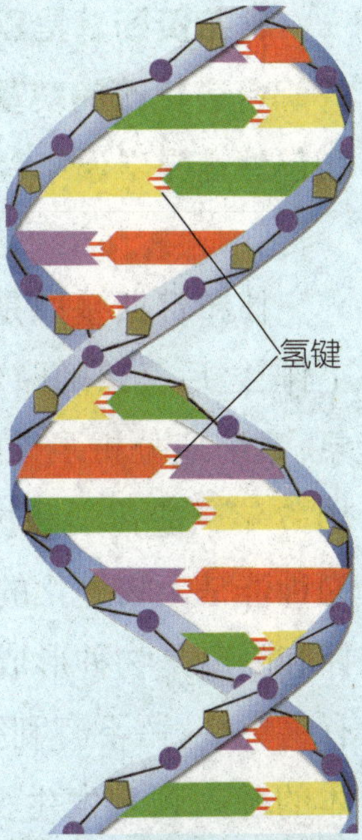

DNA双螺旋结构及其中的氢键©

当氢原子(H)和原子A(如氧、氮)形成共价键时，由于A吸引电子的能力很强，使得氢原子的电子倾向于靠近A，氢原子朝外一侧似乎“露出”了部分质子，可以吸引其他一些特定的原子B。A—H被称为质子供体，B则是质子受体，H与B之间形成的、吸引力比共价键弱得多的化学键就是氢键，用A—H…B表示。

1936年，美国化学家哈金斯列举了大量氢键的例子，并指出生物大分子中，以共价键“牵手”在一起的原子也会转来转去，而大量氢键则可以“固定”结构。同一时期，美国化学家鲍林初步阐明，当氢键被破坏时，蛋白质的结构也随之被破坏。现在我们知道，蛋白质会形成3.6个氨基酸残基为一圈的螺旋状结构，由氮—氢…氧型氢键维持。

DNA的配对则是由氮—氢…氮或氮—氢…氧型氢键实现的。氢键不仅是将DNA的两条单链聚成双链的化学力之一，也是DNA碱基互补配对原则的化学基础。

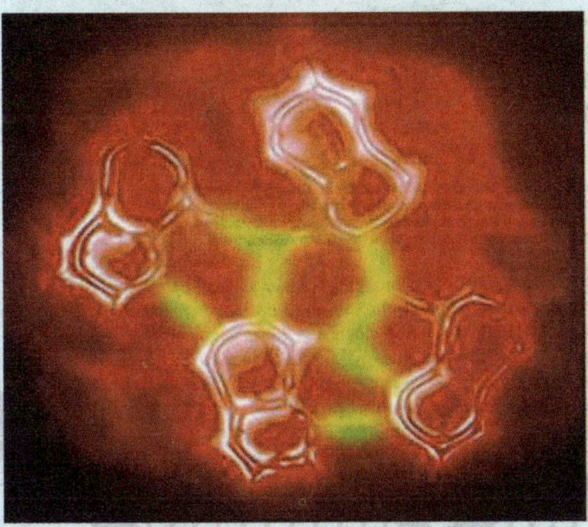
黄色部分为分子间的氢键⓪

对氢键的初步认识，为后来迅速发展的蛋白质大分子结构和核酸结构研究奠定了基础。

氢键到底长什么样子呢？2013年，中国的裘晓辉等人利用高分辨的原子力显微镜，第一次真实地看到了氢键。《科学》杂志的两位审稿人盛赞这项工作“是一项开拓性的发现”，“具有深远的意义和价值”。

1937年

杜布赞斯基《遗传学和物种起源》出版

杜布赞斯基是20世纪进化生物学领域最富影响和创造力的科学家之一，现代综合进化论的奠基人。他解释了偶然性在自然选择中的作用，将群体遗传学和自然选择学说结合起来，极大地丰富了进化生物学理论。

杜布赞斯基原是苏联人，1927年赴美国，在诺贝尔奖得主摩尔根的实验室工作，之后又追随摩尔根去了加州理工学院工作。杜布赞斯基以果蝇为研究对象，系统地分析了果蝇群体的多态现象和由地理隔离到生殖隔离的发展过程。1937年，《遗传学和物种起源》出版，这是他最重要的一部作品。杜布赞斯基认为种群是生物进化的基本单位，进化是群体水平上的遗传成分的变化，突变、选择和隔离是物种形成的条件，突变为进化提供材料，选择提供进化的方向，淘汰有害突变，留下有利突变，从而使得群体的基因频率发生变化；隔离使群体差异进一步增大，直至生殖隔离产生，新物种形成。杜布赞斯基认为生物进化不是直线前进，而是生物在“黑暗中不断摸索，适应着不断变化的过程”；选择是盲目的，只对当时有利，其本身并不具有任何预见性，所以地球上出现过的大部分生物都灭绝了。

杜布赞斯基的《遗传学和物种起源》被誉为20世纪的《物种起源》，他本人也因为对进化生物学的突出贡献成为20世纪最重要的进化生物学家之一。他的那句名言“如果没有进化论，生物中的一切都将毫无意义”一直鞭策着后继者在进化生物学的道路上继续奋斗。

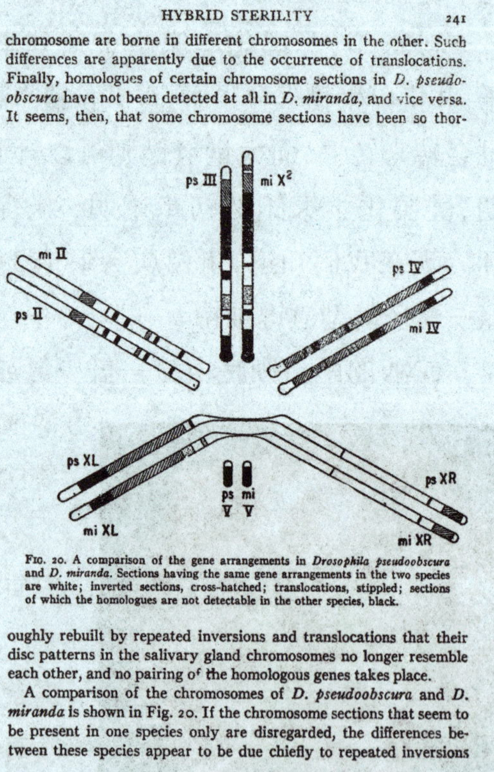
HYBRID STERILITY 241

chromosome are borne in different chromosomes in the other. Such differences are apparently due to the occurrence of translocations. Finally, homologues of certain chromosome sections in *D. pseudoobscura* have not been detected at all in *D. miranda*, and vice versa. It seems, then, that some chromosome sections have been so thor-

FIG. 20. A comparison of the gene arrangements in *Drosophila pseudoobscura* and *D. miranda*. Sections having the same gene arrangements in the two species are white; inverted sections, cross-hatched; translocations, stippled; sections of which the homologues are not detectable in the other species, black.

oughly rebuilt by repeated inversions and translocations that their disc patterns in the salivary gland chromosomes no longer resemble each other, and no pairing of the homologous genes takes place.

A comparison of the chromosomes of *D. pseudoobscura* and *D. miranda* is shown in Fig. 20. If the chromosome sections that seem to be present in one species only are disregarded, the differences between these species appear to be due chiefly to repeated inversions

《遗传学和物种起源》页面 图为两种果蝇染色体上的基因分布对比。ⓞ

1940年代

麦克林托克发现跳跃基因

玉米是非常普通的作物，但它也有奇特之处：在同一根玉米棒上，玉米粒的颜色可能截然不同，甚至在同一颗玉米粒上也会有花纹。玉米的这些奇妙特征，成了一位传奇女科学家的毕生挚爱，她由此发现了“会跳舞的基因”，揭开了惊人的生命奥秘。

麦克林托克在研究玉米的染色体Ⓢ

美国遗传学家麦克林托克生于1902年，从小就非常独立，被人们称为假小子。自幼就有的闯劲和独来独往的倾向，或许决定了她日后的悲喜剧。

麦克林托克最初在康奈尔大学读本科，专业是植物学。她在遗传学课上表现出浓厚的兴趣，令老师印象深刻。老师特地打电话邀请她旁听研究生的遗传学课程。麦克林托克后来回忆说：“那个电话决定了我的未来。”

她才思敏捷，选用了合适的材料和最新的细胞染色技术，初出茅庐就解决了玉米染色体形态鉴定的难题。她的研究成果激发起其他科学家研究玉米遗传学的兴趣。

与人们熟知的果蝇相比，玉米的染色体更大，可以辨认精细特征，直接观察到染色体交换等现象，并明确地与性状变化相联系。但1933年，科学家发现了果蝇幼虫唾腺染色体，这种染色体非常巨大，也很容易观察，对研究非常有利。于是，玉米在遗传学中的地位无法再与果蝇相抗衡。但麦克林托克仍对玉米遗传学情有独钟。

此后，她不断发表重量级发现，包括准确预言端粒对染色体末端的保护作用，而端粒研究“大红大紫”还要再等几十年。1939年，她当选美国遗传学会副主席，1944年成为美国科学院院士。麦克林托克在科学界的声誉几乎达到顶峰，但谁也没有料到风波将至。

1941年，麦克林托克来到著名的纽约冷泉港实验室，研究印度彩色玉米的种子为什么会呈现出不同的颜色。她发现玉米种子颜色的遗传很奇特，似乎受到某种不稳定基因的控制。

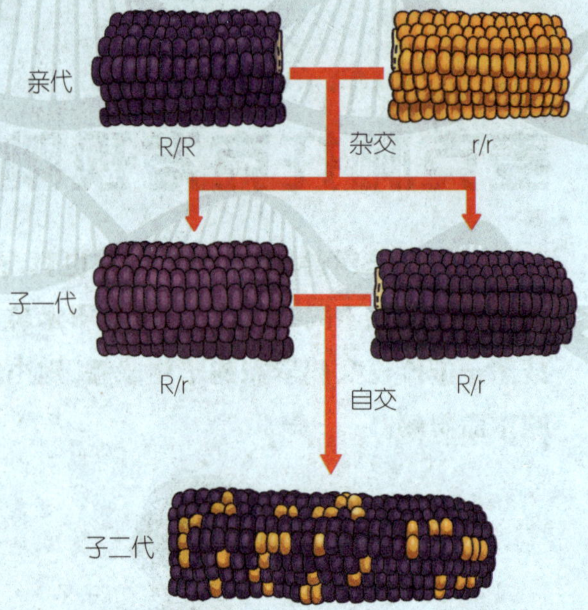

符合孟德尔遗传规律的玉米籽粒颜色Ⓢ

从1944年发现最初的线索起，她花了整整6年时间，才构筑了一套理论解答这个问题。她发现Ds与Ac两个基因与玉米种子上的斑纹相关。Ds基因可以从染色体上某个位置解离下来，“跳”到另一个位置，使色素基因发生突变，这样，Ds基因就能像开关一样控制色素基因表达。而且Ds基因的“舞步”可以非常快，使相关基因时开时闭，玉米粒因此也会变得斑斑点点。像Ds这样会“跳舞”的基因现在被称为“转座子”。

不过，Ds基因也不能随意“跳”，它需要Ac基因的存在。更奇妙的是，Ac基因不需要与Ds基因挨着，它可以“遥控”Ds基因。另外，Ac基因能自主“跳跃”。

麦克林托克发现的“跳跃基因”首次揭示了基因调节的机制，但在此之前，人们一直认为基因的位置是固定不动的。当时绝大多数科学家都认为“转座子”理论看起来实在太荒谬，而她又使用了不少自创的词汇描述自己的工作，更增添了理解的难度。因此，1951年，麦克林托克在冷泉港的研究通报，遭到了前所未有的冷遇。

麦克林托克“冒险”坚持自己的研究结论，很多朋友和同事渐渐地和她疏

不符合孟德尔遗传规律的印度彩色玉米Ⓒ

远。而且，当时主张从简单生物入手的噬菌体遗传学派异军突起，玉米遗传学更显得“落伍”，只有部分经典遗传学家公开捍卫麦克林托克的声誉。但她不受外界干扰，继续从事自己的研究，只是不再将资料与论文对外发表。

1960年代，科学家提出大肠杆菌中存在调节基因的“操纵子”，立即引起普遍关注。麦克林托克认为操纵子模型可与转座子模型相类比，发表文章希望学界认可，但愿望再次落空。

然而，是金子总会发光。随着分子生物学的发展，科学家陆续在其他许多生物中发现了转座现象，人们开始回头审视麦克林托克的研究，并惊讶于她那敏锐的洞察力和丰富的想象力。

当时，很多分子生物学家将细胞看作一个充满蛋白质与核酸的试管，而麦克林托克则把生命体看作有序的整体，认为每个部分都处于相互联系的网络中，发挥调整功能。因此，她在解释实验现象、推想理论时往往独具慧眼。她的这种思维后来影响了很多分子生物学家。

麦克林托克提出的转座子理论对后来分子生物学及基因工程的发展都具有十分重要的意义。1983年，诺贝尔生理学医学奖颁给了这位钟爱玉米、一生未婚的“玉米夫人”。此时，她已81岁高龄，距她最初发现跳跃基因也已过去30多年。面对这一迟来的荣誉，她十分平静，说：“我觉得自己获得这种意外的奖赏似乎有些过分。多少年来，我在对于玉米遗传的研究中已获得很多的欢乐。我不过是请求玉米帮助我解决一些特殊的问题，并倾听了她那奇妙的回答。”

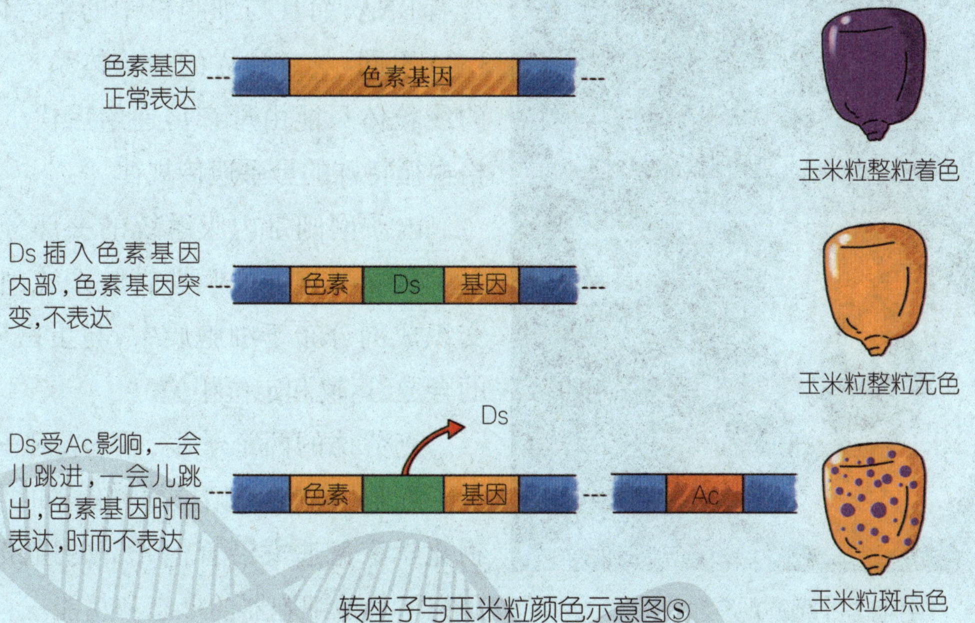

转座子与玉米粒颜色示意图Ⓢ

1940年代

克劳德等发现亚细胞结构

除了病毒等特例，所有生物都是由细胞组成的。细胞要实现各种功能，维持机体的运转，里面一定有精巧的“装置”，它们被称为细胞器或亚细胞结构。在常用的光学显微镜下，我们一般只能看见线粒体、叶绿体、液泡等。科学家是如何在微小的细胞中发现其他细胞器的呢？

离心技术和电子显微镜技术常被喻为走进微观生物世界的桥梁。1930年，比利时—美国生物学家克劳德发明了细胞分裂技术。他先磨碎细胞，过滤掉细胞膜，再用离心技术从细胞中分离出各种成分，他发现各种成分能实现不同的功能。1940年代，他还用电子显微镜给细胞“照相”。最终，他鉴定出了线粒体和内质网。

线粒体是真核细胞中的一种重要细胞器，位于细胞质中，呈棒状或粒状，具有双层膜，主要功能是通过氧化磷酸化作用合成生命活动的主要能源物质ATP，因而线粒体又被称为细胞的“动力工厂”。

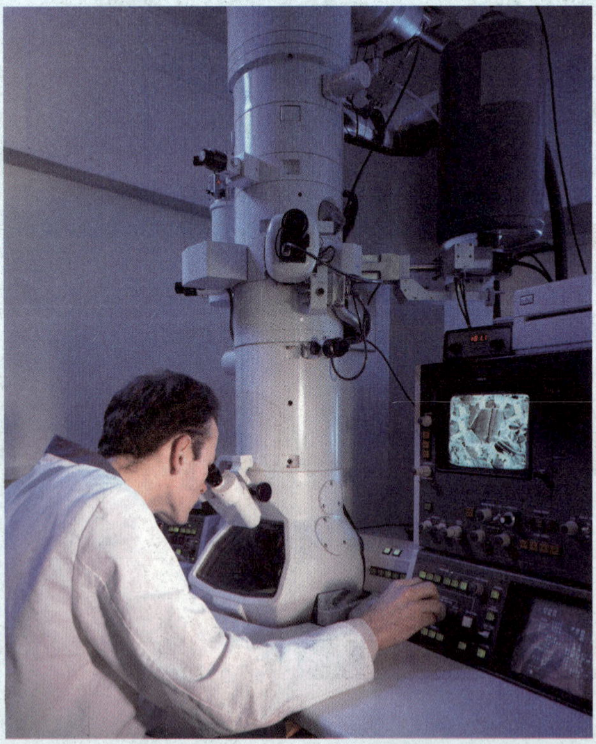

用电子显微镜观察©

线粒体还有一个特别之处——它含有DNA，而且与细胞核中的染色体DNA不同，具有独立的遗传体系。人的线粒体只能由母亲传递给后代，严格遵循特殊的母系遗传规律。

内质网则是内膜系统的一部分，是一种相互连通的膜性管腔系统，它交织成网分布于细胞质中，与蛋白质的合成、运输和定位相关。

克劳德的两个学生，罗马尼亚—美国细胞生物学家帕拉德和比利时生物化学家德迪夫沿着他开辟的道路，研究了其他细胞器的形态和功能。

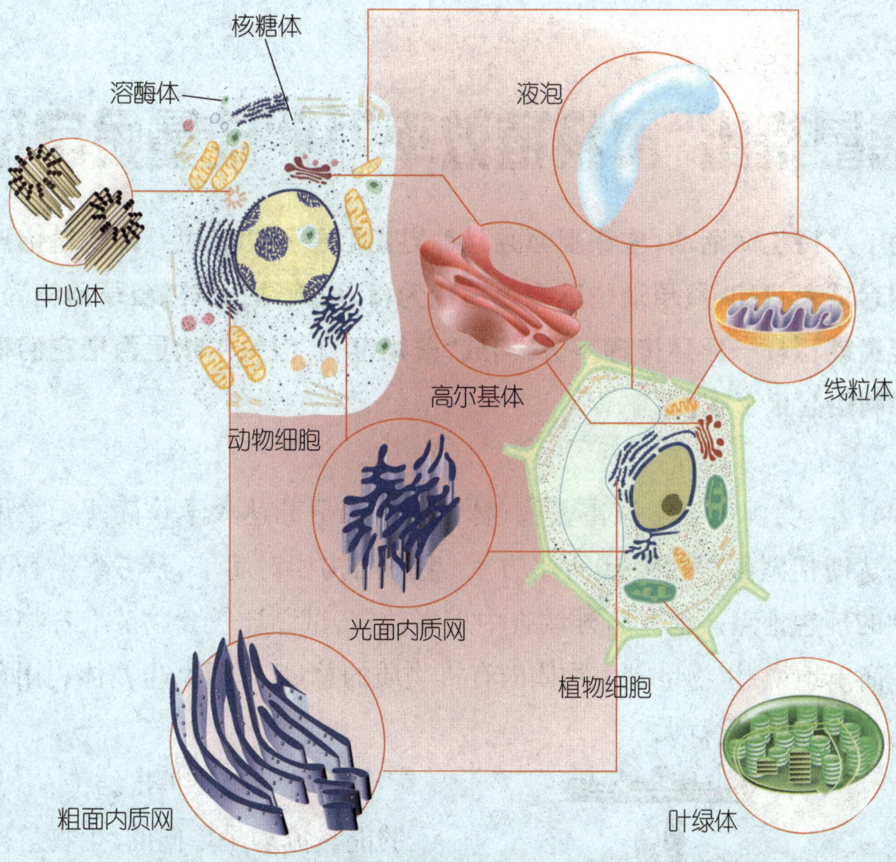

细胞内部的微结构©

例如，高尔基复合体负责对内质网合成的蛋白质进行加工、包装等，然后分门别类地运送到细胞内特定的部位或分泌到细胞外。

溶酶体是细胞质中由单层脂膜包裹的小体，直径0.025—0.8微米，内含多种酸性水解酶，能够分解多种物质，是细胞内的“消化系统”和“垃圾回收站”。

微体也是一种单层膜细胞器，直径0.2—1.7微米，内含一种或几种氧化酶，可避免过氧化物对细胞的毒害作用。

核糖体是最小的细胞器，直径仅为20纳米左右。帕拉德改进电子显微镜样品固定技术后，发现了这些小颗粒。它们数量极大，富含RNA，与制造酶有关。帕拉德敏锐地认识到其重要性，很快公布了发现。

克劳德、德迪夫和帕拉德对细胞器的研究打开了一扇新的大门，为创建崭新的生物学分支——亚细胞生物学奠定了坚实的基础。他们因在细胞结构及功能方面的杰出贡献分享了1974年诺贝尔生理学医学奖。1999年，帕拉德的弟子、德国—美国生物学家布洛贝尔也因发现内质网传输蛋白质的机制而获此殊荣，布洛贝尔的发现标志着亚细胞生物学逐渐走向完善。

1941—1942年
林德曼提出"食物链效率"和"能量金字塔"

为了维持生命活动，生物都必须从外界摄取营养和能量。绿色植物进行光合作用合成有机物，食草动物以绿色植物为食，食肉动物又以食草动物为食，营养和能量就这样一环环传递下去，构成"食物链"。但是生物是否把它们享用的食物都利用起来了呢？

1941年，美国生态学家雷蒙德·林德曼在明尼苏达大学攻读博士学位。附近的锡达博格湖面积约为50万平方米，生态结构相对简单，是考察生态系统能量流动的理想地点。他在野外调查中采集数据，试图比较食物链上各物种的生物量。简单地说，生物量是生物体内有机物质的总量（干重），生物体利用食物的效率高，积累的重量就大。

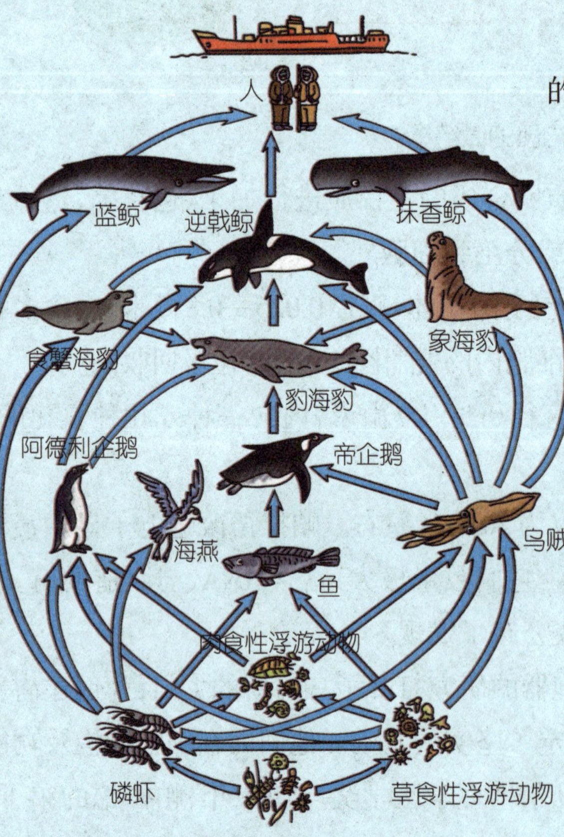

南极海域食物网Ⓢ

林德曼最终得出结论：生态系统的能量流动是单向的，生物量按食物链顺次递减，后一级生物量通常只等于或者小于前一级生物量的1/10。比如，食草动物的生物量是绿色植物的1/10，食肉动物的生物量是食草动物的1/10，等等。林德曼将生态系统中的这种定量关系称为"十分之一定律"。

对食物链追根溯源，我们可以发现，绿色植物是食物链的基础。除了少量能自己进行光合作用的细菌之外，无论是食草动物还是食肉动物，还是身为分解者的微生物，它们的能量供应，归

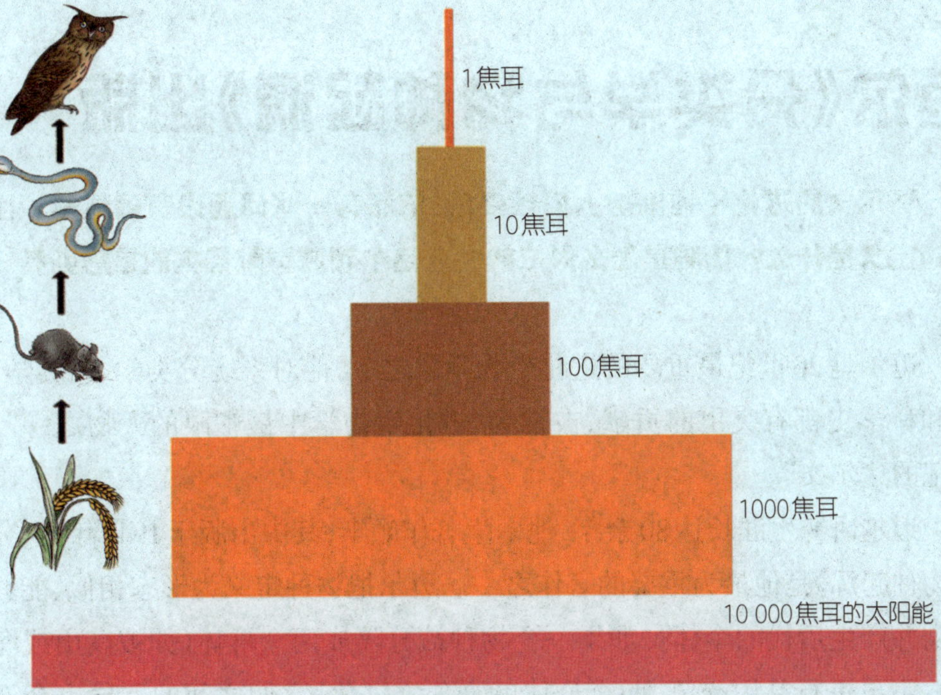

食物链和能量金字塔Ⓢ

根结底，都来自绿色植物的光合作用。光合作用是地球各种生命的能量之源。

自然界中的食物链情况非常复杂：由于许多动物不只吃一种食物，同一种食物又被不同的动物所食用，食物链常常分叉交错，形成或大或小的网络，这就是食物网。例如，在南极海域，从最基础的浮游植物到位于食物链顶端的鲸，构成了一个复杂的食物网。这种网状结构与单一食物链比起来，更加稳定，不易崩溃。但是，食物网中每种生物一旦数量有变，都会造成多方面的影响。

1942年，林德曼进一步研究后发现，生态系统中能量的流动和传递关系也类似，即只有1/10—1/20的能量发生了传递。如果把这种能量转换关系直观地标注在图上，就可以作出一个类似金字塔的图形。因而，生态学家又将这个理论称为“能量金字塔”。

遗憾的是，就在研究论文刊出前，林德曼于1942年6月29日因病去世，年仅27岁。他的工作开启了一个新时代，使生态学研究从定性走向定量，为后续关于群落中能量流动的研究奠定了基础。后来，美国海洋和湖泊学会设立了雷蒙德·林德曼奖，每年颁发一次，奖励写出优秀论文的年轻科学家。

1942年

迈尔《分类学与物种起源》出版

达尔文的进化论逐渐被人们接受后，依然有一些问题没有搞清楚。比如物种的定义是什么？物种是怎么形成的？在这个领域贡献最大的是恩斯特·迈尔。

迈尔是20世纪最重要的进化生物学家之一，他对系统分类学、鸟类学、博物学和科学史都有突出的贡献，被誉为“进化生物学中最耀眼的人物之一”和“20世纪的达尔文”。

迈尔研究生涯长达80余年，他一生著作颇丰，其中出版于1942年的《分类学与物种起源》是他最为重要的著作之一。迈尔把物种定义为形态相似、能够相互交配并产生后代的个体。如果一个物种被分隔成两个群体（如被高山或海洋分开），不再进行基因交流，两个群体就会独立进化，它们之间的差异也会不断增大，当两者的个体不能繁殖后代时，新的物种就诞生了。这很好地解释了达尔文所发现的在相互隔离的岛屿上，动物具有共同祖先的原因。迈尔还把新系统学、进化和群体遗传学综合在一起，这使他成为“现代综合进化论”的奠基者之一。

在100岁高龄的时候，迈尔依然在《科学》杂志发表论文，回顾自己一生的研究生涯、进化生物学80年来的进展。在结语处，他深情地写道：“对活跃的进化生物学家们而言，这些新近完成的研究带来了一个鼓舞人心的消息：进化生物学研究是一个无尽的前沿，仍然有很多未知的东西等待被发现。我唯一的遗憾就是，我已经不能陪伴诸君去享受这些未来的发展了。”次年，迈尔与世长辞。他的去世“标志着一个时代的终结”。

隆起的高山对蝴蝶形成地理隔离导致物种分化Ⓢ

1943年
德尔布吕克和卢里亚发现细菌的自发突变现象

由于青霉素的"崛起",用噬菌体治疗细菌性疾病的方法在很多国家被淘汰了。然而,噬菌体在科学研究中仍颇有用武之地。一大批才华横溢的科学家形成了一个小圈子,用噬菌体为材料,解决了很多遗传学难题,"突变是如何产生的"就是其中最重要的一个。而这一切要从一个物理学家的"跳槽"讲起。

德尔布吕克Ⓦ

德国科学家德尔布吕克最初学习的是天体物理学,但他之后敏锐地转向了新兴的、更激动人心的量子力学。

1931年夏天,德尔布吕克前往哥本哈根,接受丹麦物理学家玻尔的指导,还遇到了奥地利—美国物理学家泡利。这两位大师使德尔布吕克对生物学产生了浓厚的兴趣。玻尔认为生物现象可能与物理学的互补原理相似,他后来在1938年8月的一次国际会议上提出,生命过程是物理过程和化学过程的互补。

1937年,德尔布吕克终于获得投身生物学的机会——洛克菲勒基金会赞助他在加州理工学院的摩尔根实验室研究果蝇。但到达那里后,德尔布吕克接触到了噬菌体,他马上认识到了噬菌体的重要性,并转向这一领域。由于具有深厚的物理学背景知识,他仍习惯用物理学来做类比:噬菌体之于生物学就相当于氢原子之于物理学。

两年后,德尔布吕克发表了首篇关于噬菌体的论文,而基金会的赞助也到期了。但基金会设法安排他到范德比尔特大学执教。他在1940—1947年教物理学,同时拥有一间生物学实验室。正是这一巧妙、合理的安排,使德尔布吕克能够继续生物学研究。

大约在1940年,德尔布吕克在一次会议上结识了意大利—美国微生物学家卢里亚。第二年,后者拜访德尔布吕克,开始合作研究。

卢里亚Ⓦ

1940年代早期，遗传学家们还没有解决长期争论的问题：突变是如何产生的。一种观点认为，突变是生物为适应特定环境（如化学药物、高温）而产生的，环境变化了，就会诱导部分生物个体产生突变，形成与环境相适应的性状，好像突变是环境"驯养"出来的。对细菌而言，正是有了噬菌体的存在，才产生了抗噬菌体的突变菌。

另一种观点则相反，认为突变是自发产生的，突变所产生的性状与环境因素没有对应关系，环境因素仅起到选择的作用。也就是说，细菌会产生各种各样的突变，在有噬菌体时，只有抗噬菌体的细菌才能存活。

1943年，德尔布吕克和卢里亚设计了巧妙的实验来检验以上两种观点哪种正确。他们将大肠杆菌分成几组，先培养一段时间，再分别用噬菌体处理，最后检测每组能产生多少抗噬菌体的菌落。可以想象，如果突变是被环境，也就是噬菌体"刺激"产生的，那么各组的抗噬菌体菌落数量应该差不多。

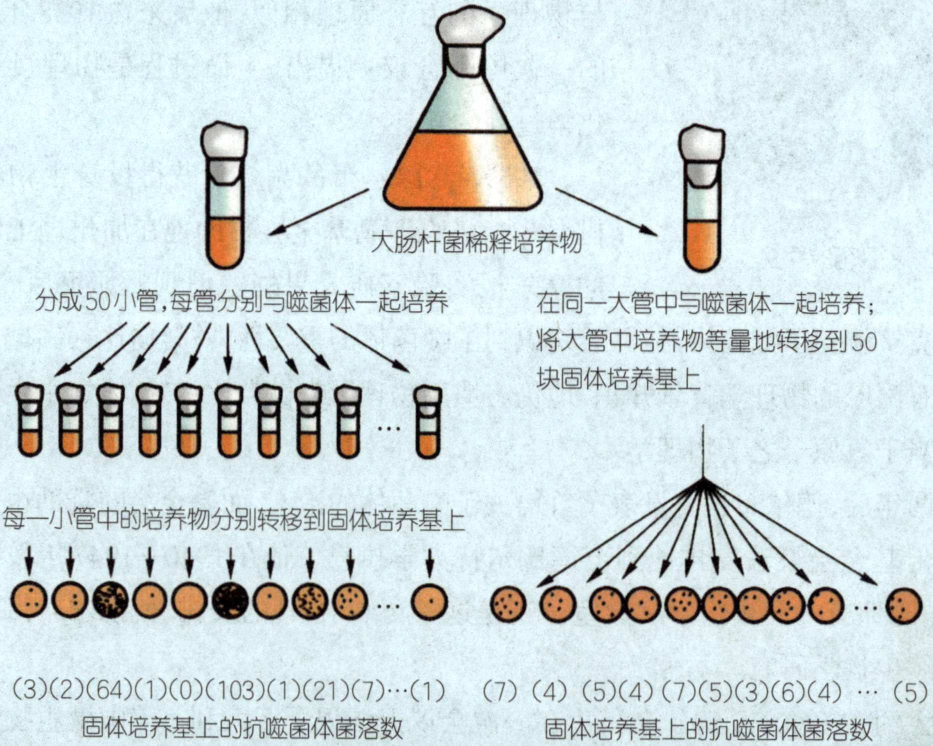

证明细菌自发突变的实验Ⓢ

但实验结果显示，各组存活的菌落数差异极大，有的很多，有的很少。这正说明细菌抗噬菌体的突变是在接触环境前，在某次细胞分裂过程中自发产生的。为什么呢？原来，有的组内某些细菌自发突变发生得早，分裂成更多抗噬菌体的细菌，最后检测到的菌落就多，反之则少。噬菌体其实只起到淘汰无抗性细菌、留下抗性细菌的作用。

同年，另一位噬菌体专家、细菌学家赫尔希应德尔布吕克的邀请到范德比尔特大学访学。以他们三人为核心，形成了“噬菌体小组”，而德尔布吕克是当之无愧的领袖。1969年，他们因发现病毒的遗传结构、复制机制和基因结构共同荣获诺贝尔生理学医学奖。

“噬菌体小组”的其他重要成员还包括卢里亚的博士研究生、后来发现DNA双螺旋结构的沃森，1975年获诺贝尔生理学医学奖的杜尔贝科，核链式反应之父齐拉和核物理学家莫里森等。

“噬菌体小组”的三位核心成员的学术背景不同，使他们可以对某一个问题进行多方位的集中研究。物理学与数学的思想和方法对生物学的渗透也是小组的重要特征。

虽然在多数情况下，他们是独立工作的，但保持着密切的联系，互相启发。“噬菌体小组”能提出极为新颖的方法；小组成员对彼此的工作持强烈的批判态度，能够刺激更多的新想法；小组容易接纳新成员，有助于吸收不同的方法和思路，碰撞出火花。这些都是小组获得巨大学术成绩的重要因素。

“噬菌体小组”还有一个重要“遗产”。1945年起，德尔布吕克等人在冷泉港实验室设立噬菌体课程，在众多生物学家间推广小组的物理学和数学方法。课程一直持续到1960年代，许多未来的分子生物学领军人物都参加过噬菌体课程的学习。

世界著名的生命科学研究基地美国冷泉港实验室。

1944年

薛定谔《生命是什么?》出版

20世纪后半叶生物学的飞速发展,特别是分子生物学、遗传学日新月异的变化,离不开物理学、化学的进步。许多物理学家、化学家积极投身到生命科学的研究中,这在很大程度上要归功于奥地利理论物理学家薛定谔所写的一本小册子《生命是什么?》。

薛定谔Ⓦ

早在1930年代,已经有个别顶尖物理学家转投生物学研究领域。德尔布吕克与遗传学家季莫费耶夫-列索夫斯基、生物物理学家齐默尔合作,从量子理论的角度研究辐射与基因突变的关系,提出了“基因的量子力学模型”。

德尔布吕克等人的工作对薛定谔也有很大启发。当时薛定谔已经功成名就,于1933年荣获诺贝尔物理学奖,是公认的量子力学创始人之一。可他不为声名所累,勇敢地跨越学科界线,思考生命的本质。

1944年,《生命是什么?》出版,展示了物理学家眼中的生命科学图景。薛定谔说:“这样的综合是有风险的,但在学科越来越专门化的今天,必须要有人冒着风险,把已知的知识综合为一个统一体。”

该书共分7章,重点讨论了德尔布吕克模型、突变、熵等问题,运用热力学和量子力学理论来解释生命的本质。薛定谔还大胆预测了遗传信息的传递和遗传密码等问题,后来都被一一证实。

《生命是什么?》在年轻科学家中产生了巨大而深远的影响,被誉为从思想上“唤起生物学革命的小册子”,“促使许多富有创造力的头脑被遗传机制和生命本质的奥秘所吸引,从而投身其中”。这些年轻科学家中最著名的是DNA双螺旋结构的发现者克里克,DNA结构的另一位发现者沃森也表示,自己对生物学的兴趣很大程度上源自《生命是什么?》。可以说,薛定谔是当之无愧的分子生物学革命的先驱。

1944—1952年
埃克尔斯等阐明神经信号的电传导机制

神经系统是人体最重要的组成部分之一。它能够感知外界环境或躯体内环境的改变，并发出指令使机体做出适当的调节或应答。人类之所以能适应环境、认识环境进而改造环境，全都仰仗于我们所拥有的这套高度发达的神经系统。然而，无论是外界环境所输入的信号，还是引导躯体运动的指令，究竟是通过怎样的方式在神经系统内传递的呢？

今天我们已经知道，神经信号有电传导和化学传导两种形式。其中，电传导现象更早被人类发现。早在1771年，意大利医生、物理学家伽伐尼发现死蛙的腿部肌肉在电刺激下抽搐，仿佛这腿自己活了过来一般。以此为契机，科学家不懈努力，不仅发现了生物电，还确认生物体产生的电流与普通电流是一样的。

之后，虽然科学家明确了电是神经信号传导的基础之一（直至20世纪初化学传导被发现之前甚至被认为是唯一的传导方式），但依然不能回答“神经信号如何传导”这个问题。要探讨这个问题，必须要能够对神经元（即神经细胞）进行直接操作才行。可是，神经元太小了，没法直接测量其中的电流。幸好，微电极适时出现，为科学家打破了这个技术壁垒。

首个成功将微电极插入神经元并记录下突触后电学反应的人，就是澳大利亚神经生物学家埃克尔斯。他在1944—1951年进行了实验，发现当微电极在突触前神经元中注入一个小电流后，会在突触后神经元上形成一个兴奋性的突触后电位（即产生电活动），而这种电位累积到一定程度时，就会令突触后神经元形

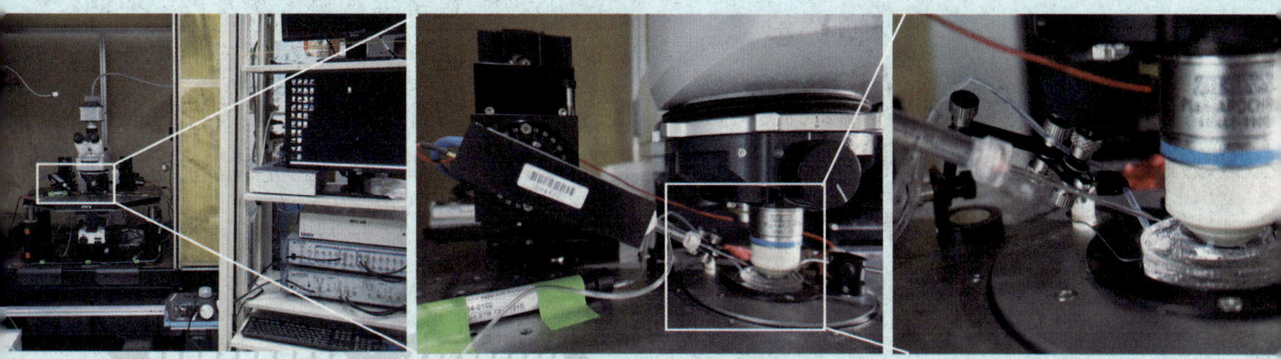

一套电生理系统实验仪器①

成动作电位(即实现一次完整的放电活动),并引起肌肉收缩。有趣的是,当他在另一个突触前神经元注入电流后,突触后神经元上形成的又是抑制性的突触后电位。抑制性突触后电位可以抵消兴奋性突触后电位的作用,从而达到抑制肌肉收缩的作用。这个实验为早年著名英国生理学家谢灵顿所提出的神经元交互支配理论提供了强有力的证据。

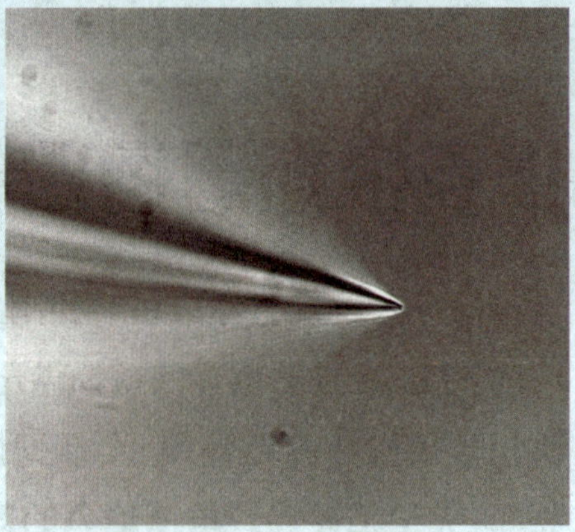
显微镜下的微电极⓪

几乎在同一时期,英国生理学家艾伦·霍奇金和他的学生安德鲁·赫胥黎也进行了类似的实验。1946年,他们把玻璃微电极插入枪乌贼的巨大神经元轴突内测量细胞膜内外的电位差。一般说来,动物的动物神经元轴突只有几十微米粗,可枪乌贼巨大神经元的轴突直径能达0.8毫米,肉眼就能看到,是研究神经传导、细胞膜电位差的绝佳材料!“微”电极加“巨”神经,就像把神经元内的活动做了双重“放大”。就这样,霍奇金和赫胥黎不仅记录下了神经元细胞膜的电位变化,还基于研究结果,提出了假说:动作电位是由细胞膜上的一系列离子通道顺序开放导致的离子流动而引起的。

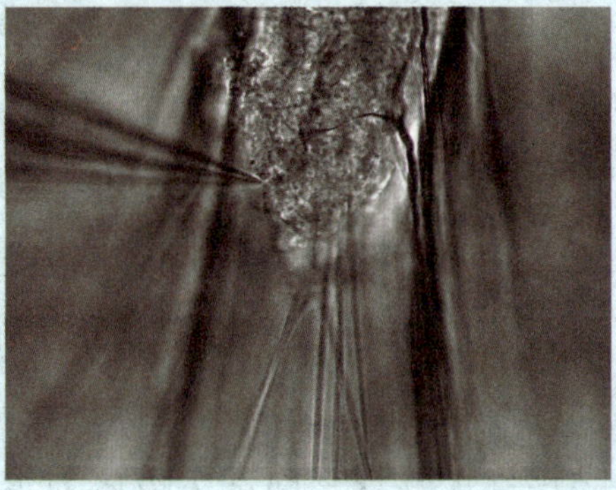
微电极正对果蝇感觉神经元记录⓪

1952年,霍奇金和赫胥黎发表了他们的研究成果,而这一假说在之后不久就被证明了。至此,神经信号的电传导机制终于得到了阐明,而埃克尔斯、霍奇金以及赫胥黎三人也因为他们在这一机制的发现过程中作出的巨大贡献,而一起分享了1963年的诺贝尔生理学医学奖。

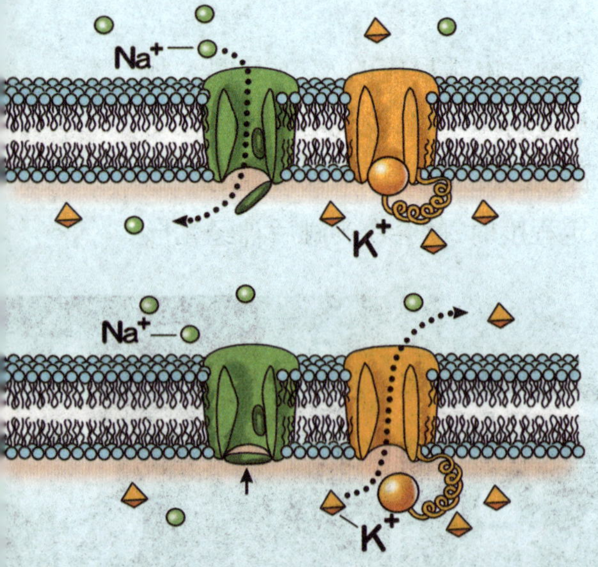

钠—钾离子通道　钠离子通道(绿色)和钾离子通道(黄色)的开和关,决定钠离子和钾离子进出细胞膜。⓪

1946—1952年

莱德伯格等发现细菌之间能交换基因

细菌是最简单的生命形式之一，在很长一段时间内，科学家一直认为细菌的繁殖也非常简单，只是细胞一分为二而已。可事实真的如此吗？

生物学新人莱德伯格1944年刚本科毕业，他大胆质疑主流观点，并着手验证。不过，实验没取得多少进展，他写信给遗传学家塔特姆，希望能合作研究。塔特姆欣然同意，担任莱德伯格的导师。

他们选择营养缺陷型大肠杆菌进行实验。正常情况下，大肠杆菌能在基本培养基上生长。所谓“基本”，就是只提供最基础的营养物质，其他营养物质则靠大肠杆菌自身合成、自给自足。但是，“营养缺陷型”大肠杆菌是一群“病人”，它们无法合成某些营养物质，要在基本培养基中添加相应物质才能生长。营养缺陷型有很多种类，有的细菌需要补充A物质，有的需要补充B物质，有的甚至需要同时补充多种物质。如果细菌只会一分二、二分四地无性繁殖，没有基因的交流，那么，即使将不同的营养缺陷型细菌混在一起，它们也无法在基本培养基上生长。

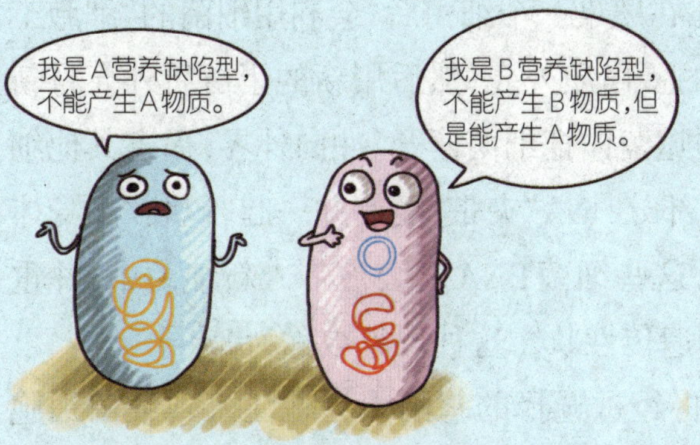

1946年，莱德伯格和塔特姆发现，把几种不同营养缺陷型大肠杆菌混合培养时，没有外加任何营养物质的基本培养基上竟然长出了菌落。他们排除了基因突变使营养缺陷型菌“恢复健康”等因素后，唯一合理的解释就是，相互接触的细菌们交换了基因，“弥补”了

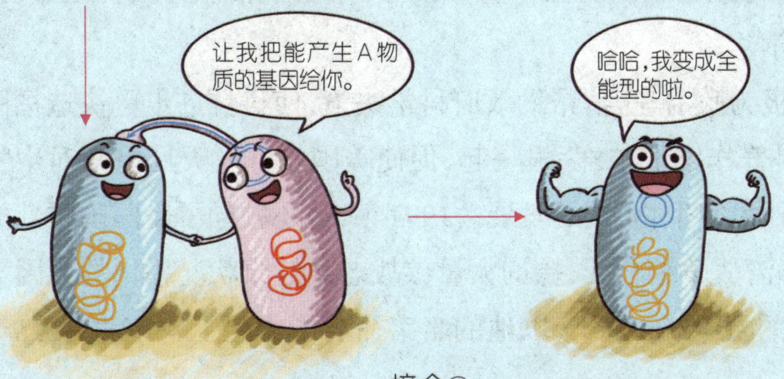

接合Ⓢ

"营养缺陷",这一过程被称为"接合"。

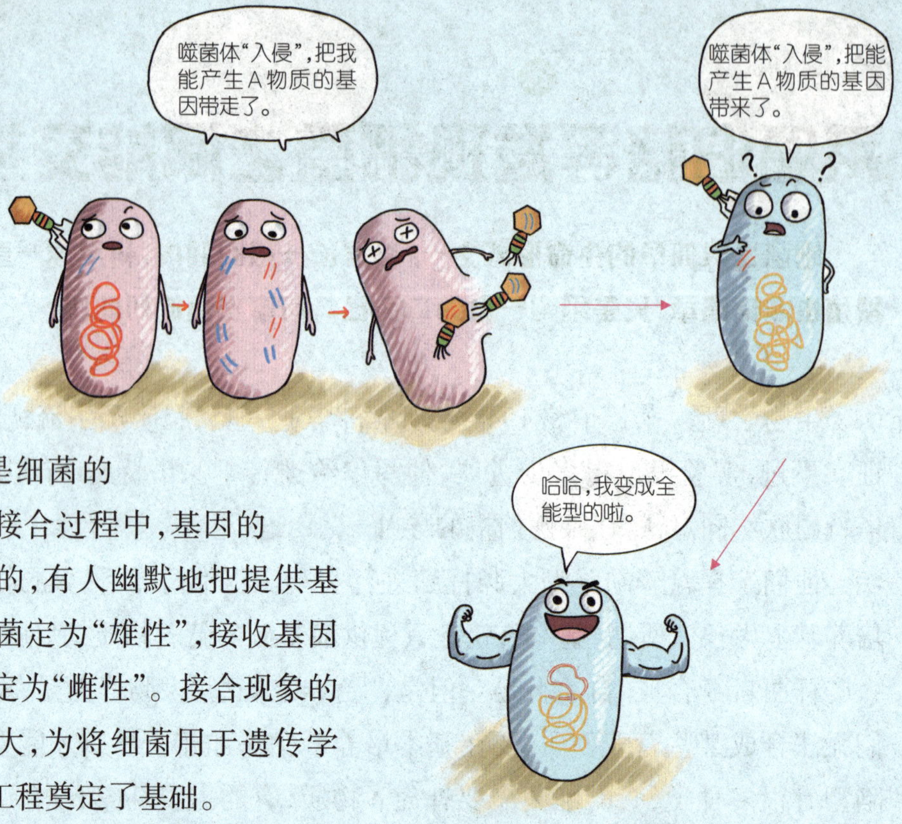

转导Ⓢ

后来进一步证明,大肠杆菌也有性别之分,接合就是细菌的有性繁殖。接合过程中,基因的流动是单向的,有人幽默地把提供基因的大肠杆菌定为"雄性",接收基因的大肠杆菌定为"雌性"。接合现象的发现意义重大,为将细菌用于遗传学研究及基因工程奠定了基础。

1952年,莱德伯格等人又发现了另一种细菌间进行基因交流的现象。噬菌体在感染一个细菌后,会利用细菌的"细胞工厂"复制噬菌体的DNA,表达噬菌体的蛋白质外壳,然后用新的蛋白质外壳将新的DNA"包装"起来,最后大批新生的噬菌体把细菌撕开,冲向外界,祸害其他细菌。但是有时候,噬菌体会把细菌的部分DNA"夹带"复制并一起"包装"到身体里。当新的噬菌体感染其他细菌时,这些细菌DNA就会被带入新细菌中,并重组到细菌的DNA上,使细菌获得新的遗传性状。这种现象被称为"转导"。

从此,科学家可以利用噬菌体,将经过选择的基因人为地注入到细菌细胞中,实现实验室条件下对细菌基因的操作。1958年,莱德伯格、塔特姆等三人共享了诺贝尔生理学医学奖。

莱德伯格一直积极为政府建言,帮助政府科学决策,使科技进步更快造福民众。他与天文学家、科普作家卡尔·萨根一起,促使美国航空航天局提高对生物学的重视程度,推进"外太空生物学"的发展。1994年,他还领导了美国国防部的特殊任务小组,调查海湾战争综合征,探询大量参战老兵健康状况恶化的原因。

为纪念莱德伯格的贡献,2012年,以他的名字命名了火星上一座直径87千米的大环形山。

1946—1978年

刘易斯等发现控制早期胚胎发育的遗传机理

1946年,美国遗传学家刘易斯在美国加州理工学院开始研究果蝇突变。多年后,他发现了一种奇特的“四翅果蝇”。普通果蝇只有一对翅膀,而四翅果蝇却有两对。仔细观察后他发现,真正产生变化的是果蝇的体节:不长翅膀的第3胸节变成了长翅膀的第2胸节!

刘易斯发现,控制果蝇体节发育的是一串基因,它们在染色体上排列的次序与其所控制的体节的次序一致,即前面的基因控制头部发育,中间的基因控制腹部发育,最后的基因则控制尾部发育。像四翅果蝇那样,身体一部分结构转变为另一部分相似结构的情况被称为“同源异型转变”,相关基因则称为“同源异型基因”。

后来科学家发现,除了果蝇,在小鼠和人中,都有同源异形基因。它们编码的蛋白质结合到DNA上,调控其他某些跟发育有关的基因的表达。如果它们发生突变,就会导致动物的尾巴不见了、四肢没有了等严重后果,突变体多数活不下来,突变的基因也没法传给下一代。所以,不仅同一物种中同源异形基因几乎不发生改变,在截然不同、有共同祖先的物种中,同源异形基因中的某些序列也是相似甚至相同的。科学家用“保守”来形容类似这样的进化“静止”的序列。

受刘易斯启发,德国生物学家尼斯莱因-福尔哈德和美国发育生物学家维绍斯潜心搜寻控制胚胎早期发育的基因。1978年,他们找到了5000多个与发育相关的基因,其中有的基因还可以调控同源异型基因的表达。

刘易斯、尼斯莱因-福尔哈德和维绍斯的研究揭开了胚胎早期发育的遗传秘密,为此,他们共享了1995年诺贝尔生理学医学奖。

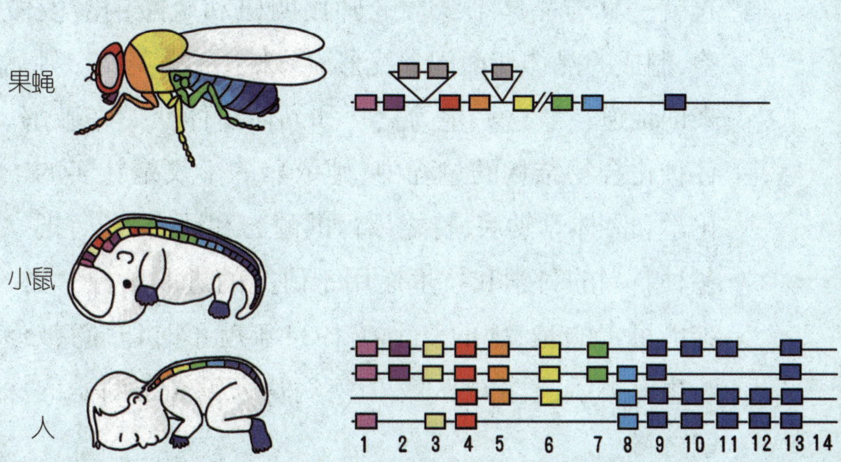

同源异型基因在染色体上的排列次序和它们负责的体节Ⓢ

1949年
霍奇金测定青霉素的结构

早期，人类手上能对抗细菌感染的药物非常有限，青霉素诞生之初，被视为"灵丹妙药"，因为它确实将不少人从死亡线上拉了回来。第二次世界大战期间，由于战争需求，青霉素的研究和生产得到了迅速发展，可产量太低。因此，英国政府希望能用化学合成的方法，更高效地制备青霉素。其中的关键点在哪儿呢？

要制备青霉素这样当时看来已很复杂的分子，需要明确它的结构，才能设计出正确的合成方法。而测定结构的重要手段之一，就是X射线衍射技术。

当时，晶体学仍是一门相对较新的交叉科学，需要数学、物理和化学等多方面的知识。特别是X射线衍射等前沿技术的应用，对实验和理论计算能力都有很高的要求。

青霉素分子Ⓨ

英国化学家多萝西·霍奇金应用X射线衍射技术分析了各种青霉素晶体，并根据衍射图样进行大量计算推导，终于在1945年精确测定了青霉素分子的结构，并于1949年发表论文。

霍奇金从小学起就一直与晶体结缘。老师用明矾和硫酸铜溶液做实验，制成的晶体切面闪着光彩，像珠宝一样美丽。她后来回忆道："我这一生为化学和晶体所俘获。"在破解各种化合物结构的过程中，她依靠的不仅是扎实的化学和晶体学功底，持之以恒的耐心和毅力，还有把各种新兴的科学和技术运用于研究的进取精神。更难能可贵的是，她的双手在1934年就不时作痛，被诊断患有类风湿性关节炎，但疾病从来没能阻断她的探索之路。

多萝西·霍奇金Ⓦ

除了青霉素外，霍奇金的名字还与两个重要的分子联系在一起：维生素B_{12}和胰岛素。她曾率先运用当时非常“新潮”的计算机，于1957年测定了维生素B_{12}的结构。这是当时测定的结构最庞大、最复杂的化合物，为研究其他复杂分子开辟了道路。胰岛素结构的成功发现则经历了许多年的努力。1934年，霍奇金在牛津萨默维尔学院任教，她在那里首次制备了胰岛素分子结晶。但胰岛素的分子结构实在太复杂，直到1969年，她才利用最新的高速计算机成功测定了猪胰岛素的结构。1964年，她因在重要生物化学物质结构分析方面的成就荣获诺贝尔化学奖。

霍奇金是中国人的老朋友，曾8次访华。中国最早研究胰岛素的科学家如梁栋才，就在牛津大学她的实验室工作过。她1960年代访华时，还摊开一张张从牛津带来的电子密度图，与中国科学家的图仔细比对，手执铅笔亲自记录。1970年代，她在国际晶体学大会上热情介绍中国的胰岛素研究，在《自然》杂志上发文，赞扬北京小组的图“是迄今为止最精确的……今后可能长时间一直如此”。1993年国际晶体学大会在北京召开时，霍奇金已经83岁，身体很差，但仍坚持参加了大会。她为中国晶体学界走向世界，作出了巨大的贡献。

霍奇金希望全世界科学家都能坐在一起，共同研究，共同前进。虽然她曾因同情社会主义，自1953年起就被禁止进入美国，此后入境都需要中央情报局特批，但这无法阻碍她推动科学进步，促进学术交流。除中国外，她还热情地帮助加纳、印度等第三世界国家的科研活动。此外，她不遗余力地在需要的地方倡导和平。1976年，多萝西成为帕格沃什会议的主席，这个会议最早由科学家组成，以《罗素—爱因斯坦宣言》为基础，反对核武器的研制和应用。

1994年，多萝西·霍奇金去世。次年，在牛津大学为她举行的纪念会上，英国化学家、诺贝尔奖得主佩鲁茨于致辞中写道：“正如她的X射线照相机展露了事物粗糙表面下的内在美，她待人的温暖与亲切展露了人们内心深处某种隐藏的善良……多萝西将作为一位伟大的化学家，一个圣洁、宽容、温柔地爱着世人的人，一个和平的热情倡导者，而被世人怀念。”

牛津萨默维尔学院©

1949—1953年
伯内特和梅达沃提出获得性免疫耐受学说

第二次世界大战期间，士兵遭大面积烧伤成为一个严重问题。医生把志愿者捐献的皮肤移植到伤员身上，但移植的皮肤很快脱落。这究竟是怎么一回事呢？如何才能解决这一难题？

梅达沃Ⓦ

当时，英国医学研究委员会鼓励科学家与临床医生一起工作，研究那些最紧迫的临床问题。生物学家梅达沃被派到格拉斯哥皇家医院，探究皮肤移植技术。

梅达沃与整形外科医生吉布森一起制订了研究方案。他们尝试在一位烧伤病人身上，移植她自己和她兄弟的皮肤，观察两者差异。

梅达沃发现，大约一周后，来自伤者兄弟的皮肤脱落了，也就是说，受到了“排斥”。在显微镜下，明显可以看到脱落的皮肤中有大量与炎症反应相关的细胞，而且细胞数量与排斥的强度成正比。从伤者自己身上移来的皮肤则生长良好，也没有观察到炎症细胞。这其实是一种免疫反应，免疫系统能识别“自己”和“非己”，并积极将“非己”的东西——例如别人身上移植来的皮肤——“排除”掉。

伯内特Ⓞ

更令梅达沃等人吃惊的是，伤者第二次再接受她兄弟的皮肤移植时，排斥加速，只过了两三天皮肤就开始脱落。这种“记忆”和“加速”现象，显然与免疫系统的“学习”能力很相似。

梅达沃之后独自对几百只兔子进行皮肤移植，证实了二次移植后，皮肤“加速”脱落的现象，首次确认排斥与免疫有关系。

几年后，育种专家向梅达沃请教，怎样才能精确鉴

发生血流交换的同胎小牛免疫系统互不排斥Ⓢ

定同卵双生牛和异卵双生牛。梅达沃根据先前的经验认为，只有同卵双生牛的皮肤才能互相移植，异卵双生牛相当于“兄弟姐妹”，会产生排斥现象。然而，实验结果令人大跌眼镜，“龙凤胎”明显是异卵双生，可皮肤移植并未发生排斥。

梅达沃赶紧查阅文献，发现澳大利亚免疫学家伯内特已经在1949年，提出了一个解释假说。伯内特认为，双胞胎在胚胎时期大多会发生血流交换，而此时免疫系统正在学习识别属于“自己”的成分，因此会把遇到的物质视作自己的一部分，以后再遇到就不会发生排斥，也就是产生了“免疫耐受”。他进一步提出“获得性免疫耐受”的概念，认为让动物胚胎接触其他物质，以后就会对该物质产生耐受性。

但伯内特没有提出验证的方法。1953年梅达沃设计实验：将白鼠脾细胞注入怀孕灰鼠的子宫内，让灰鼠胚胎“接触”白鼠。等小灰鼠出生、长大后，再将白鼠皮肤移植给它。结果，皮肤移植没有发生排斥，这证明“获得性免疫耐受”的确存在。

双胞胎相互间有“免疫耐受”Ⓨ

伯内特和梅达沃的发现说明，器官移植是可以实现的，也极大地推进了对免疫系统的认识。1960年，他们分享了诺贝尔生理学医学奖。

值得一提的是，当时，梅达沃连博士学位都没有。他当年的博士论文，其实已通过评审，但他本人最终认为这些研究“从各方面看都空洞无物”，决定放弃申请。他虽然没有获得正式的博士学位，但由于贡献杰出，获得了许多世界一流大学的荣誉博士学位。在一个学术界略显浮躁的年代里，他严谨的治学态度尤其值得我们学习。

1950年
鲍林提出蛋白质的α螺旋结构模型

鸡蛋煮熟后，蛋清、蛋黄都凝固了。原来，鸡蛋中大部分都是蛋白质，它们的功能往往和自身空间结构相关。被煮熟后，蛋白质的空间结构被破坏，科学家称这种现象为“变性”。由于蛋白质空间结构的重要性，很多科学家都投入这方面的研究，那么该用什么方法来测定结构呢？

要解开生物分子结构的谜团，必须依赖物理和化学的先进技术。1930年代中期，洛克菲勒基金会决定将资金优先投向生物学研究。美国化学家鲍林当时已经在化学键理论和化合物结构阐释方面作出了重大贡献。他考虑到洛克菲勒基金会的调整，以及加州理工学院生物学科的蓬勃发展，决定会会生物大分子这些“新朋友”。

他与生物学家合作，分析血红蛋白的结构。实验表明，血红蛋白在得氧和失氧状态下结构不同。为了精确测定这两种状态下血红蛋白结构的差异，鲍林采用了自己非常熟悉的X射线衍射法。

1950年，他根据化学理论和血红蛋白的衍射图谱，推断其中的肽链呈螺旋状排列，这就是最早的蛋白质α螺旋结构模型。后来大量实验证明，α螺旋是蛋白质中最主要的二级结构形式。

鲍林Ⓦ

蛋白质如何保持自己的结构呢？在α螺旋中，氨基酸残基侧链伸向外侧，相邻螺线之间形成氢键，使得这种结构保持稳定。鲍林后来还发现另一种被称为β折叠的结构，它是由伸展的多肽链组成的并排的结构，排与排之间也通过形成氢键保持稳定。氢键正是维持蛋白质结构和相应功能的关键之一。1954年，鲍林因在化学键和解释复杂分子结构方面的贡献，荣获诺贝尔化学奖。

鲍林曾试图解开DNA结构之谜，但由于未能获得清晰的X射线衍射照片而错误地认为DNA是三螺旋结构的。

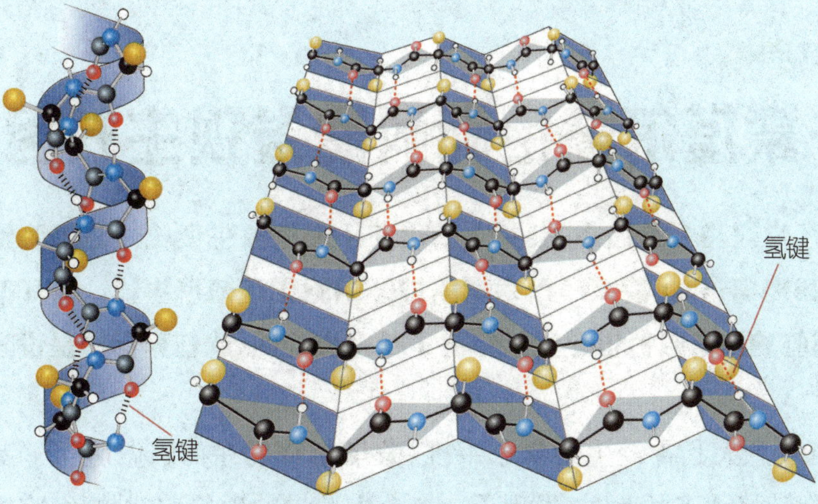

蛋白质的α螺旋结构(左)与β折叠结构(右)Ⓢ

1952年,英国生物物理学家富兰克林已经得到了世界上最佳的DNA衍射照片,但当时鲍林因被指"同情共产党"未能获准前往英国参加学术会议,错过了亲眼看见照片的机会。几周后,在各方努力下,他终于抵达英国,但最终没有选择去富兰克林的实验室交流参观。之前的风波对鲍林的判断到底造成多少干扰,成了永远的谜团。一年后,沃森和克里克在富兰克林衍射照片的基础上揭示了DNA的结构。

自幼嗜书如命、涉猎广泛的鲍林,在化学和生物学的许多领域都取得了不少成就,例如酶催化反应机理、抗原与抗体结构互补性原理、DNA复制的互补性原理、基因突变导致的遗传病,以及精神病分子学等。

受妻子的影响,鲍林成为了和平主义者。第二次世界大战期间,他虽然为常规武器解决了不少化学问题,但拒绝领导研制原子弹的曼哈顿计划的化学部门。1946年,他参加了爱因斯坦任主席的"核科学家紧急委员会",1955年联名签署《罗素—爱因斯坦宣言》,呼吁科学家应共同反对发展核武器,保卫和平。1957年5月,鲍林起草了《科学家反对核实验宣言》,该宣言在两周内就有2000多名美国科学家签名,在短短几个月内,就有49个国家的11 000余名科学家签名,包括36位诺贝尔奖获得者。1958年1月15日,鲍林把反对核实验宣言交给了联合国秘书长,向联合国请愿。同年,他写了《不要再有战争》一书,书中以丰富的资料,说明了核试验对人类的重大威胁。

在各界的压力下,核大国暂停了地面核试验。1962年,鲍林因反对核武器、反对战争获得诺贝尔和平奖。

1950年代

莱维-蒙塔尔奇尼和科恩发现生长因子

当你在学习乃至看这本书时，大脑也在不断地发生变化。除了频繁发出的化学信号和电信号，可能某个角落里的神经细胞正在悄悄生长。和其他细胞一样，神经细胞的生长发育也是由某些分子精密操控的，躲在幕后的是谁呢？

1952年，意大利神经生物学家莱维-蒙塔尔奇尼在美国做访问学者。她将鼠肿瘤细胞转移到鸡胚胎时，发现了一个令人惊异的现象：在肿瘤细胞周围长了一大圈神经纤维，挤占了其他组织生长的空间，甚至长到了静脉里！她意识到，肿瘤细胞产生了某种物质，能够大大促进神经的生长，她将这种物质称为神经生长因子(NGF)。

不久，美国生物化学家科恩加入了莱维-蒙塔尔奇尼的研究小组。1956年，他们从肿瘤细胞中初步提取出能促进神经生长的物质，其中含有蛋白质和核酸。为了确定NGF的成分，科恩用蛇毒去除核酸，结果发现促进神经生长的活性更强了，这表明蛇的毒腺中也含有NGF。科恩于1958年从蛇的毒腺和小鼠唾液腺中分离并提纯了NGF，并研究了它的结构与功能。原来，NGF是一种蛋白质，许多组织都能合成并释放NGF，从而诱导神经朝自己生长。

继NGF之后，莱维-蒙塔尔奇尼和科恩还研究了表皮生长因子(EGF)等。生长因子的发现和研究不仅对认识细胞生长、存活和分化机制具有重大意义，还为治疗老年痴呆等疑难病症带来了曙光。1986年，他们因发现生长因子而荣获诺贝尔生理学医学奖。

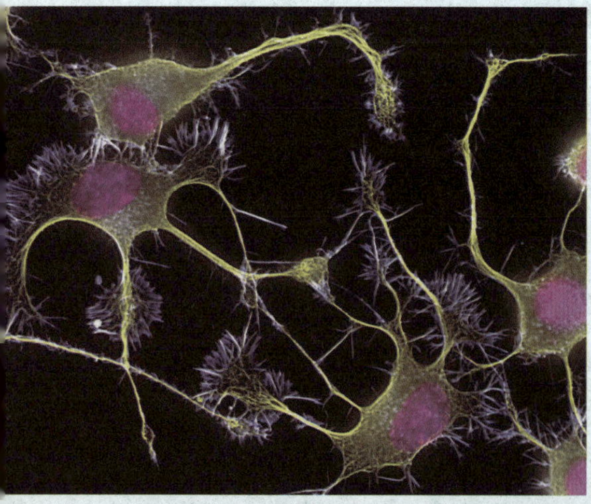

神经生长因子滋养下神经细胞生长©

虽然在美国的研究非常顺利，但莱维-蒙塔尔奇尼没有忘记自己的祖国。1961年起，她就往返美国和意大利，为意大利建立神经生物学研究中心。2001年，她被提名为终身参议员，一直在议会中支持科学发展。她于2012年12月31日去世，享年103岁，是最长寿的诺贝尔奖获得者。

1950年代—1990年代

卡次等阐明神经信号的化学传导机制

一个神经元与另一个神经元或肌肉细胞相接触的部位叫突触，这个概念最先由英国生理学家谢灵顿提出。一个神经元像参加接力跑的运动员一样，在突触处递出“接力棒”，即释放神经递质，神经递质再引起下一个神经元或相关结构的电活动。然而，神经递质是怎样合成、储存和释放的？它们怎么能在不到1秒的时间内出现、产生作用并消失？这些问题的解答与三位科学家的工作有关。

虽然在勒维和戴尔发现神经递质后，对于神经肌肉接头和化学递质作用机理的研究成为了神经生物学领域的一大热点，但是，神经元太小了，要研究它的电活动，需要很小很小的电极。于是，直到微电极技术出现，这个领域才迎来了下一个实质性进步。

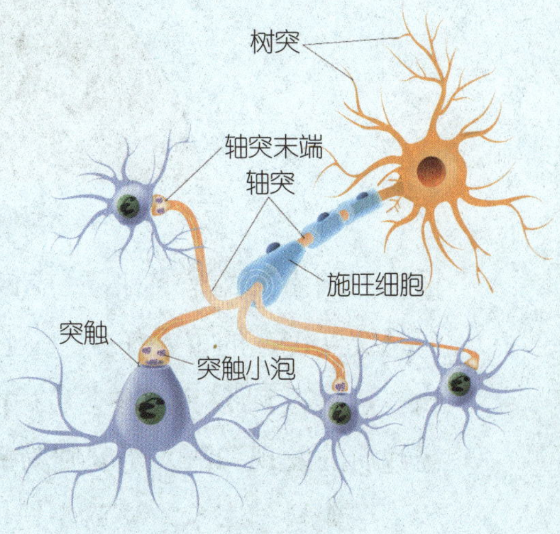

突触Ⓨ

德国—英国生理学家卡茨是一位深入研究突触和乙酰胆碱作用机制的科学家。他和同事在发表于1950年的一篇文献中说，他们将微电极插入神经元内进行记录，发现神经递质每次释放都有个最小的“量”，如果释放量增加，则其总量总是这个最小量的整数倍，仿佛神经递质就是装在有特定规格的“小包裹”里进行“投递”，此即所谓的“量子式”释放。

很快，就有科学家提出了突触囊泡的假说，认为这种“小包裹”是真实存在的，并且有一定的结构。不过，这种神秘而微小的结构直到差不多10年后才在亚细胞分离技术的帮助下展现于人们的眼前。在此期间，许多科学家对神经递质进行了广泛和深入的研究。其中，瑞典生理学家冯·奥伊勒发现了神经递质在神经突触末梢的合成和存储机制，美国生物化学家阿克塞尔罗德对神经递质的释放和回收机制进行了详细的阐述。1970年，他们和卡茨分享了诺贝尔生理学医学奖。

我们体内究竟有多少种不同的神经递质呢？这个问题目前还没有答案。但

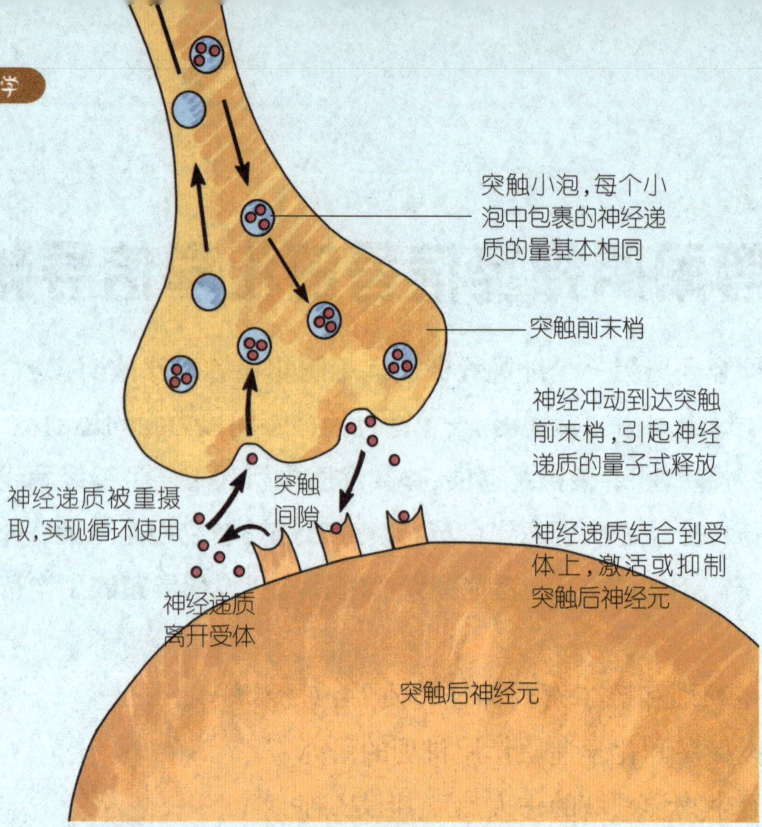

突触的神经递质量子式释放Ⓢ

根据目前掌握的信息来看，应该远远超过100种。神经递质承担着神经元之间信息交互传递的重要任务，一旦它们出现异常，就会引起各种神经性或精神性疾病。过去人们不了解这类疾病的病因，因此也没有什么有效的治疗方案。而神经递质的发现和深入研究则为此类疾病的患者带来了福音。

瑞典科学家卡尔松就是研究神经递质与相关疾病的先驱之一。首先，他在1957年证明了多巴胺是一种神经递质。此后，他又通过一系列动物实验证明了大脑中多巴胺水平的降低会影响运动控制，产生出类似帕金森病的症状，并且这些症状在补充左旋多巴胺之后能够得到缓解。基于卡尔松的研究，医学界开始使用左旋多巴胺治疗早期的帕金森病患者。时至今日，左旋多巴胺依然是帕金森病治疗领域中最常用的基本治疗药物。除了多巴胺之外，卡尔松还研究了另一种重要的神经递质5-羟色胺，并根据研究结果开发治疗抑郁症的药物。

除卡尔松外，1950年代—1990年代，美国神经生物学家格林加德研究了神经递质会让细胞发生哪些变化，另一位美国神经生物学家坎德尔则研究了突触和神经递质对学习、记忆的影响。

这三位科学家在神经系统信号传递方面的工作，使人们能更深入地理解神经系统的工作原理，为帕金森病、老年痴呆、记忆衰退等疾病的临床治疗提供了理论基础和重要提示。2000年，三位科学家共享了诺贝尔生理学医学奖。

1950年代—1970年代

斯内尔等发现控制免疫反应的细胞表面遗传结构

第二次世界大战期间，士兵经常因炮火大面积烧伤，需要移植皮肤，但移植经常失败。英国生物学家梅达沃在研究这个问题时，发现这是因为被移植者的免疫系统对移植物产生了“免疫排斥”。避免免疫排斥，不仅对皮肤移植至关重要，更是器官移植中需要解决的首要问题。而要避免排斥，就要理解其原理，那么科学家是如何发现排斥反应根源的呢？

1930年代，有科学家发现某些小鼠细胞表面存在一类与排斥反应有关的蛋白质分子，称为组织相容性2（H2）。1950年代，美国免疫学家斯内尔培养出一群只在编码H2的基因上有差异、其他基因都相同的小鼠。他用这些小鼠做了大量实验，最终证明小鼠间能否相互移植组织，就是由H2决定的。简单点说，H2相同的细胞组织，是“相容”的，一只小鼠可以把自己的皮肤或器官移植给另一只小鼠；而H2不相同的细胞组织，是“不相容”的，移植会发生排斥反应。H2的相关基因只存在于染色体上的一小块区域，这一区域被称为主要组织相容性复合体（MHC）。MHC基因非常复杂，使得H2种类多得不得了，因此任意两只小鼠的H2都是不同的，它们间进行皮肤或器官移植，几乎必定发生排斥。

1958年，法国免疫学家多塞发现人的白细胞抗原和决定这些抗原的基因。人白细胞抗原是一种细胞表面抗原，可以帮助人体识别自身细胞与外来异物。1970年代，美国免疫学家贝纳塞拉夫进一步发现，白细胞表面抗原也由MHC基因控制，并且能够遗传。人白细胞抗原不但与人体免疫反应的强弱密切相关，更直接影响着人体器官移植的成败。

1980年，贝纳塞拉夫、多塞和斯内尔因发现控制免疫反应的细胞表面遗传结构而共同荣获诺贝尔生理学医学奖。

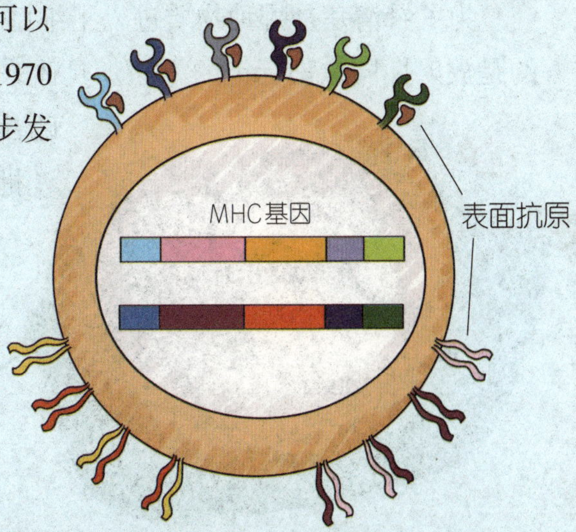

MHC基因决定细胞表面抗原Ⓢ

1952年

赫尔希证明DNA是遗传信息的载体

遗传物质究竟是蛋白质还是DNA？这一问题关系到人类对生命本质的理解，堪称20世纪生物学的最大论战。1928—1944年，英国微生物学家格里菲思和美国生物化学家埃弗里先后以肺炎球菌为实验材料，证明DNA是遗传物质，但人们对此仍半信半疑。几年后，最终的“决战”爆发了。

赫尔希Ⓦ

要证明DNA是遗传物质，最好的办法就是能直接“看到”DNA的传递，并且证明蛋白质没有参与其中。可是，各种常见生物，人、动物、植物，甚至微小的细菌都太复杂了，没法把其中的DNA和蛋白质分离开。

因此，1952年，美国冷泉港实验室的细菌学家赫尔希和他的女助手蔡斯决定利用最简单的生命——噬菌体进行实验。噬菌体结构简单，只有蛋白质外壳和里面的DNA。在感染细菌时，遗传物质必须被注入细菌中，才能“操纵”细菌复制噬菌体。因此，只要证明是蛋白质还是DNA进入细菌，就能解决谁是遗传物质的难题。

为了看清楚是哪种物质进入了细菌，需要使它们更“显眼”。赫尔希等使用的是放射性同位素标记的方法。具体来说，蛋白质含硫不含磷，DNA含磷不含硫，因此，用硫的放射性同位素硫35标记一批噬菌体的蛋白质，用磷的放射性同位素磷32标记另一批噬菌体的DNA。

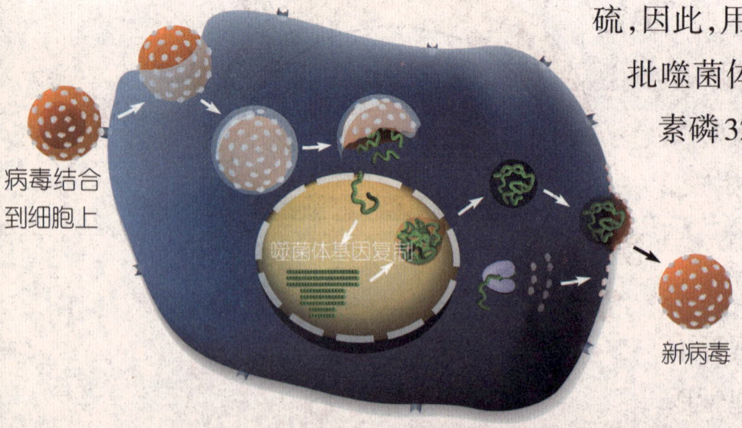

流感病毒利用宿主细胞复制产生新病毒Ⓨ

然后，用这两批噬菌体分别感染细菌，再用普通的厨房用搅拌器来搅拌混合物，力度要恰到好处，将细菌与附在其表面的噬菌体分离开，同时又不撕裂细菌。结果发现，具有放射性的DNA多数存在于细菌中，而具有放射性的蛋白质留在细菌外。于是，赫尔希等得出结论：噬菌体送到细菌里的物质是DNA，而不是蛋白质，正是DNA引起了随后在细菌内部发生的一系列变化。DNA就是遗传物质。

噬菌体感染实验又称赫尔希—蔡斯实验，对分子生物学的诞生和发展产生了极为深远的影响，从此，人们确认DNA就是遗传物质，并将遗传研究的重点从蛋白质转向了核酸。1969年，赫尔希、德尔布吕克和卢里亚因噬菌体研究而分享了诺贝尔生理学医学奖。

在赫尔希去世后，噬菌体小组成员之一、证明了DNA以半保留方式复制的美国分子生物学家斯塔尔说："有时候人们把我们称作噬菌体教会，德尔布吕克是教皇，卢里亚是勤奋的牧师，而赫尔希则是圣人。"

赫尔希获得了荣誉，然而，在实验方面贡献颇多的蔡斯很少为世人提及。赫尔希的实验室非常特别，当时仅有他们两人，实验室异常寂静，赫尔希几乎只用最少的话，通常是用手比划来指导蔡斯实验。不过，蔡斯与赫尔希的"奇怪"配合却异常完美，除了她觉得报酬过低外。1953年后，蔡斯离开冷泉港前往其他研究机构，但每年夏天会回来参加噬菌体小组的会议。遗憾的是，由于在个人生活上遭到一系列打击，1960年代末，蔡斯的研究生涯戛然而止。

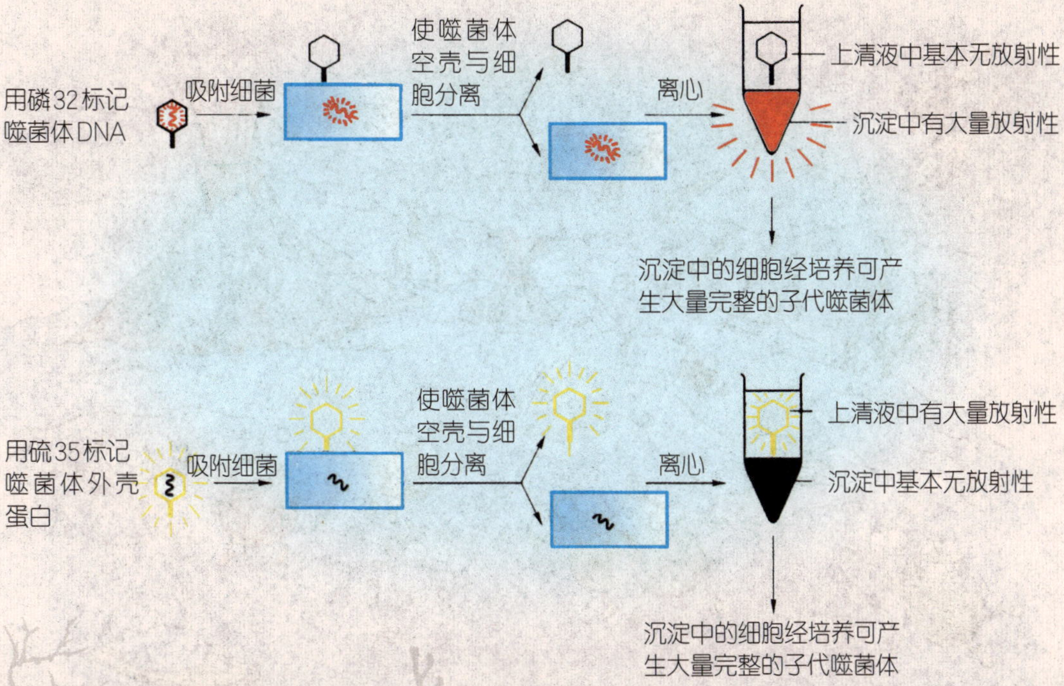

赫尔希设计的噬菌体感染实验Ⓢ

1953年
米勒实验模拟生命起源

生命是如何起源的？古时候人们认为，生命是由神创造的，而且不同的文化都有类似的神创造生命、创造人的传说，但随着自然学科的进展，神创论的观点已被逐渐抛弃；自然发生说则认为，生命可自发地由非生命物质产生，这一看法曾在17世纪被意大利生物学家雷迪用实验加以否定，而在法国微生物学家巴斯德著名的曲颈瓶实验后，人们也完全摒弃了自然发生说；近代还有人提出了宇宙胚种论，认为地球上的生命最初来自太空中，这种看法虽然很吸引人，也有一些观察结果，但目前尚缺乏令人信服的证据。

1924年，俄国生物化学家奥巴林出版了《生命起源》一书，提出地球诞生早期，有着含各种化合物的原始海洋，被称为"原始汤"，生命就起源于其中。在这碗"汤"中，有着甲烷、氨气和氢气等小分子物质。"汤"在地球早期环境的"炖煮"下，小分子不断碰撞、聚合，逐渐合成出不同复杂程度的有机分子。"煮"的时间越

"原始汤"中小分子合成大分子Ⓢ

长，生成的分子越大，最后逐渐聚合生成原始的蛋白质或核酸等生命大分子。生命大分子再形成具有生命现象的团聚体，最终形成真正的生命体。《生命起源》主要对生物学家产生了重大影响，而在化学领域则几乎没有引起太多关注，而且“原始汤”中的有机物在地球早期是如何合成的，一直悬而未决。

1950年，曾经因发现氚而获得1934年诺贝尔化学奖的科学家尤里，在美国芝加哥大学开设了一门讲授太阳系起源的课。他推测，地球早期的大气（称为原始大气）中，含有氢气、甲烷、氨气和水蒸气等大量还原性气体，但几乎不含氧气。原始大气通过特定的化学反应，可能会产生生命分子。尤里的学生米勒将尤里的设想付诸实验。1953年，他设计了一个独特的密闭设备，模拟生命起源之前的状况。一个玻璃球状仪器中加水，模拟原始海洋，给予特定的加热处理，模拟地球早期酷热的环境。米勒将必需的原始大气如氢气、甲烷、氨气等充入到另一个球状仪器，对混合气体进行高压电火花（模拟地球早期的雷电现象）处理，持续一周。一周后，他在产物中检测到7个氨基酸样的物质。在后续实验中，有更多种类的氨基酸生成了，其中蛋白质生成所需要的13种氨基酸都被成功鉴定。而完成这个实验时米勒才23岁。

尽管近年来米勒实验遭到了质疑，但米勒实验对生命起源研究有巨大的推动作用已是不争的事实。

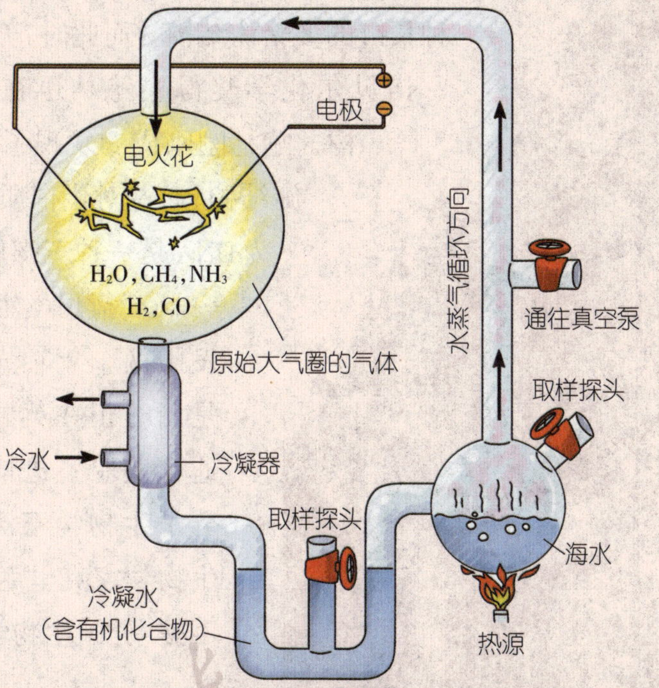

米勒实验图解Ⓢ

1953年

沃森和克里克提出DNA双螺旋结构模型

生命是什么？决定生命形态的“设计图”又是什么呢?2000年人类基因组草图的完成，让“基因”和“DNA”走入了我们每个人的视线。你可能已经知道，生命的“设计密码”就暗藏在DNA中。DNA是携带了遗传信息的生物大分子，它由腺嘌呤(A)、胸腺嘧啶(T)、鸟嘌呤(G)、胞嘧啶(C)4种碱基组成，根据碱基互补配对原则而形成双螺旋结构。

如此神奇的DNA结构究竟是怎样发现的呢?

20世纪四五十年代，英国伦敦大学国王学院的生物物理学家威尔金斯和富兰克林(一位女科学家)正在应用X射线衍射技术研究DNA的结构。由于晶体内部的原子具有规则的排列，所以X射线穿过晶体后，会形成明暗交替的衍射图案，分析这些图案就可以确定晶体的结构。富兰克林精通X射线衍射技术，成功拍摄了DNA晶体清晰的X射线衍射照片。威尔金斯根据这张照片，认为DNA是一种长链的多聚体结构。而此时，美国著名化学家、诺贝尔化学奖得主鲍林也在研究DNA的结构。鲍林刚刚成功发现了蛋白质中的α螺旋结构，通过对蛋白质的研究，鲍林认为DNA是一种三螺旋结构。鲍林的“三螺旋”猜想虽然是错误的，却启发了两个年轻人。这两个人就是当时正在英国剑桥大学卡文迪什实验室进修和工作的美国分子生物学家沃森和英国分子生物学家克里克(当时他们还都不是“分子生物学家”呢)。卡文

声名显赫的卡文迪什实验室©

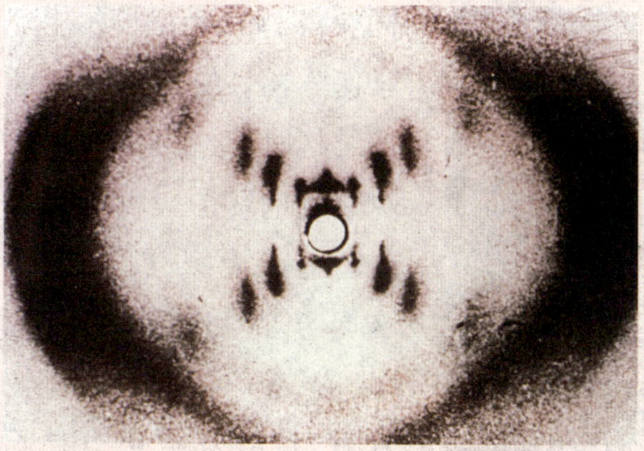

富兰克林的DNA晶体X射线衍射照片©

迪什实验室是一个非常著名的实验室，曾经出过25位诺贝尔奖得主，被称为“诺贝尔奖的摇篮”。DNA双螺旋结构的构想就诞生在这里。给沃森和克里克提供巨大帮助的还有奥地利—美国生物化学家查加夫。1950年，查加夫发现不同物种的DNA中，A与T数量相等，C与G数量相等，它们似乎是配对存在的。

上面的这些科学成果，为发现DNA的结构做好了铺垫。似乎已经是万事俱备，只欠东风了。这股东风，就是富于创新、善于合作、能把这一切综合在一起的聪明脑瓜。

沃森在大学里学习的专业是鸟类学，跟DNA一点关系也没有。不过他可不安于做一个鸟类学家，而是每天都在思索什么是最前沿的研究。沃森先是师从著名的意大利遗传学家卢里亚，从而对DNA在传递生命信息过程中的重要性有了深刻认识。1951年他进入剑桥大学卡文迪什实验室进修，在那里遇到了“知音”克里克。当时在卡文迪什实验室工作的克里克是个物理学家，主要从事晶体的X射线衍射研究，并对DNA的结构非常感兴趣。沃森和克里克志趣相投，经常聚在一起讨论DNA的结构问题，这些讨论激发了彼此的灵感，成为DNA双螺旋结构“诞生的温床”。1953年，借助威尔金斯、鲍林、查加夫等人的研究基础和富兰克林出色的DNA晶体X射线衍射照片，沃森和克里克提出DNA具有双螺旋结构，并将研究结果以不足1000字的短文《核酸的分子结构》发表在著名的《自然》杂志上。9年后，沃森、克里克和威尔金斯因为这项伟大的发现而共

沃森(左)和克里克Ⓟ

人类对生命奥秘的探索永无止境Ⓨ

同获得1962年诺贝尔生理学医学奖。发现DNA双螺旋结构时，沃森只有26岁，克里克也只有37岁。

也许大家会问：为什么是沃森和克里克成功了？从X射线衍射分析技术看，沃森和克里克是不及威尔金斯和富兰克林的；就结构化学知识而言，沃森和克里克更不是鲍林的对手。沃森和克里克能够在这场科学竞赛中取胜，靠的是两人的合作，靠的是知识和能力的互补，靠的是博采众家之长。发现DNA双螺旋结构的故事是20世纪科学竞争与合作的典范之一，也是年轻人取得杰出科学成就的极好范例。1968年，沃森出版了回顾这一重大事件的自传《双螺旋》，这本书引起了全世界的关注，十分畅销。

DNA双螺旋结构的发现更是科学大潮的产物。20世纪初，量子思想开始由物理学向其他学科扩散和渗透。1944年，伟大的物理学家薛定谔出于对生命科学的兴趣，写下了一本小册子《生命是什么?》。这真是一本非同寻常的小册子啊！几乎无一例外，分子生物学的开山鼻祖们都读过这本小册子，然后不约而同地从物理学"跳槽"到生物学，例如大名鼎鼎的克里克、卢里亚、德尔布吕克等等。由此可见，各个学科的发展是息息相关、彼此呼应的，一个学科领域内的伟大革命带动的是整个科学的进步和飞跃。

DNA双螺旋结构的发现，标志着现代分子生物学的诞生，生命科学的研究方向和研究手段发生了根本性的变化。双螺旋也令我们的生活方式在不知不觉中发生着巨变，从转基因食品、克隆羊、犯罪现场的DNA证据，到基因芯片和基因治疗，沃森和克里克也许没有想到，DNA双螺旋的魔力竟会如此巨大吧。

Ⓨ

1955年 桑格测定牛胰岛素的氨基酸序列

1921年，加拿大医生班廷等提取了胰岛素，为治疗糖尿病带来了希望。此后许多科学家加入胰岛素研究大军，英国生物化学家桑格就是其中之一。

桑格Ⓦ

1943年，桑格开始投身于测定胰岛素的氨基酸序列。他提出了测定肽链最末尾一个氨基酸（即末端氨基酸残基）的方法——二硝基苯法（简称DNP），这种方法后来成为测定肽链末端氨基酸残基的标准方法之一。

桑格在研究中发现，胰岛素含有不止一条多肽链，它们通过一种结合较松的化学键二硫键结合在一起，经过努力，桑格解开了二硫键，将胰岛素拆分为两条多肽链，A链和B链。他将每条多肽链用酸或蛋白酶切成小片段，分析小片段的氨基酸序列，然后将小片段序列拼接成整条肽链，他还推断出连接A链和B链的二硫键的位置。1955年，桑格终于完成了牛胰岛素氨基酸序列的测定，这是第一个被测定一级结构（氨基酸序列）和二级结构（二硫键位置和A、B链连接方式）的蛋白质。之后，桑格又测定了其他物种的胰岛素氨基酸顺序。

桑格的工作为后来的胰岛素人工合成、胰岛素分子结构与功能关系的研究奠定了基础，也开辟了一条更加深刻地认识生命的道路：通过测定构成生物物质的蛋白质的化学结构，理解蛋白质如何实现

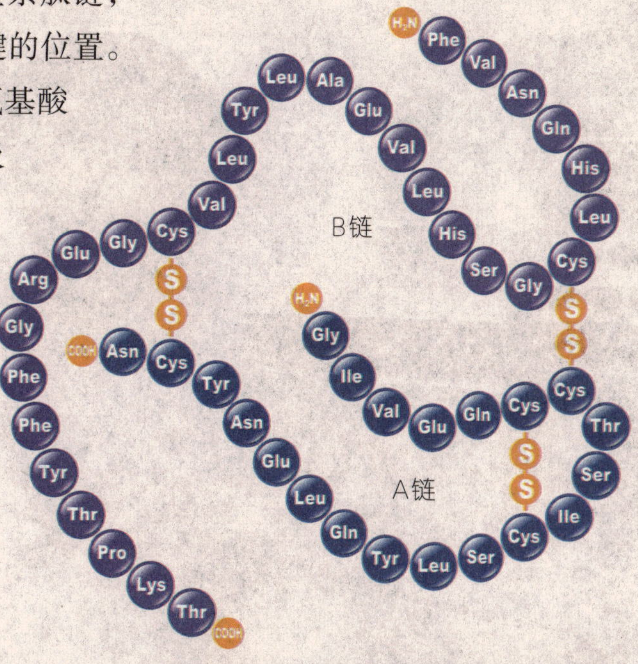

胰岛素氨基酸序列和二硫键位置Ⓨ

其独特功能，完成生命过程。他在此项研究中所建立的方法，被许多科学家用于研究各种蛋白质的结构，大大推动了整个蛋白质化学的发展。1958年，桑格因蛋白质方面的工作，尤其是确定胰岛素的分子结构荣获了他科学生涯中的第一个诺贝尔化学奖。

不过，桑格的测序法在用于测定肽链比较短的蛋白质（如胰岛素）时非常有效，但遇到肽链很长的复杂蛋白质（如核糖核酸酶）时就难以奏效了。于是，美国生物化学家穆尔和斯坦开始想法开发更好的测序技术，他们还在1958年制成了世界上第一台氨基酸自动分析仪，他们用这项技术分析蛋白质序列和功能，为以后分析蛋白质的分子结构开辟了新的道路。几十年来，氨基酸自动分析仪得到不断改进，成为研究蛋白质等物质不可或缺的工具。穆尔和斯坦由于在核糖核酸酶分子结构研究方面的成就作出巨大贡献，与研究核糖核酸酶的美国生物化学家安芬森分享了1972年的诺贝尔化学奖。

对一般人来说，获得一次诺贝尔奖，已是极大荣耀，获得两次诺贝尔奖该多么了不起！可世上就有这样凤毛麟角的人物，桑格就是其中之一。1962年，桑格转至英国医学研究委员会分子生物学实验室工作，他身边的科学家们都热衷于DNA研究，于是，他也参与其中，还发明了DNA测序法。为此，第二个诺贝尔化学奖在1980年降临了，桑格也成为第四位（目前为止也只有四位）两次获得诺贝尔奖的人（其他三位是波兰裔法国物理学家居里夫人、美国物理学家巴丁和美国化学家鲍林）。

桑格于2013年去世，从他的讣告中我们知道，他把自己谦虚地描述为“只是一个在实验室倒腾的家伙”，“学术并不辉煌”。

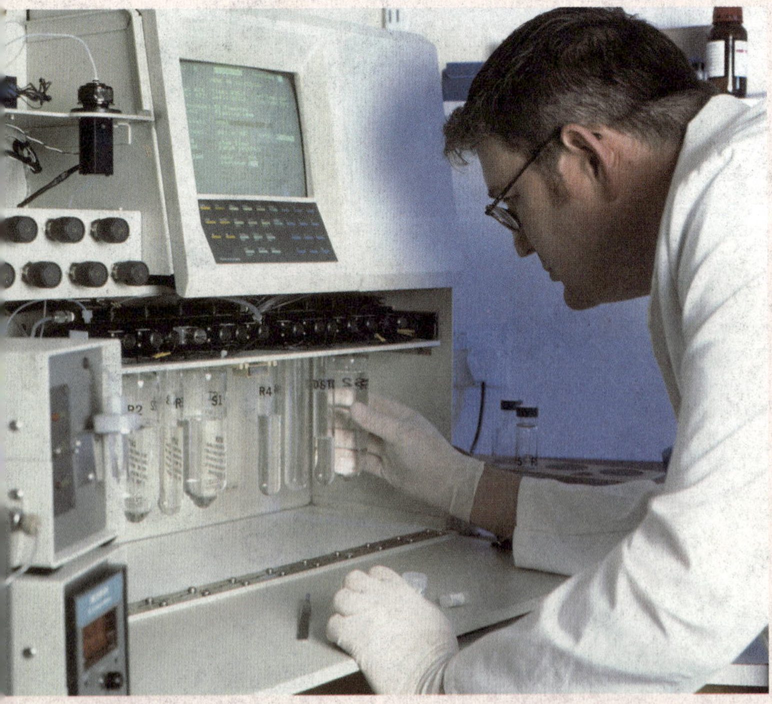

氨基酸自动分析仪©

1957年

卡尔文循环阐明

植物的生长需要阳光、雨露和空气。然而，这些要素究竟是如何帮助一粒粒种子成长为一株株植株的呢？这个看似简单的问题经过了一代又一代科学家长达数个世纪的探索，终于在19世纪末被定名为光合作用并载入教科书。

到了20世纪中期，人们已经知道叶绿体可以在阳光的作用下将空气中的二氧化碳和水转化为葡萄糖并放出氧气，其中水分解为氧气、氢离子及电子的过程必须有光参与（即光反应）；而二氧化碳合成葡萄糖的过程则仅需要前一过程中所得到的氢离子和电子，无须光的直接参与（即暗反应或碳反应）。不过，当时科学界对暗反应的了解仅限于开头（二氧化碳和氢离子及电子）和结尾（葡萄糖和水分子），中间的具体反应步骤仍是个未解之谜。打破这一格局的正是当时刚刚来到美国加利福尼亚大学伯克利分校的化学家卡尔文。

卡尔文Ⓦ

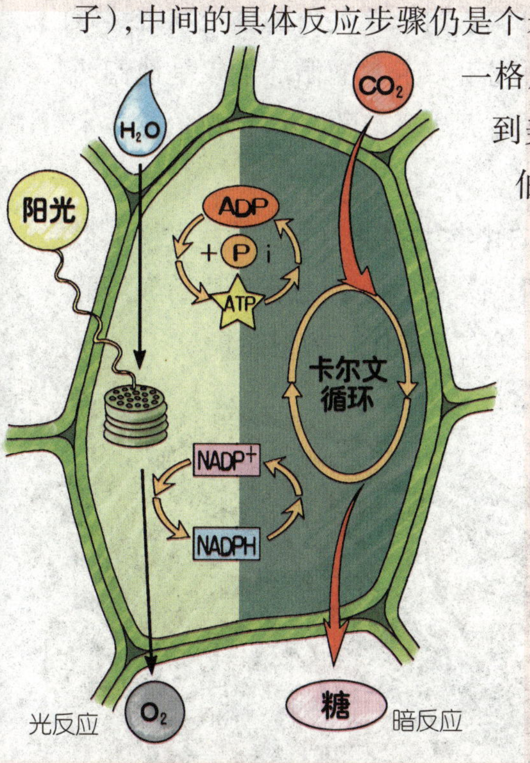

光反应和暗反应Ⓢ

卡尔文所领导的研究小组通过追踪同位素碳14标记，将光合作用中无机碳（二氧化碳）转变为有机碳（葡萄糖）的绝大多数化学反应步骤一一阐明，这就是于1957年诞生的、著名的卡尔文循环。卡尔文因在这一领域的突破性贡献荣获1961年诺贝尔化学奖。

后来人们知道，并非所有的植物都通过卡尔文循环进行暗反应。由于该循环最初生成的中间代谢物是含3个碳原子的化合物，因此进行卡尔文循环的植物（如水稻、小麦等大多数农作物）被称为碳三植物；有的植物（如玉米、甘蔗等）光合作用的最初产物是含4个碳原子的化合物，被称为碳四植物。

卡尔文的成功源于他的多学科交叉研究理念。他在英国曼彻斯特大学进行博士后研究期间，就在物理学家波拉尼的引导下受到了多学科研究的熏陶。他返回美国任教职后，就在分子遗传学与化学的交叉前沿展开了一系列研究。使用同位素追踪化学反应并不是卡尔文的首创，他在加利福尼亚大学伯克利分校的同事、物理化学家鲁本早在数年前就开始使用同位素碳14追踪光合作用中的反应，遗憾的是这些早期研究的结果并不理想。鲁本在1942年发现了碳14，但一年之后就因实验意外而英年早逝。第二次世界大战结束后，1946年，卡尔文开始着手推进光合作用研究。他明白同位素标记在这一研究中的重要性，于是就邀请正在继续碳14追踪研究的年轻科学家本森加入自己的研究组。卡尔文循环不仅是他们两位科学家的合作结晶，也是后来在多个学科领域大放异彩的碳14标记追踪技术的首次成功应用。

碳四植物——玉米ⓞ

卡尔文的多学科交叉研究理念在其设计的化学生物动力学实验室大楼上得到了充分的诠释。这座三层楼高的大楼呈环形，窗多而墙少，意在鼓励跨领域的团队合作。卡尔文自1963年起任此实验室主任直至退休。为纪念他的突出贡献，加利福尼亚大学伯克利分校将该实验室重新命名为卡尔文实验室。

碳三植物——麦类Ⓨ

1958年

克里克提出“中心法则”

分子生物学在20世纪下半叶迅速崛起，并发展成为生命科学领域中的重要分支。在这个过程中，英国分子生物学家克里克作出了异常突出的贡献。前面已经提到的20世纪最伟大发现之一——DNA双螺旋结构，就是克里克和沃森共同提出的。作为站在这一领域最前沿的人，克里克的研究工作很自然地沿着DNA及其生物学功能这一方向上延续了下去。

克里克⓪

克里克相信，DNA就是遗传信息的载体，而它的碱基序列正是生命的密码。同时，他还秉持着一种相当乐观的科学态度：在纷繁复杂的生命现象背后，决定它的基本定律应该是简单的，而且在各种生物之间都是相通的。随着科学证据的不断积累，他的这一想法也逐渐酝酿成熟。最后，在1958年，克里克将自己总结的遗传信息流向规律命名为“分子生物学的中心法则”(以下简称中心法则)。它的核心思想是“遗传信息无法从蛋白质传递至蛋白质或核酸”。这一法则一经发表，立即引起了轰动，有人将其评价为“最有启发性、思想最解放的论著之一”或“分子生物学里程碑”，也有人因为克里克在证据尚不充分时就贸然使用“法则”一词而表达不满，但更多的人则将它误解为“遗传信息只可以从DNA传递到RNA再传递到蛋白质”。因此，在1970年，克里克再次发表论文对中心法则进行了澄清。他将遗传信息在DNA、RNA和蛋白质三种大分子之间的九种可能的相互传递分为三类：

第一类被称为“一般传递”，它们在所有细胞中均会发生，包括：

(1) 从DNA到DNA(DNA复制)。

(2) 从DNA到RNA(转录)。

(3) 从RNA到蛋白质(翻译)。

第二类被称为“特殊传递”，它们在大多数细胞中不会发生，但在特定情况下有可能出现，包括：

(4) 从RNA到DNA(逆转录)。逆转录病毒的发现曾被认为是对中心法则的颠覆，但事实上在最初发表的中心法则中，克里克就用虚线箭头预言了这种传递方向也是有可能的。

(5) 从RNA到RNA(RNA复制)。不少病毒通过这种形式进行自我复制，最近发现真核细胞中也存在这种现象。

(6) 从DNA到蛋白质。目前仅在人工实验条件下实现，尚无生物体内自然发生的证据。

第三类被称为“未知传递”，是克里克推测不存在理论可能的转移形式，包括：

(7) 从蛋白质到DNA。

(8) 从蛋白质到RNA。

(9) 从蛋白质到蛋白质。朊粒的发现一度被认为是对法则的颠覆，但深入研究表明朊粒并不能实现严格意义上的自我复制。

中心法则在指导此后的分子生物学研究方面发挥了重要作用。随着研究的不断深入，中心法则也得到了不少补充，但迄今为止，尚未发现能够推翻中心法则的证据。中心法则依然是今日分子生物学的一块重要基石。

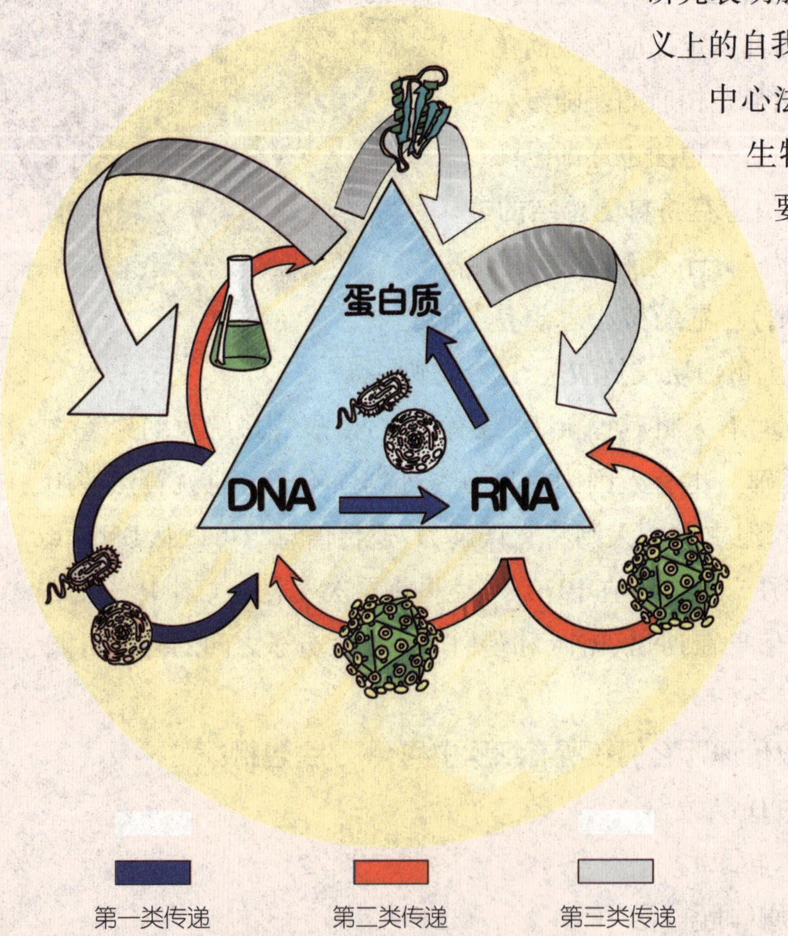

中心法则Ⓢ

1958年 梅塞尔森和斯塔尔证明DNA的半保留复制

沃森和克里克不仅发现了DNA双螺旋结构，还提出了DNA复制的方式。他们在1953年发表的另一篇论文中推测，双链DNA中的每一条单链都可以根据碱基配对原则复制出与自身互补的单链。这样，一条双链DNA经过一次复制后就会获得两条完全一样的双链DNA，在两条新合成的（子代）双链DNA中，各有一条链是来自最初的（亲代）双链DNA。这种复制模式被称为半保留复制。

科学家还提出了其他复制模式，虽然半保留复制听上去比它们合理，但当时并没有实验证据能够提供直接支持。几年之后，两位年轻的美国分子生物学家梅塞尔森和斯塔尔对各种复制假说进行实验验证。他们用同位素氮15（较重）和氮14（较轻）标记大肠杆菌的DNA：大肠杆菌的DNA中氮15含量越高，DNA链越“重”；氮14含量越高，DNA链越“轻”。

亲代大肠杆菌用氮15标记，它们的DNA仅有一种重量，重量最重；接着，亲代大肠杆菌在氮14环境下分裂，得到的第一代其DNA仅有一种重量，且略轻于亲代DNA（表明这种双链DNA由一条氮15标记单链和一条氮14标记单链组成）；之后继续传代，但DNA的重量都只有两种，一种中等（与第一代相同），而另一种较轻（表明这些双链DNA都由两条氮14标记单链组成），只是传代越多则较轻重量的DNA数量越多。所有的结果只能有一种可能的解释，即DNA的复制模式为半保留复制。

事实证明，半保留复制对保证DNA遗传信息的稳定传递具有重要意义，而1958年发表的梅塞尔森—斯塔尔实验也因此被载入分子生物学史册。

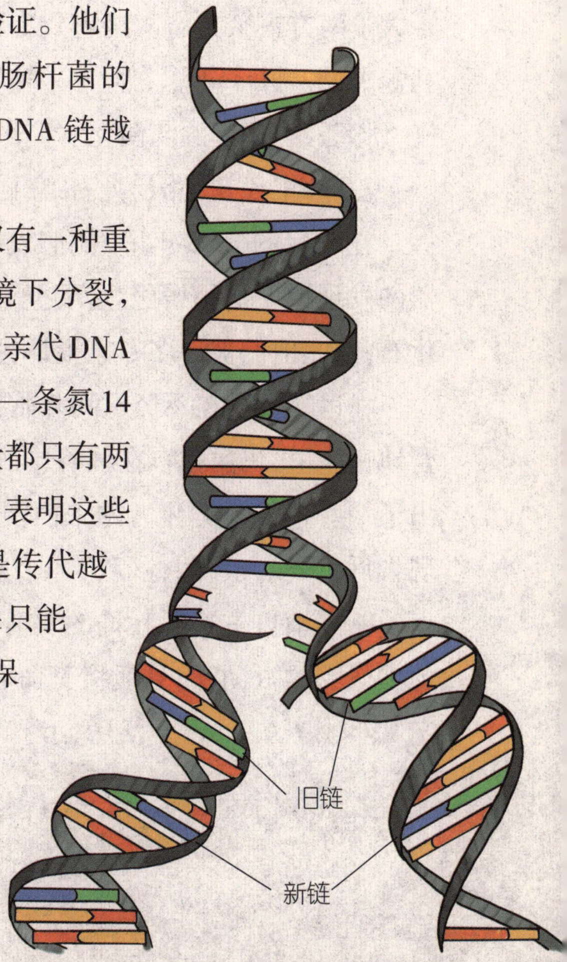

DNA半保留复制Ⓢ

1959年

利基夫妇发现“东非人”化石

人类是从哪儿来的呢？达尔文认为，人类是由一类古猿进化而来的。地球那么大，作为人类祖先的那类古猿，最初生活在哪里呢？

对此，达尔文曾提出人类起源于非洲的观点，不过，后来在印度尼西亚的爪哇和中国的周口店发现了人类化石，于是学术界普遍认为人类起源于亚洲。但仍有科学家相信人类起源于非洲，特别是1924年介于人类与类人猿中间的过渡类型化石——南方古猿化石在非洲出土后，科学家把目光越来越多地投向非洲。

在东非大裂谷沿线的峡谷和湖岸上，人类学家经过几十年的艰苦寻觅，发现了大量南方古猿化石。这里要提到世界著名的古人类学家路易斯·利基和玛丽·利基夫妇。几十年里，他们一直辗转于东非各地寻找人类祖先化石及其活动遗迹，研究人类的起源与演化。

1930年代初，路易斯和玛丽开始了在坦桑尼亚奥杜瓦伊峡谷的调查和发掘。在随后的20多年里，他们发现了大量动物化石及人工制作的石器，这些石器的发现说明这里曾经生活过具有一定智慧的早期人类，但一直没有发现人类化石，因此他们被许多专家批评为蛮干。

幸运的日子在不经意间降临。1959年7月17日早晨，路易斯因感冒留在了营地帐篷里，玛丽独自在峡谷中的一处遗址进行发掘。无意中，她发现碎石中露出了一些很像人类牙齿的东西及一些骨骼碎片。玛丽匆忙跑回营地，把这一发现告诉丈夫。最终，他们从那个遗址挖掘出近400块骨骼化石。随后玛丽复原出了一具南方古猿粗壮种的头骨。为了感谢他们的朋友查尔斯·鲍伊斯对他们此项研究的资助，路易斯将其命名为“鲍氏东非人”。应用放射性同位素技术测定其年代，“东非人”生活于大约175万年前，人科动物的历史因而被延长几乎一

奥杜瓦伊峡谷©

利基夫妇在东非大峡谷工作Ⓦ

倍，这个结论在当时引起巨大的轰动。“鲍氏东非人”最终被定名为南方古猿鲍氏种。

两年后，他们又发现了属于早期人类成员的化石。这些原始人类成员与南方古猿鲍氏种生活在约同一时期，但脑容量超过同时代的南方古猿，身体轻盈，颊齿较小。虽然没能确认它们的归属，但大多数人类学家将它们看作是南方古猿纤细种进化后的一个种，是人属的第一个早期成员。路易斯认为这些化石人类可能就是奥杜瓦伊石器的制造者，并将它命名为“能人”，意思是有熟练技能的人。能人有着一些与南方古猿相同的特性，但许多特征更接近现代人类，是能够制造石器工具的新物种类型，被认为是直立人的直接祖先。能人继续向下一阶段的人类演化，并最终产生现代人。

“东非人”和“能人”的发现，揭开了东非地区一系列重要发现的序幕，并为人类起源于非洲提供了有力的证据，揭开了古人类化石发现史的新篇章。

路易斯和玛丽的二儿子理查德与妻子米芙最终继承了父母的事业，并成为享誉世界的古人类学家，孙女路易丝也加入了寻找人类祖先化石及其活动遗迹的行列。80余年里，利基家族成员为研究人类的起源与演化作出了巨大贡献。

人类各阶段的祖先及其头骨对比Ⓒ

1960年

佩鲁茨和肯德鲁解析蛋白质结构

1937年，佩鲁茨刚大学毕业，他在导师的建议下来到剑桥大学卡文迪什实验室，接受了一个看似“不可能的任务”——解析血红蛋白的三维立体结构，作为攻读博士学位的课题。

血红蛋白是许多生物体内负责运输氧的一种蛋白质，重要性可想而知，但它的分子很大、很复杂，想研究它的结构，难度很大。佩鲁茨和同事克服种种困难，拍摄了数百张血红蛋白晶体的X射线衍射图片，完成了巨大而艰苦的分析和数学计算工作。经过23年的努力，1960年，佩鲁茨等人终于发表了血红蛋白的三维结构模型。在此过程中，佩鲁茨还首次证实了鲍林等人提出的蛋白质α螺旋结构模型，建立了一些用于研究生物大分子结构的方法。佩鲁茨的工作与发现DNA双螺旋结构模型一起，被称为20世纪分子生物学领域最具革命性的成就，他也因此被《科学》杂志尊称为“分子生物学之父”。

同一时期，同在卡文迪什实验室的英国生物化学家肯德鲁解析出了肌红蛋白（肌肉中储存氧的蛋白质）的空间结构，这是第一个被描述的蛋白质结构。根据肯德鲁和佩鲁茨的研究结果，人们后来发现，肌红蛋白由一条肽链组成，与氧的结合能力比血红蛋白弱。血红蛋白由4个亚单位组合而成，每个亚单位都与肌红蛋白极为相似，表明两者可能由同一分子进化而来。

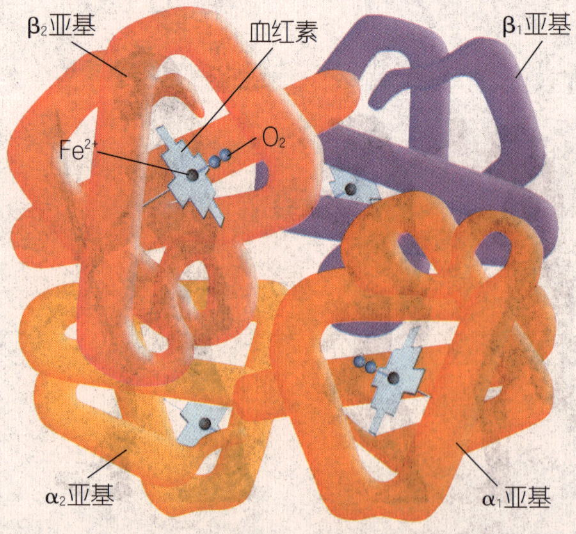

血红蛋白结构©

血红蛋白和肌红蛋白结构的阐明，为了解蛋白质结构及其与功能的关系作出了重要贡献。在此基础上对异常血红蛋白的研究，使人们能从分子水平认识某些疾病，如镰状细胞贫血等，为现代生物医学的发展提供了可借鉴的范例。1962年，佩鲁茨和肯德鲁因对蛋白质结构的研究而共同荣获诺贝尔化学奖。

1960年代—1970年代

布伦纳等发现程序性细胞死亡

从宏观上看，人从出生到长大，整个发育过程是固定的；从微观上看，在发育过程中，身体细胞有些会分裂，有些会死亡，这种死亡也遵守一定程序，并且受基因调节控制，被称为“程序性细胞死亡”。在此方面取得重要研究成果的，有英国分子生物学家布伦纳、美国分子生物学家霍维茨和英国分子生物学家苏尔斯顿等，后两者都曾在布伦纳的指导下工作。

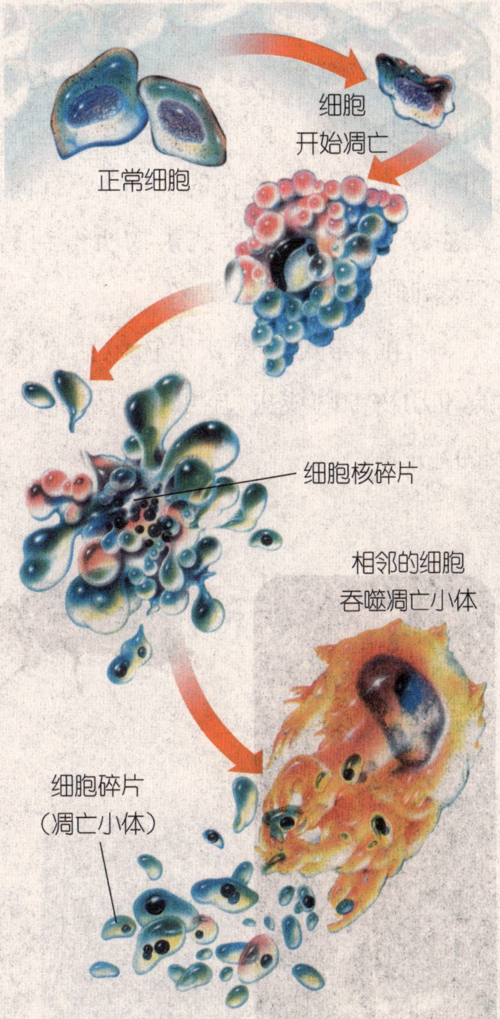

细胞程序性死亡©

布伦纳出生于南非，在剑桥大学工作期间，他与发现DNA双螺旋结构模型的沃森与克里克相识，并与他们有过长期的讨论与合作。布伦纳对确认信使RNA的存在、关于遗传密码的理论和破译等，都有许多非常重要的贡献。后来，布伦纳将工作重点逐渐转移到发育和神经系统的研究上来。1960年代，他找到一种学名为秀丽隐杆线虫的小动物作为研究对象。线虫身长只有1毫米，有959个细胞，构造简单，生命周期短暂，且身体透明，便于用显微镜观察。他将遗传学分析方法和观察细胞分裂的显微方法结合起来，在线虫体内引发基因突变，然后观察这些突变对细胞的分裂、分化和生物器官发育的影响，得出许多重要结论。

苏尔斯顿1969年加入布伦纳的研究小组，研究线虫的细胞谱系。他从线虫的受精卵开始，观察每一个细胞的分裂和生长情况。最终，他画出了一张线虫的细胞“家谱”，每一个细胞的“父母”是谁，“子女”是谁，何时诞生、何时传代、何时死亡，都清楚地记录在案。他发现，细胞的传代极为精确，在不同的线虫个体中，细胞“家谱”都一模一样。他还发现，在发育过程中，线虫共生成了1090个细胞，其中131个必然在某个发育时段“步入死亡”，它们的死亡受到精确的控制，这就是“程序性细胞死亡”。

霍维茨1974年加入布伦纳小组，系统地寻找调控程序性细胞死亡的基因。1978年，他离开小组开始独立研究。他发现控制程序性细胞死亡的基因、控制程序性细胞死亡的方式，同样存在于包括人类在内的高等动物中。

布伦纳等三人由于关于程序性细胞死亡的研究，为癌症等疾病的治疗提供了新的手段，他们也因此分享了2002年的诺贝尔生理学医学奖。

这项研究还有一个重大意义，就是使线虫成为一种重要的模式生物。什么叫模式生物呢？为了探索生命的奥秘，生物学家们往往会找到某种生物，研究它们的生理现象、行为方式，甚至心理活动，以及当基因突变或基因表达改变、分子和细胞水平发生变化时，它们会有何种表现。这种被选定的生物物种被称为模式生物。通过研究模式生物所得到的成果，往往能“触类旁通”，揭示出某些生命现活动的普遍规律。

目前，常见的模式生物包括原核生物中的大肠杆菌、真菌中的酵母、低等无脊椎动物中的线虫、昆虫纲的果蝇、鱼纲的斑马鱼、哺乳纲的小鼠，以及植物中的拟南芥等。

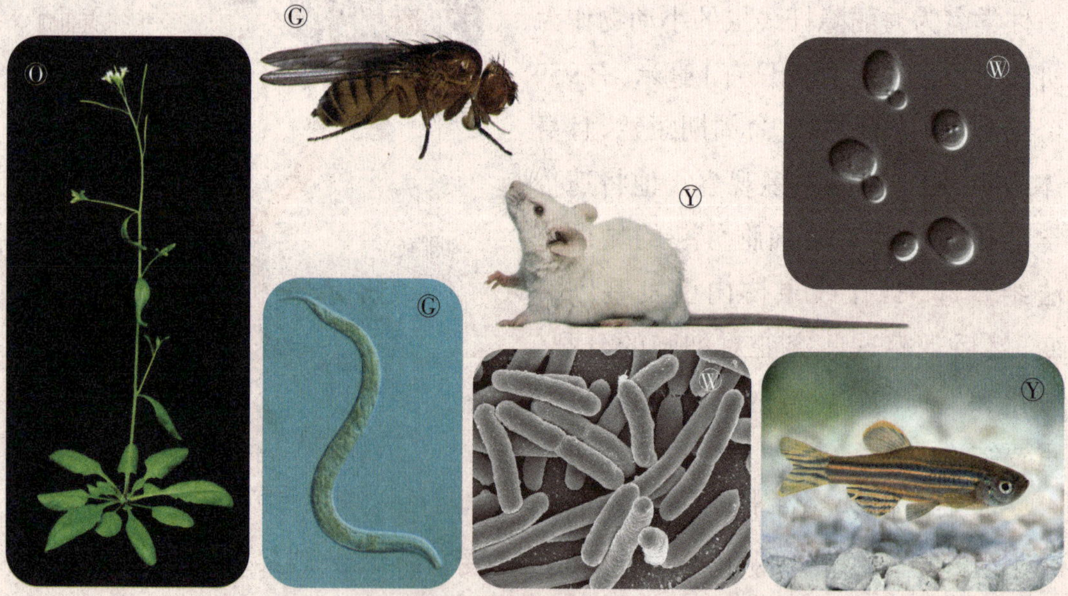

常见的模式生物

1961年 安芬森令变性的核糖核酸酶复性

蛋白质由20种氨基酸构成,这些氨基酸按固定顺序连接成线形的肽链,即蛋白质的一级结构。当这种线形肽链按一定规律"折叠"成平面甚至立体空间构型时,就形成二级结构、三级结构等高级结构。只有形成了正确的高级结构,蛋白质才具有"活性",才能执行正常的生理功能。

如果蛋白质受到某些物理、化学因素影响,如加热、紫外线或重金属等作用后,蛋白质就失去活性,这就是常说的蛋白质"变性"。关于蛋白质变性作用的解释最早由中国生物化学家吴宪提出。1931年,吴宪在《中国生理学杂志》上提出:蛋白质内部维持高级结构的次级键受到各种物理、化学因素的影响而被破坏,氨基酸链由有规律的折叠变为无序、松散的形式,从而导致蛋白质活性丧失,即发生了变性。这个理论一度被忽视,但最终被广泛接受,为蛋白质大分子高级结构的研究写下了有价值的一页。

从1950年代中期开始,美国化学家安芬森开始研究核糖核酸酶(即RNA酶,可将RNA水解成小分子)。1961年,安芬森配制了一种溶液,溶液的温度、酸碱度及其中的分子、离子浓度,与酶在生物体内所处的环境十分相似。当他将变性的RNA酶放入溶液中后,RNA酶竟然自动变回了活性构型。于是安芬森认为,蛋白质的一级结构包含了创建高级结构的信息,只有正确的氨基酸序列才能使蛋白质正确折叠形成高级结构。现在已经知道,基因的某些突变虽然只使少数几个甚至一个氨基酸发生变化,但是蛋白质却因此无法形成正确的高级结构,于是完全失去活性。

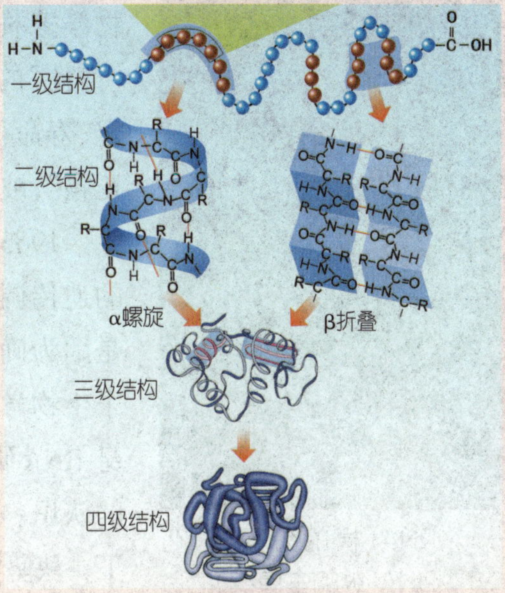

蛋白质结构©

1972年,安芬森因研究RNA酶,尤其是氨基酸序列与生物活性结构之间的关系,与美国生物化学家穆尔和斯坦共同荣获诺贝尔化学奖。

1961年

雅各布和莫诺发现信使RNA

克里克的中心法则是将RNA作为遗传信息从DNA传递到蛋白质的中间载体。但在中心法则提出时,DNA刚刚被科学界接受为遗传信息的载体,而蛋白质合成过程几乎是个谜。人们只知道一种RNA,那就是细胞质中的核糖体RNA(rRNA)。但rRNA的稳定性好、半衰期长,似乎不能承担“中间载体”的重任。还有什么关键因素没有被发现吗?来自生物学另一个分支的科学家给出了答案。

法国生物学家莫诺对酶有着强烈兴趣,他在著名的微生物学家尔沃夫的实验室中对细菌的生长和酶类活动进行了深入的研究。在另一位生物学家雅各布加入实验室后,他俩密切合作,将酶类调控研究推向了一个更高的水平。

雅各布和莫诺在1961年发表了操纵子学说,完美地解释了大肠杆菌如何在只有乳糖的条件下,有针对性地合成β-半乳糖苷酶等酶,顺利地将乳糖转化成可供细胞利用的葡萄糖。同时,他们从酶的合成调控中总结出了蛋白质合成的一般性规律(酶也是一种蛋白质),并提出,有一种不稳定的介质会像“信使”那样,将遗传信息从DNA上的基因转移到核糖体。就在同一年,雅各布与南非—英国生物学家布伦纳、美国生物学家梅塞尔森合作,用同位素示踪实验证明了这个“信使”的存在,它就是信使RNA(mRNA)。mRNA不稳定、寿命很短,在飞速完成“传递”信息的重任后就“寿终正寝”,被细胞降解。

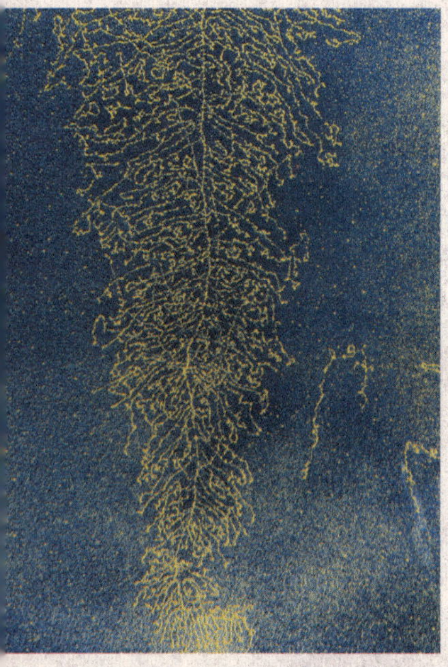

RNA(横的分支线)在DNA(纵的主单线)上合成©

1965年,莫诺、雅各布与尔沃夫因在酶和病毒合成的遗传调控上的发现,共享了诺贝尔生理学医学奖。正是因为确定了mRNA的存在,破译遗传密码等一系列分子生物学的重大发现才成为可能。此后,科学家纷纷投身RNA研究领域,取得了诸多发现,刷新了人们对生命的认识。此外,莫诺和雅各布的工作,也为分子生物学打下一块坚实的地基——蛋白质合成过程的实验证据。因此,他们当之无愧地跻身于分子生物学的创始人之列。

1961—1966年
20种氨基酸的遗传密码全部破译

1902年,德国化学家及诺贝尔化学奖得主费歇尔提出,蛋白质的本质就是由多个氨基酸首尾相连而组成的长链,并将这种线性结构称为“肽”。这时离首个氨基酸的发现已经过去了近一个世纪。此后又过了半个多世纪,随着DNA双螺旋结构模型的发表,人们才知道构成蛋白质的遗传信息其实就存在于DNA之中。然而,DNA并不是一本用日常语言所写成的蛋白质组装说明书,它可供识别的只有A、T、C、G 4种碱基而已。即使被转录成RNA,也只是把T(胸腺嘧啶)换成了U(尿嘧啶),令人困惑的问题依然存在:DNA(或RNA)究竟是如何去指导蛋白质的合成的呢?

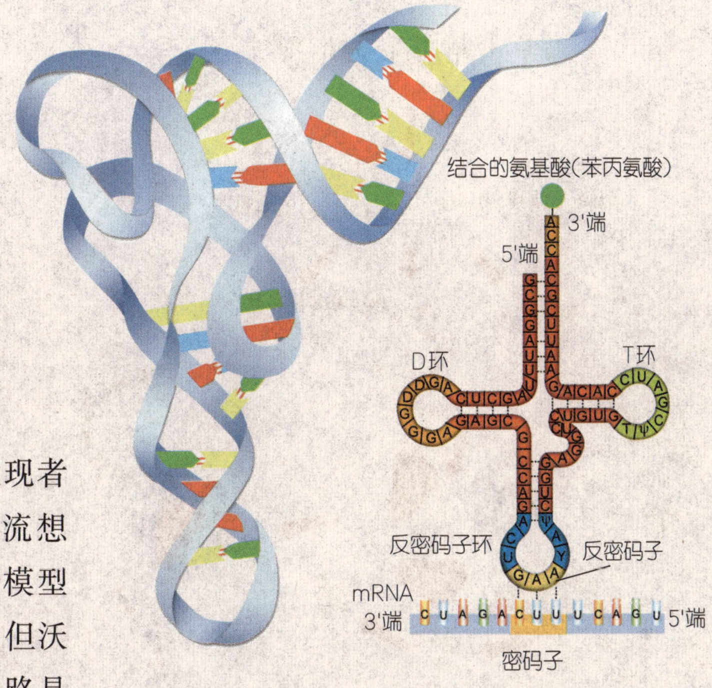

tRNA©

1954年,苏联—美国理论物理学家伽莫夫提出了三联体密码假说,该假说认为DNA的3个核苷酸组成一个“密码子”,决定蛋白质中的一个氨基酸。他还与DNA双螺旋结构的发现者沃森和克里克通信,交流想法。尽管伽莫夫的首个模型在细节上存在不少问题,但沃森和克里克认为这种思路是极有价值的,因此立即回信进行了交流。此后他们三人与一些科学家组成了名为“RNA领带俱乐部”的非正式研讨小组,开始就这个问题进行深入研究。此后,克里克基于伽莫夫的理念调整了编码方案,即他认为遗传编码不重叠也无间隔,并预言会有一种转接分子可实现三联密码与氨基酸的对接(后被命名为转移RNA,即tRNA)。至此,遗传密码学说的理论基础已经建立完成。

1961年，克里克通过实验证实了DNA密码的确是以3个碱基为一个单位（即密码子）。同年，美国生物化学、遗传学家尼伦伯格拉开了密码破译的序幕：他制备了一条全部由U组成的RNA长链，结果，这条RNA合成了全部由苯丙氨酸组成的肽链，也就是说苯丙氨酸的遗传密码就是UUU。此后，运用类似方法，即先合成只有一种密码子的RNA，再鉴定最终生成的氨基酸，64种密码子被科学家们相继破译。

1965年，参与遗传密码破译的美国生物化学家霍利在实验中发现了tRNA，由此证实了克里克对"转接分子"的预言；不久之后，同样在遗传密码破译中作出重要贡献的印度裔美籍生物化学家科拉纳也通过实验证实了密码子是分别读取、互不重叠也无间隔的。至此，克里克的遗传密码假说的重要理论均得到了实际的证据支持。

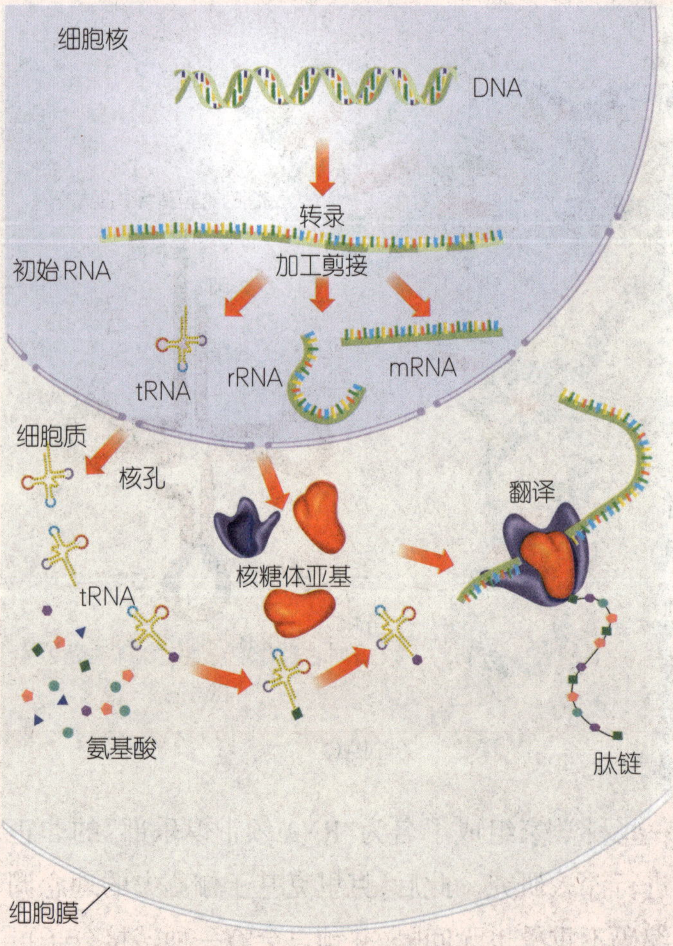

真核生物基因表达的过程©

密码子组合中，会出现不同密码子对应相同氨基酸的情况，这称为密码子的"简并性"。决定甲硫氨酸的密码子同时还担负启动蛋白质合成的作用，被称为起始密码子。有3种密码子不对应任何氨基酸，而是作为蛋白质翻译的终止信号，相当于一句话中的句号，被称为终止密码子。1966年，随着终止密码子的破译，64种组合对应20种氨基酸的遗传密码表正式破译完成。尼伦伯格、霍利和科拉纳也因其在这个领域的突出贡献而荣获了1968年的诺贝尔生理学医学奖。

1963年

埃德尔曼和波特建立人免疫球蛋白G的分子结构模型

科学史上有很多“英雄所见略同”、殊途同归的事情。免疫球蛋白G(IgG)分子模型的建立就是其中一例。IgG是一种由氨基酸构成的抗体分子，通过形成特殊的空间结构结合抗原，进而发挥免疫功能。而在1960年代之前，抗体分子的结构一直是个未解之谜，解开谜题具有相当难度。

英国生物化学家波特和美国生物化学家埃德尔曼分别采用不同的方法完成了这项极具挑战性的科学发现。

波特用木瓜蛋白酶处理抗体分子，把分子“拆”成3个大片段。其中两个片段相类似，仍然像完整的抗体分子一样，能与抗原分子结合(F_{ab}片段)。另一个片段呈结晶状，由于相同的分子容易形成晶体，这就说明所有的抗体分子中都含有这样一个相同的片段。但这个片段不能结合识别并结合抗原(F_c片段)。

与此同时，埃德尔曼在以不同的方式研究抗体分子。他发现抗体分子由4条氨基酸链构成，两条分子量小，称为“轻链”；两条分子量大，称为“重链”。两者通过二硫键连接。

1963年，波特与埃德尔曼基于各自的研究，共同提出IgG的化学结构模式图，建立了抗体的分子模型：抗体IgG分子呈Y字型，有两条重链、两条轻链；4条链都有可变区和恒定区，其中可变区是抗体分子与抗原分子的结合部，其多变性反映了抗体的多样性。后来的许多研究表明，其他种类的免疫球蛋白(如IgA、IgM等)也都适用于这一模式。两位科学家因为在这一领域的开创性研究荣获了1972年诺贝尔生理学医学奖。

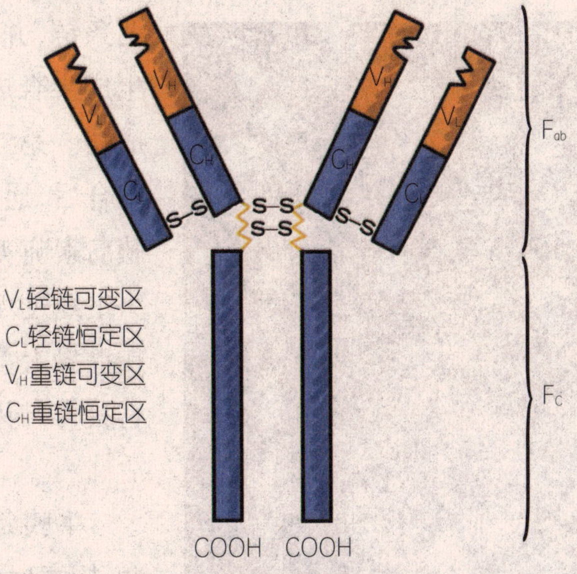

抗体结构模型Ⓢ

1965年
中国合成结晶牛胰岛素

人和动物胰脏内有一种呈岛形分布的细胞，分泌出一种叫胰岛素的激素，具有调节体内糖代谢的功能。1921年，加拿大医生班廷等首次提取到了胰岛素并成功应用于临床治疗，因此荣获了1923年诺贝尔生理学医学奖。充分了解胰岛素，不仅对医疗意义重大，还有助于增进人们对蛋白质大分子的认识。

牛胰岛素的氨基酸序列和二级结构1955年由英国生物化学家桑格测定，他也因相关工作荣获1958年诺贝尔化学奖。牛胰岛素由A、B两条肽链组成，人工合成牛胰岛素，首先要把氨基酸按照一定的顺序连接起来，组成A链、B链，再把两条链组合在一起。1958年12月底，中国人工合成牛胰岛素课题正式启动。中国科学院生物化学研究所会同中国科学院有机化学研究所、北京大学化学系组成联合研究小组，有机化学研究所和北京大学化学系负责合成A链，生物化学研究所负责合成B链，并负责把A链与B链正确组合起来。

研究过程分成三步。第一步，探索把天然牛胰岛素的A、B两条链，重新组合成为牛胰岛素的可能性。研究小组在1959年突破了这一关，重新组合的胰岛素结晶和天然胰岛素结晶的活力相同、形状一样。第二步，分别合成牛胰岛素的两条链，并用人工合成的B链同天然的A链结合生成半合成的牛胰岛素。这一步在1964年获得成功。第三步，经过半合成考验的A链与B链相结合后，通过小鼠实验证明纯化结晶的人工合成胰岛素确实具有和天然胰岛素相同的活性。研究小组经过六年多坚持不懈的努力，终于在1965年在世界上首次用人工方法合成了结晶牛胰岛素，它具有与天然牛胰岛素相同的结晶形状和生物活性。

人工合成的牛胰岛素结晶©

牛胰岛素的人工合成，标志着人类在认识生命、探索生命奥秘的征途中迈出了可喜的一步，在我国基础研究的发展史上具有重大意义与影响。

1968 年

木村资生提出分子进化的中性学说

达尔文的自然选择学说通常会简单地归结为：好的突变会被保留，不好的突变会被淘汰；进化是选择积累的结果。但是，是不是突变只能分为“好”和“不好”两种呢？

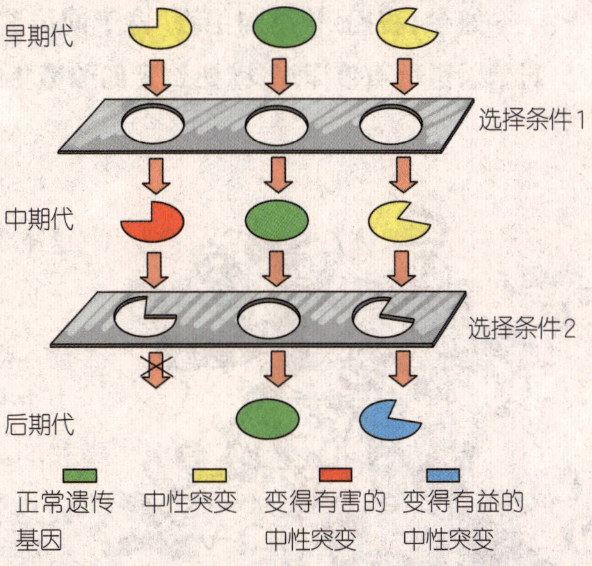

中性突变　分子水平的进化是中性的。但是在少数情况下，当环境（选择条件）改变，原本“中性”的突变结果会成为“有益”或“有害”。Ⓢ

1950年代以来，许多生物大分子的一级结构先后被解析，科学家获得了许多新发现。1968年，在众多发现的基础上，日本遗传学家木村资生提出了分子进化的中性学说。

分子进化的中性学说（简称中性学说）认为，分子水平（如DNA水平）上的大多数突变对生物的生存既无好处，也无害处，由于这些突变对生物生殖力和生活力没有影响，自然选择对它们不起作用。这些突变全靠一代又一代的遗传漂变（指小群体中由于随机误差造成的基因频率的随机波动现象）被保存下来或趋于消失，从而形成分子水平上的进化性变化或种内变异。生物的进化主要源于中性突变在自然群体中随机地固定或消失，遗传漂变是分子进化的基本动力。换句话说，中性学说认为，大多数分子水平的突变是通过遗传漂变，而不是通过选择才被保留或淘汰的。

中性学说强调遗传漂变的作用，但也没有否认选择的作用，它同样承认形态、行为和生态性状（即生物的表型）是在自然选择的作用下进化的。但它认为，在进化过程中，只有极少部分的DNA变化能增加或降低生物的“适应性”，而大多数情况下，只有DNA或蛋白质发生了变化，而动物从表型上却看不出什么改变。也就是说，这些分子水平的变化对生物的生存和繁殖并没有产生重大的影响，是通过随机漂变在种内固定下来的。可以认为，中性学说是在现代分子生物学发展的水平上，对达尔文学说的补充和发展。

1968—1978年 基因工程技术发展

如今，我们对“基因工程”这个词可谓耳熟能详，所谓基因工程，就是指人们对基因进行直接操纵，以达到定向改造生物遗传特性的目的，甚至创造新物种。

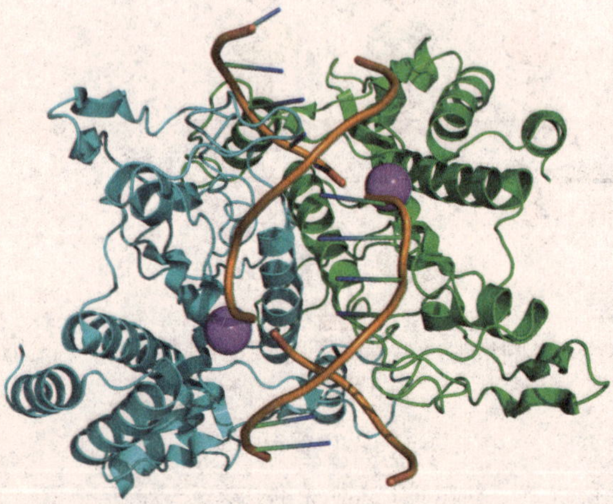

限制性内切酶 *EcoR* I 二聚体（蓝色和绿色）切断DNA Ⓦ

如果把某种生物的基因组比作一本书，这本书由A、T、C、G这4种字母写成，那么每一页就是一个基因。当我们想变更书中内容，会怎么做？如果要改变一整页（对应于一个基因），我们会用剪刀剪下那页纸，再把新的一页用胶水贴到书中；如果只想改变少数几个字（对应于少数几个碱基对），我们会用修正液把字涂掉，再写上新的内容。问题来了：我们面对的是显微镜都看不到的DNA，基因剪刀、基因胶水、基因修正液，都在哪儿呢？

1950年代末，瑞士微生物学家阿尔伯发现，大肠杆菌体内存在某种酶，可以切断外来的DNA（如噬菌体DNA）以防止其侵入。这种机制使细菌对病毒的扩增加以“限制”，因此这种酶被称为限制性核酸内切酶。不过，阿尔伯发现的限制性内切酶（现在被称为Ⅰ型限制性内切酶）切断DNA的部位是不固定的，没规律可循，显然不够实用。1968年，美国微生物学家汉密尔顿·史密斯从嗜血流感杆菌中分离出只在DNA内部特定序列处切断DNA的酶，这种酶被称为Ⅱ型限制性内切酶，是后来基因操作中最常用的基因剪刀。

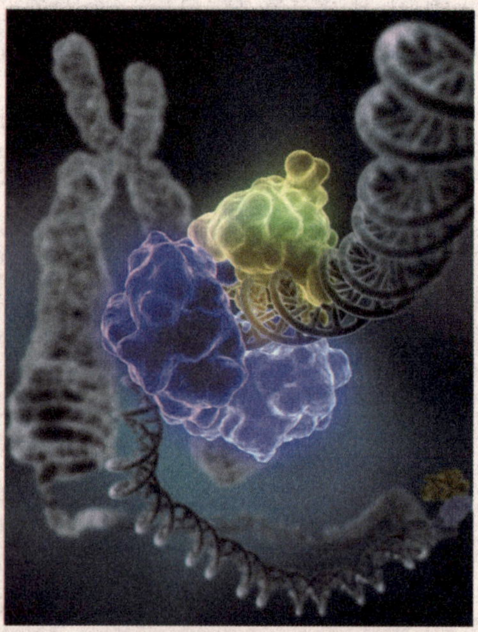

连接酶在修复损伤的DNA Ⓦ

目前已从多种细菌中分离出超过400种Ⅱ型限制性内切酶，识别各自不同的核苷酸顺序。1978年，史密斯、阿尔伯和美国微生物学家内森斯(将限制性内切酶应用于遗传学研究)因发现限制性核酸酶及其在分子遗传学中的应用分享了诺贝尔生理学医学奖。

基因胶水就是DNA连接酶，它发现于1967年，也有不同种类。在正常细胞中，DNA连接酶的作用是把断裂的DNA链“修复”好，在这个过程中，会消耗能量。基因操作中使用的DNA连接酶，通常来自大肠杆菌或噬菌体。

基因剪刀加上基因胶水，足以让科学家做出惊人的事。1960年代末起，美国分子生物学家伯格在与意大利—美国病毒学家杜尔贝科开展SV40病毒侵染哺乳动物的实验时，就想设计出一种能在体外将两种不同DNA分子连接在一起，然后使其在生物体内复制的方法。由于λ噬菌体能在大肠杆菌中独立复制，伯格计划，将SV40的DNA和λ噬菌体的DNA拼接成一个新的DNA分子，这样这个新分子就能在大肠杆菌中不断复制、扩增。1972年，伯格成功地将不同的DNA分子在体外连接起来。不过，由于担心扩增含有病毒序列的大肠杆菌具有危险性，他中断了进一步的实验，但他的实验已为未来的基因工程绘制了蓝图。1980年，伯格因其在DNA体外重组方面的杰出贡献，与发明DNA测序的桑格和吉尔伯特共同荣获诺贝尔化学奖，他也由于这项开创性的贡献，成为基因工程的奠基者。

伯格的把重组DNA分子引入生物体并表达的理想，由美国分子生物学家科恩和博耶实现。1973年，科恩和博耶合作，首次将大肠杆菌中两个具有不同抗药性的质粒结合在一起，构建了一个

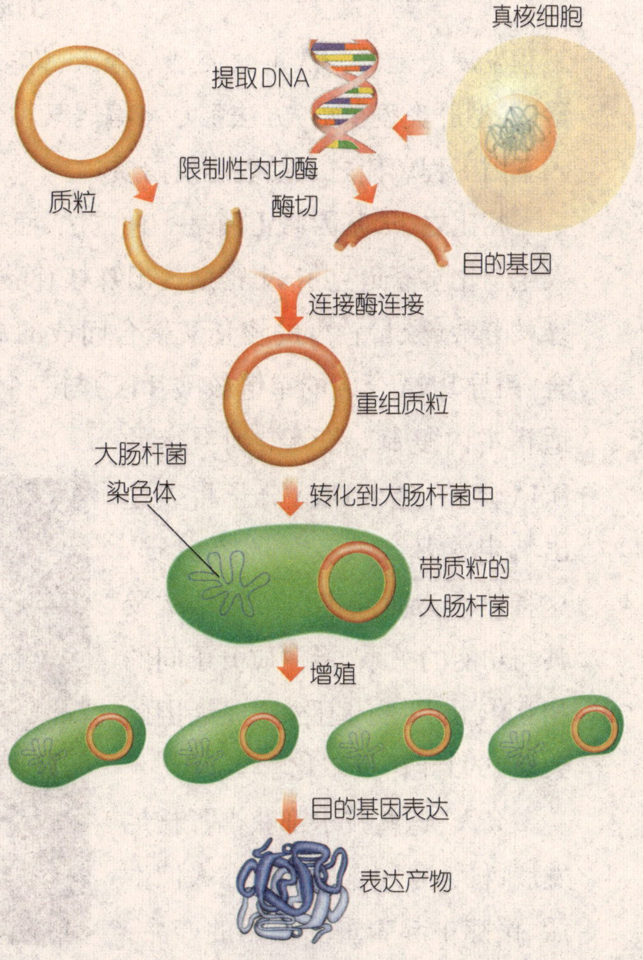

基因工程流程©

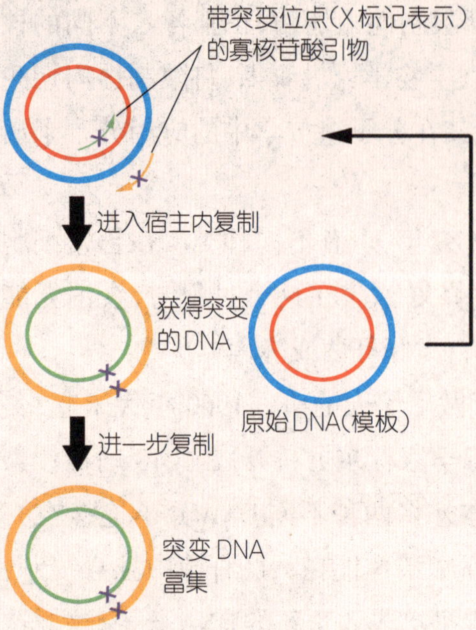

寡核苷酸定点诱变技术Ⓢ

杂合质粒。将这个杂合质粒重新导入大肠杆菌,结果发现它不仅能复制,而且能够同时表达出原有的两种抗药性。基因工程由此正式诞生。随后,科恩和博耶的实验室联合完成了重组DNA技术的专利申请,这是世界上第一个有关基因工程的技术专利。

1977年,博耶利用重组DNA技术实现了人生长激素释放抑制激素的生产。通过这种方式,从只需要几美元成本的9升培养液中,就可得到50毫克的人生长抑素,而如果要从羊脑中提取相同量的激素,可需要50万头羊呢!这是基因工程发展史上的一次重大突破。今天,许多有价值的蛋白质,如胰岛素、生长激素、乙型肝炎疫苗等,方法都是将编码某种蛋白质的基因制成重组DNA,之后导入基因工程菌使之大量表达蛋白质。

相比之下,基因修正液是一种方法,而非具体的酶。1970年代,英国—加拿大生物化学家迈克尔·史密斯提出寡核苷酸定点诱变技术:合成一个略加改造的寡核苷酸(数量较少的核苷酸聚合而成的短链),将它作为引物(可以与模板结合、引导DNA合成的单链核酸片段)与一个DNA分子结合,再使其进入一个合适宿主内复制,将会得到突变的DNA分子,这个DNA分子将表达出特定氨基酸改变了的蛋白质。这种技术为研究蛋白质的结构及其与功能的关系、蛋白质分子间的相互作用开辟了道路,史密斯因此荣获1993年诺贝尔化学奖。

今天,这些技术都获得了长足发展,科学家用它们开发在人们生活、医疗中起着重要作用的产品,并不断探索生命的奥秘。

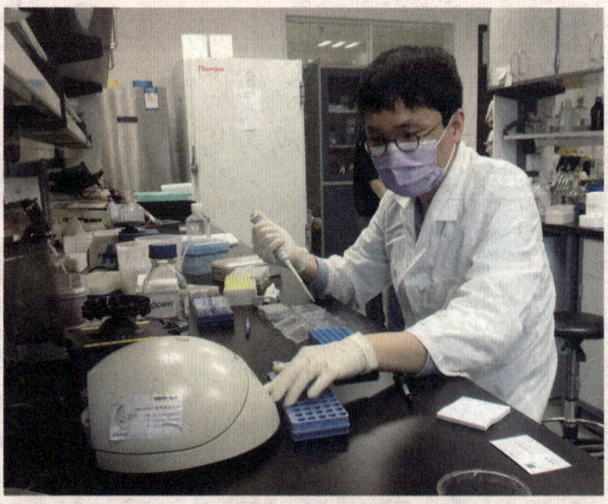
基因工程操作Ⓞ

1970年 巴尔的摩和特明发现逆转录酶

细胞核内的DNA是遗传信息的载体，包含着丰富的遗传密码，这些信息通过转录产生作为信使的mRNA，进而在核糖体中翻译成为蛋白质。中心法则认为，遗传信息不能由蛋白质传递至核酸。那么，遗传信息是否能从RNA传递至DNA呢？

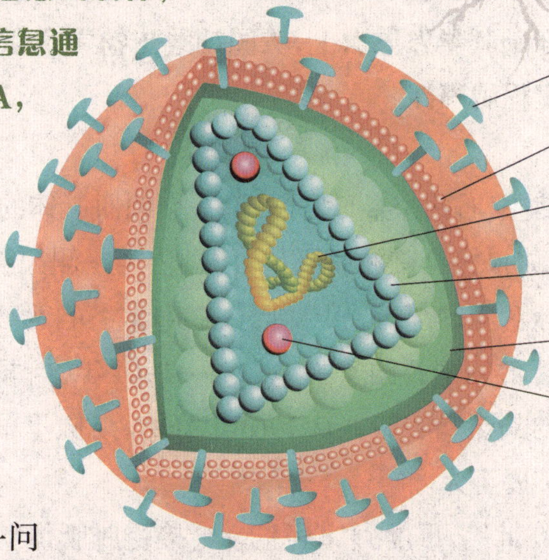

HIV结构Ⓨ

美国分子生物学家巴尔的摩和特明用实验找到了这一问题的答案。1970年，巴尔的摩和特明各自独立发现了肿瘤细胞中存在的某些病毒，它们的遗传物质不是双链DNA而是RNA。在侵入宿主细胞后，这些病毒以自己的RNA为模板，利用宿主细胞的生物元件复制成DNA。正常转录过程中，遗传信息是由DNA流向RNA的，而这类病毒的遗传信息是从RNA流向DNA的，因而被称为逆转录过程，这种病毒也被称为逆转录病毒。

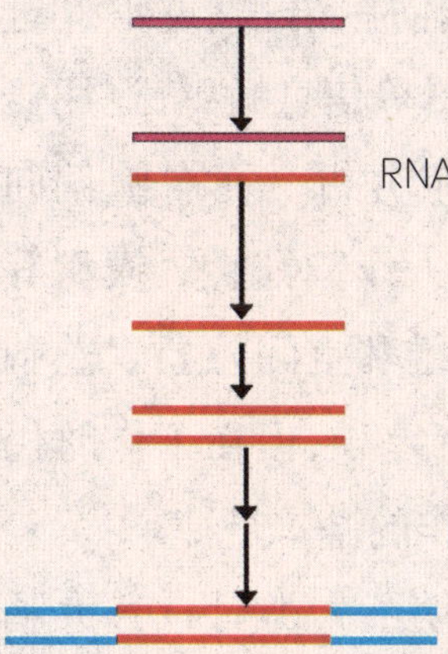

致癌RNA病毒逆转录模式Ⓢ

巴尔的摩和特明的发现揭示了生物遗传中的逆向信息流动，从而发展和丰富了中心法则，也为防治相关疾病提供了可能。例如，导致艾滋病的罪魁祸首、臭名昭著的人类免疫缺陷病毒（HIV）就被证明是种逆转录病毒。他们因为在这一领域的杰出工作而荣获1975年诺贝尔生理学医学奖。

1970年

斯佩里提出大脑左右半球分工理论

人类大脑中蕴藏着无穷的奥秘，引得无数科学家孜孜不倦地开展对大脑的研究。在脑科学发展史上，美国神经生物学家斯佩里提出的左右脑分工理论无疑是个里程碑事件。

大脑左、右两个半球之间，有一个叫胼胝体的结构，是连接两个半球的“信息通道”。如果完全割断胼胝体，信息传至一侧大脑半球后，就不能同时传至对侧大脑半球对应的部分，相当于左右半球“各自为政”，无法进行信息交换和整合。这就是著名的割裂脑实验。1952—1961年，斯佩里先后用猫、猴等动物进行了一系列的割裂脑实验。从1961年开始，斯佩里根据前期动物实验的结果，将研究对象扩展至人。

1960年代，重度癫痫病患者会接受胼胝体切断手术以控制痉挛，因而成了“裂脑人”。以裂脑人为研究对象，斯佩里设计了很多巧妙的研究方案，观察到不少有趣的现象。例如，当裂脑人只有右眼看到光点时，他们都能用语言说明；但当只有左眼看到光点时，他们会嘴上否认，却同时用手指出光点所在。

斯佩里及其同事通过大量的研究发现，大脑两半球是分工协作的。两半球分别感受并控制对侧的身体，并以完全不同的方式在进行信息处理。左脑偏向用语言、逻辑性进行工作，对语言、数字、逻辑等信息敏感，运用概念进行逻辑推理和判定分析。而右脑偏向用图形、色彩影像进行工作，对图像、模型等信息敏感，擅长形象思维和空间想象。左脑和右脑尽管在功能上有差异，但在工作时仍密切协作，构成大脑工作的基本规律。

斯佩里的发现推动了人类对自身大脑的认知和对自身智慧的开发，成为近年来风靡全球的“右脑开发”和“全脑教育”的理论基础，他也因此发现荣获1981年的诺贝尔生理学医学奖。

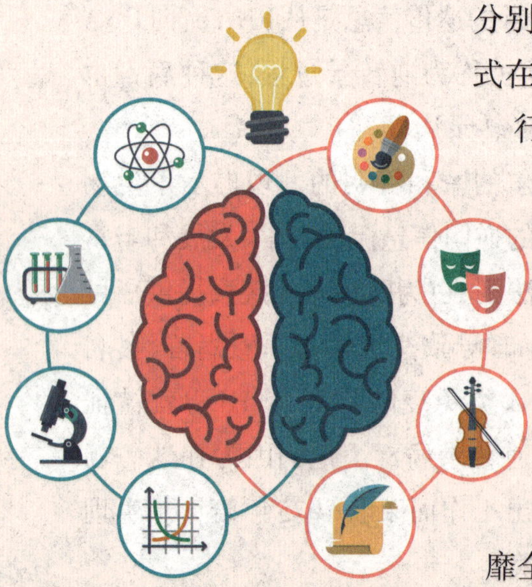

左右脑分工Ⓨ

1970年代

生物信息学诞生

在许多人的印象中，生物学面对的都是各种各样的生物，小而简单到病毒，大而复杂到人。你相信用计算机也能进行生物学研究吗？

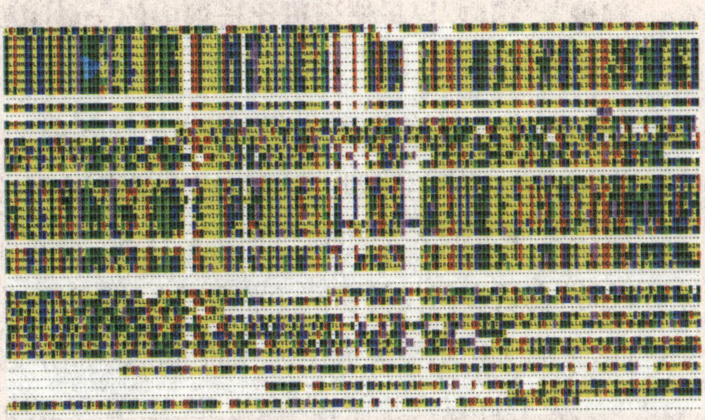

氨基酸序列比对⑥

随着生物学实验研究的发展，科学家们获得的知识和数据越来越多，从DNA和蛋白质的序列，到哪些DNA序列有什么样的功能，蛋白质的一级结构会形成怎样的高级结构等。可以说，生物学的信息迅速膨胀成数据的海洋，人们亟待使用新的技术手段来解析海量数据，生物信息学作为一门新型交叉学科应运而生。它以计算机为工具，对生物信息进行储存、检索和分析。

1960年代，随着计算机科学的发展，生物学开始和计算机科学"联姻"，生物信息学逐渐孕育起来。1970年代，生物信息学诞生。1971年，美国布鲁克海文国家实验室建立了世界上第一个蛋白质结构数据库（PDB），在这一时期出现了一系列比较核酸和蛋白质序列的分析方法。进入1980年代后，生物信息学迎来了快速发展时期，一些著名的生物信息服务机构和生物信息数据库相继建立，如欧洲生物信息学研究所（EBI），美国国立卫生研究院全国生物技术信息中心（NCBI），世界最大的公共生物信息数据库GenBank等。1990年后，人类基因组计划（HGP）正式启动，极大地促进了生物信息学的发展。

目前，生物信息学的主要研究方向包括：序列比对的算法；蛋白质结构比对和预测；基因识别和非编码区分析；分子进化和比较基因组学；序列重叠群装配；遗传密码的起源；基于结构的药物设计；生物网络的建模和仿真；生物图像识别；数据挖掘与数据库建立；基因表达谱、各种组学数据的分析等。

对科学家们来说，生物学已积累下的知识和数据，是一个巨大的宝库，只要用生物信息学这个工具在其中挖掘，就能获得更多奇珍，发现生命的更多奥秘。

1972年

埃尔德里奇和古尔德提出间断平衡理论

世界上千千万万种动物、植物和微生物是怎么进化出来的？达尔文通过对鸟类的长期观察研究认为，在每两个不同的物种之间一定存在着一系列的“渐变物种”，“物种”只是漫漫进化长河中的一种瞬间的形态而已。这就是渐变论。

随着古生物学家们不断取得新的发现，人们渐渐认识到有很多问题是渐变论无法解释的。例如，在寒武纪大爆发时期，各种各样的动物迅速起源，现在生活在地球上的各个动物门类都已出现，而不是经过长时间的演化慢慢变来的。此外，在众多门类的寒武纪物种中，人们并没有找到所谓“渐变物种”的化石。因此，人们对达尔文渐进连续式的进化论提出了质疑。

为了解释这些质疑，1972年，美国古生物学家埃尔德里奇和古尔德提出了间断平衡理论，作为达尔文进化论的一个补充。“平衡”指的是演化中的稳定渐变期，“间断”指像寒武纪大爆发时期这样的突变期，“间断平衡”的含义是“不时被打断了的平衡”，即在物种演化中突变与渐变交替出现。也就是说，相当多的物种形成应该是跳跃式的：在短时间内由于地理隔离和基因突变形成新种，之后在很长的时间内物种都保持不变。间断平衡理论较好地解释了生命大爆发现象，也获得了一些证据的支持，但是并未完全否定达尔文的渐变论。

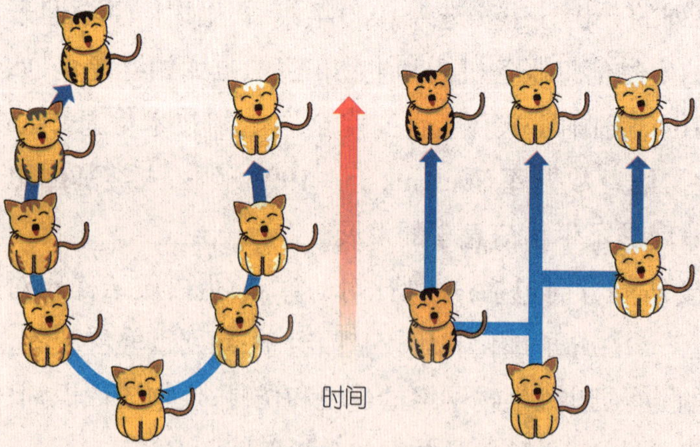

渐进式进化　物种在相当长的时间内形态逐渐变化。Ⓢ

跳跃式进化　物种形态跳跃式变化，然后保持长期相对稳定。Ⓢ

随着生物学的飞速发展和人类对生物进化问题的不断深入研究，将会有越来越多的疑问等着人们去解决，也将会有更多新的理论去补充和完善现今的理论体系。进化生物学自身也如同一个物种一样，在与我们一起不断地进化。

1975—1977年

实用的DNA测序法诞生

自沃森和克里克发现DNA双螺旋结构后，生命科学真正步入分子生物学时代。为了研究和改造目的基因，人们需要进行DNA序列分析，而测定DNA序列的工作一直是该领域发展的瓶颈。

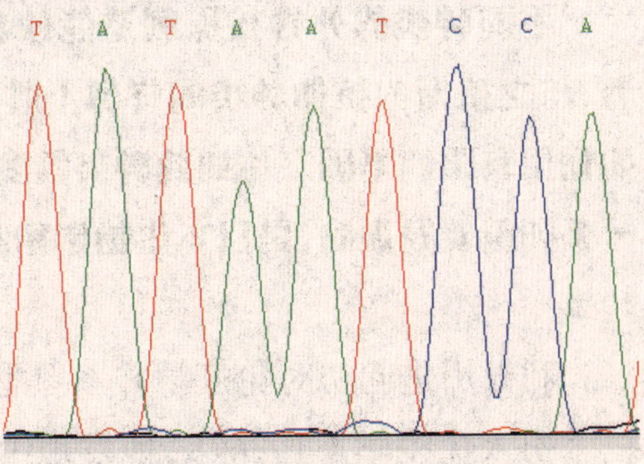

DNA测序报告中的一小段©

1975年，因成功测定胰岛素的氨基酸序列及其分子结构而荣获1958年诺贝尔化学奖的英国生物化学家桑格，率先建立了一种用于DNA测序的“双脱氧链终止法”，从而开辟了快速测定DNA序列的道路。此法也被称为“桑格法”。

此后，桑格不断改进测序方法，还设计出将长DNA片段随机打断，分别测序后再拼接成完整的DNA序列的方法。1977年，桑格及其同事测定了噬菌体ΦX174的DNA全序列（有5386个核苷酸），这是第一次测定生物的全基因组序列，为日后的人类基因组计划奠定了基础。

桑格测序法自发明以来，一直作为主流测序法。它历经改进优化，从手工操作、人工分析，步入自动化电脑分析，从最初的几十个碱基的短片段分析走向上千碱基的长片段分析，大大促进了生命科学的发展。

1977年，吉尔伯特发明了一种以化学修饰为基础的DNA序列快速测定方法，称为化学降解法。这种方法虽然每次可以测定包含100—200个核苷酸的DNA长序列，但由于操作不如桑格法简易，没能成为主流。

1980年，吉尔伯特因发明测定大片段DNA序列的方法而与桑格以及实现DNA体外重组的美国分子生物学家伯格共同获得诺贝尔化学奖。

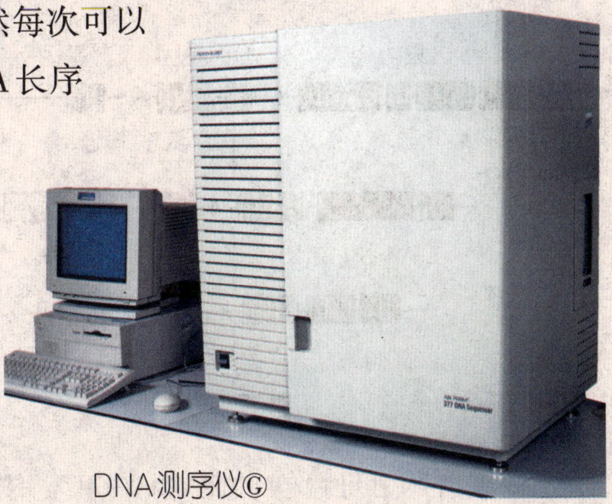
DNA测序仪©

1976年
利根川进阐明抗体生成的遗传原理

不同种类的外界抗原刺激能使机体产生特异性的抗体。抗原数量巨达百万，与之抗衡的抗体种类同样数不胜数，而人类基因组只有几万个基因，生物是如何用有限的基因产生如此种类繁多的抗体的呢？向这个难题发起挑战并获得一系列重要发现的，是日本生物学家利根川进。

利根川进起初对免疫学并不熟悉，但他开创性地把分子生物学和DNA重组技术引入免疫学。1976年，他发现编码抗体的基因在胚胎发育期相距较远，而在负责制造抗体的B细胞里却相距较近。他由此提出一个大胆的假说：抗体的链由两个分别负责恒定区和可变区的基因所决定，在胚胎细胞发育成B细胞的过程中，原始的抗体基因发生了重组、缺失，重新排列成为某个成熟B细胞独有的抗体基因型，可产生对抗某种抗原的抗体。就像汽车制造厂在制造汽车时，往往是用一些通用零件（恒定区）和一些特殊部件（可变区）相互组合，生产出各型号的汽车时一样，生物体正是用有限数目的基因片段通过重新组合，产生种类数以亿计的抗体。

1987年，利根川进因发现抗体多样性的遗传原理而荣获诺贝尔生理学医学奖。值得一提的是，当解决了这个难题后，利根川进认为免疫学中再难有极具挑战性的工作，因而转向了神经生物学领域。他开创性地把基因敲除的方法应用到神经科学的研究中，也取得了令人瞩目的成就。

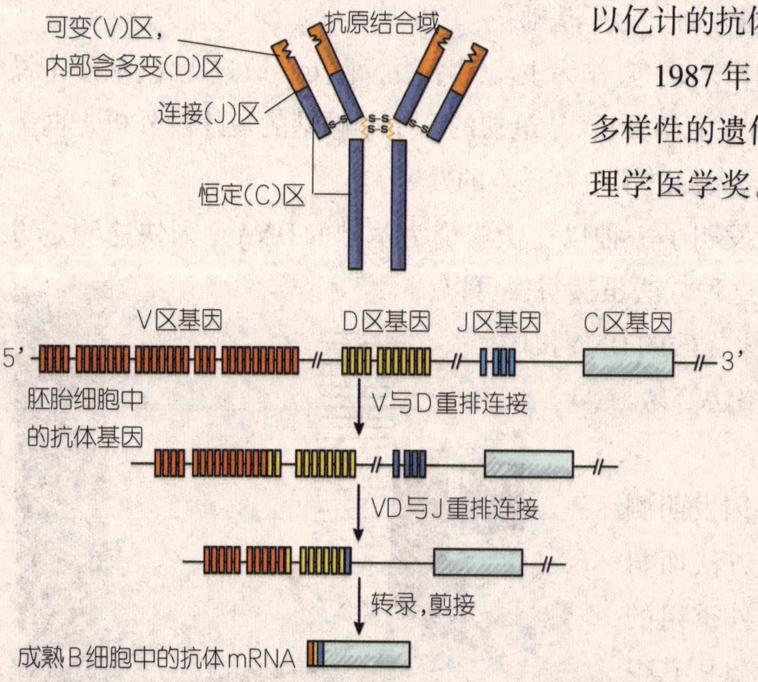

抗体结构（上）及B细胞发育过程中抗体基因重排简图（下）Ⓢ

1976年

毕晓普和瓦穆斯发现原癌基因

癌基因是指其编码产物与细胞肿瘤性转化有关的基因。第一个被发现的是鸡肉瘤病毒中的*src*基因。然而，病毒癌基因并不参与病毒复制。它从哪里来？又是如何整合到病毒基因组中的？

1976年，美国病毒学家毕晓普及其博士后瓦穆斯给出了答案。他们发现*src*基因的cDNA探针能与正常鸡细胞DNA杂交，这就说明这个基因本身就是正常细胞中的基因。同时，在其他脊椎动物（包括人）的正常DNA中，也可能发现这个基因的同源基因，这就说明，逆转录病毒的癌基因来自正常细胞的相关基因，他们称之为原癌基因。

现在我们知道，原癌基因编码的蛋白质参与调节正常细胞的生长与分化，在控制细胞增殖的信息转导途径中起作用，它们既可被转导入逆转录病毒而活化成病毒癌基因，也可因突变或异常表达而活化成细胞癌基因。

当逆转录病毒将自身遗传物质插入宿主DNA中后，开始占用“细胞工厂”的资源，指导合成新的病毒颗粒。在复制过程中，病毒不仅复制自身基因，还可俘获宿主基因（包括原癌基因），随后在感染其他生物体时将原癌基因整合进新宿主的基因组中，这样一来，新宿主中原癌基因的数量多于正常，导致细胞生长失控、过度增殖，从而诱发了癌症。

瓦穆斯和毕晓普认为，所有癌症都是原癌基因损伤的结果。这种损伤不仅可由逆转录病毒诱导，也可通过染色体移位，或受致突变元素和致癌元素（如化学物质和放射线）诱导等实现。

1989年，毕晓普和瓦穆斯由于“发现了逆转录病毒癌基因的细胞来源”而荣获诺贝尔生理学医学奖。进一步的研究已证明，人类基因组中有许多原癌基因，许多逆转录病毒都可通过上述方式引发多种肿瘤。

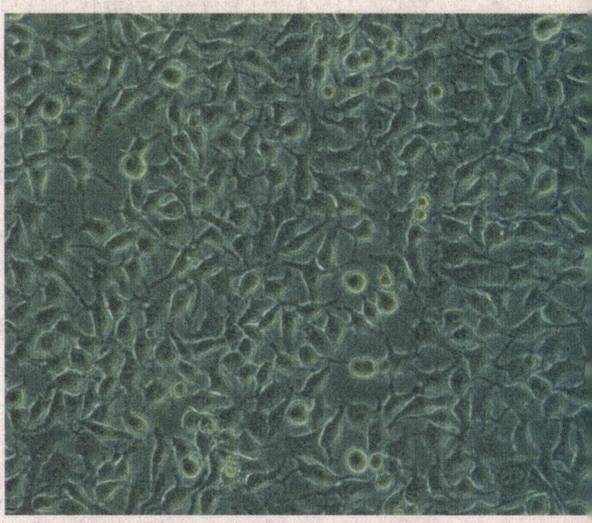

实验室培养的肝癌细胞©

1977年 罗伯茨和夏普发现割裂基因

人们曾经认为，基因是一些连续排列在DNA上的、有功能的片段，基因上的遗传信息从DNA上原封不动地转移到mRNA（这个过程称为转录），再由mRNA忠实地传递到蛋白质（这个过程称为翻译），如此一来，DNA上核苷酸所代表的氨基酸序列理应与相应蛋白质的氨基酸序列完全相同。可现实情况却让人们大吃一惊。

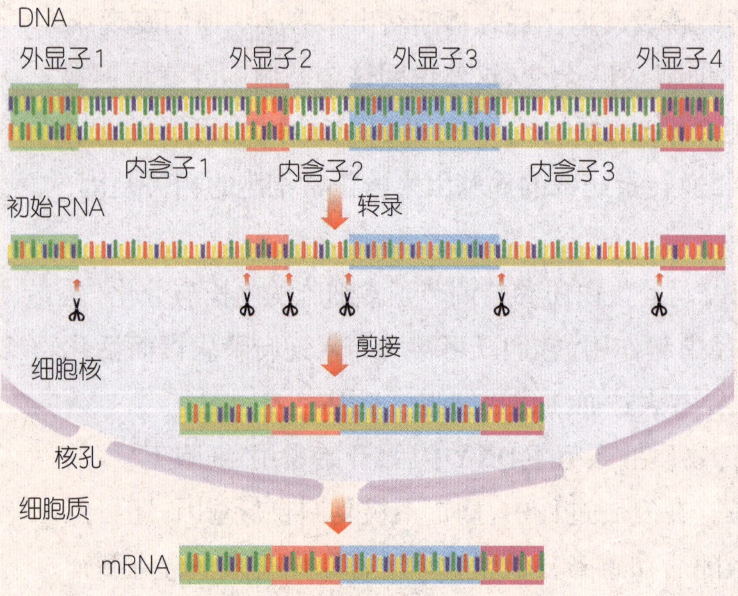

割裂基因©

1977年，英国分子生物学家罗伯茨和美国分子生物学家夏普分别独立发现，在电子显微镜下，腺病毒的一个mRNA并未像预期的那样与其DNA完全互补，而是对应于DNA上隔开一段距离的4个片段，没能与mRNA互补的DNA部分形成了环状突起。他们据此认为，DNA上既有携带遗传信息的部分，也有不携带遗传信息的部分。也就是说，一个完整基因的信息在DNA中被不表达为蛋白质的部分分割成数段，他们将这样的基因称为"割裂基因"。

1978年，美国分子生物学家吉尔伯特提出内含子和外显子的概念，分别表示在成熟mRNA中不出现和出现的DNA编码序列。割裂基因由内含子和外显子构成，先转录出mRNA前体，然后通过特定的"剪切"除去内含子，将外显子连接成成熟mRNA。成熟mRNA再被忠实地翻译为蛋白质。后来研究发现，tRNA和rRNA也有先转录为前体再剪切为成熟tRNA或成熟rRNA的过程。

割裂基因的发现加深了人们对真核基因结构的了解，发展了基因进化理论，也为基因工程和基因治疗开辟了新的道路。罗伯茨和夏普因此分享了1993年度诺贝尔生理学医学奖。

1978—1982年

奥尔特曼和切赫发现具有催化功能的RNA

细胞内无时无刻不在进行各种生物化学反应，以满足新陈代谢等各种需求，催化这些生物化学反应的催化剂是酶。人们曾经认为，所有的酶都是蛋白质，而核酸只有贮存和传递遗传信息的作用。可是，生物体的奇妙再度让人惊叹。

1978年，加拿大分子生物学家奥尔特曼开始研究一种核酸内切酶RNaseP，这种酶由蛋白质和RNA共同构成。他发现，去除酶的蛋白质后，催化活性仍在，而在去除酶的RNA部分后，RNaseP则失去了催化活性。也就是说，RNaseP的催化活性来自RNA部分。难道，RNA也能作为酶？

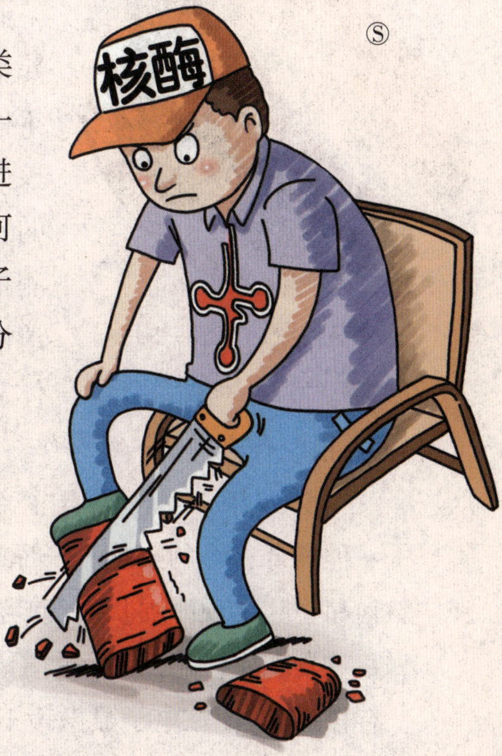

无独有偶，美国分子生物学家切赫也获得了类似的发现。1970年代，切赫在研究嗜热四膜虫(一种原生动物)的RNA剪切时发现，RNA分子可以进行自我剪切和加工。1982年，他确认，在没有任何蛋白质存在的情况下，rRNA可以自动切除内含子(真核生物DNA中的序列，在把新转录出的RNA分子加工成成熟的RNA分子时该序列的对应部分会被切除)，并将外显子(真核生物DNA中的序列，在把新转录出的RNA分子加工为成熟的RNA分子时该序列的对应部分会被保留下来)拼接起来，这说明RNA本身就具有催化功能，能像酶一样发挥作用。切赫把这种具有催化功能的RNA分子称为“核酶”。

具有催化功能的RNA的发现，给人们打开了一个全新的视野，对RNA结构及功能的多样性、生物催化反应以及酶的本质都有了新的认识。由于核酶既携带遗传信息，又能像蛋白质一样具有催化功能，不少人相信，也许，生命诞生的早期是个RNA的世界，RNA同时行使DNA和蛋白质的相应功能，直到化学性质更稳定的DNA及功能更多样的蛋白质出现。1989年，奥尔特曼与切赫因发现RNA的催化特性而荣获诺贝尔化学奖。

1982年
普鲁西纳发现朊粒

1990年代至21世纪初，一种名为"疯牛病"的人畜共患病席卷欧洲和北美大陆，得病的牛出现神经紊乱、痴呆等症状，不久后死亡。解剖后发现，病牛的脑变成海绵状。种种迹象显示这种疾病可以由牛传染给人，一时间大量病牛被成批处死，人们谈牛色变，不再敢吃牛肉。这种疾病到底是从何而来，又为何让人们惶恐不安呢？

疯牛病流行使食用牛肉汉堡也变得不安全©

让我们从头说起。1730年代，在欧洲某些地区的羊群中出现了一种叫羊痒疫的怪病，生病的羊儿变得异常兴奋，走起路来跌跌撞撞，最终瘫痪死亡。1960年代，英国放射生物学家阿尔卑斯用能破坏脱氧核糖核酸（DNA）和核糖核酸（RNA）的放射方法处理病羊的感染组织，发现其仍然具有感染性。由此他大胆推测羊痒疫的病原体没有核酸，可能仅是一种蛋白质。遗憾的是，这一假说严重违背了当时普遍认为的病原体需要有自身的DNA或RNA的原则，因而被搁置一边，很少有人问津。

1957年，美国病毒学家盖达塞克在新几内亚东部一个原住民部落中发现了一种离奇古怪的疾病——库鲁病，症状酷似1920年发现的克—雅氏病（患者大脑和小脑出现海绵状病变）。在进一步的临床、病理及流行病学研究之后，盖达塞克发现库鲁病的致病因子是一种完全不同于人类以往所知的病原体，它不具有核酸，即使在电子显微镜下也看不见病毒颗粒。盖达塞克以这种病原体发病极慢的特点，取名为"慢病毒"。他的卓越贡献在于不仅发现了一种全新类型的致病因子，而且提出了一大堆包括生命起源在内的理论和实践问题。1976年，盖达塞克荣获诺贝尔生理学医学奖。

正是循着盖达塞克的求索之路，美国微生物家普鲁西纳发现了引发疯牛病的病原体。

1972年，普鲁西纳的一名患者因为克—雅氏病而去世，病人的痛苦和自己

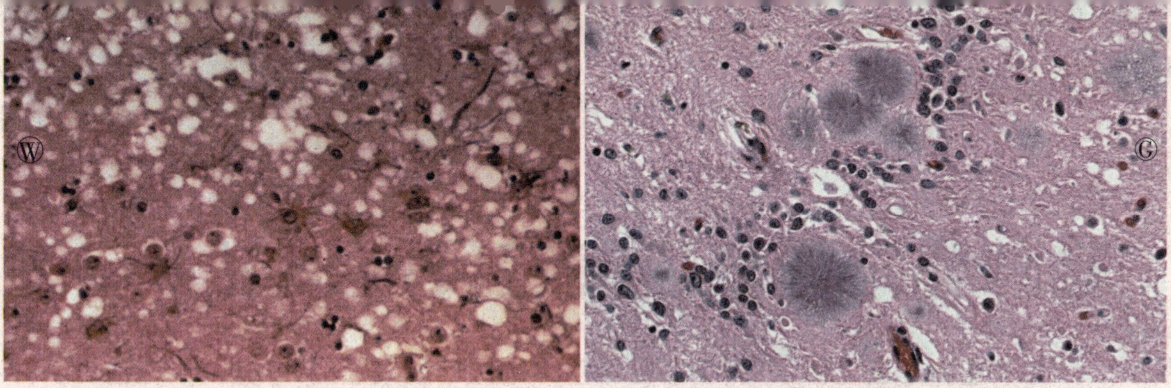

显微镜下患牛海绵状脑病的牛的脑组织（左）和克—雅氏病病人的脑组织（右） 两者的脑都像海绵一样，中间有许多“空洞”。

的束手无策让他深受震撼，于是踏上了找出这种疾病病原体的发现之旅。

整个过程长达10年，中间历经困难，但是普鲁西纳仍然不懈努力。最终，他和同事们终于分离出病原体，这种病原体完全由蛋白质构成，不含核酸类物质，但能在人和动物体内“复制”，并且有传染性。他们将这种新型病原体命名为“朊粒”，朊就是蛋白质的意思。后来发现，朊粒也是导致库鲁病、羊瘙疫、疯牛病等疾病的病原体。真相从此大白，普鲁西纳也因为发现朊粒并提出一种解释感染的生物学新理论而独得1997年诺贝尔生理学医学奖。

普鲁西纳的发现曾让人们思考：既然蛋白质能“传染”疾病，是不是意味着遗传信息能“违反”中心法则，从蛋白质流向RNA甚至DNA呢？可后来更多的研究发现，朊粒其实是由正常蛋白质改变而来，其传染性表现在会影响身边正常的蛋白质，使它们慢慢地变得跟自己一模一样。动物和人脑中正常的蛋白质越来越少，朊粒越来越多，病就越来越重。从这点上说，中心法则仍然牢不可破，但是增加了遗传信息可由蛋白质流向蛋白质这一项，内容得到丰富。

在普鲁西纳之前，已经有很多科学家研究过相关疾病，并对病原体的特征提出种种假设，只是都没能成功。而普鲁西纳提出的假设是颠覆性的，完全违背了当时的科学常识，很长时间内被人认为是天方夜谭。但通过巧妙构思和设计，并经过长期坚持不懈的研究，普鲁西纳完成了这项伟大的发现，对人类健康和自然科学进步作出了巨大的贡献。他的成功也启示我们，在科学研究的道路上，要善于发现问题、大胆假设、缜密求证并且持之以恒。

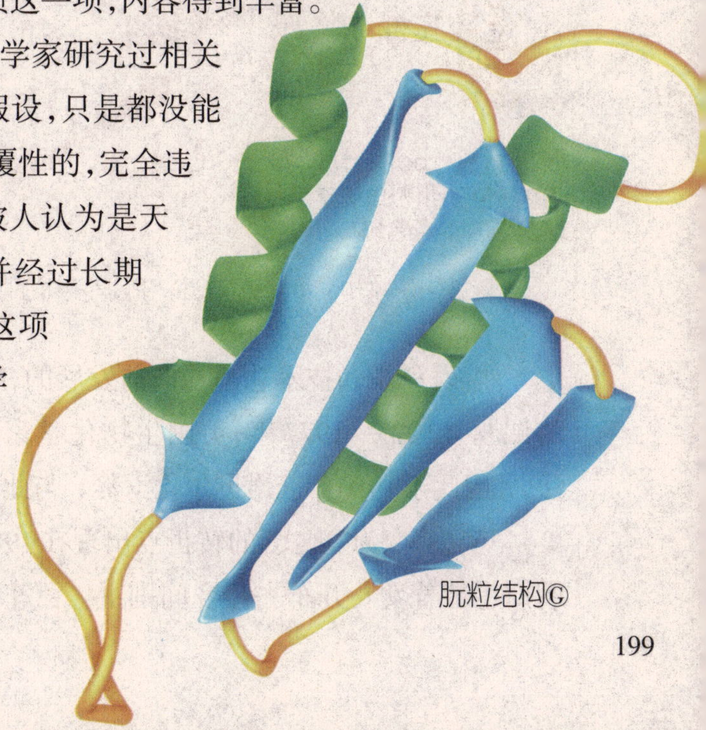

朊粒结构

1983年

穆利斯发明聚合酶链反应技术

分子生物学诞生以来，科学家就希望更细致地研究基因的功能，不过首先，他们得进行“分子克隆”，以获得大量的待研究的DNA片段。但是，在从前，获得并使某段DNA序列大量增加（称为扩增）的技术流程非常复杂，耗时长，还要用到同位素等对身体有害的方法，可谓又苦又累又危险。而把它变得轻松高效又安全的人，一般公认是美国化学家穆利斯。

其实早在1971年，美国生物化学家科拉纳（获1968年诺贝尔生理学医学奖）等人就提出了利用一对寡核苷酸引物对一段DNA序列进行反复扩增的想法。不过由于当时DNA序列的信息还很少、合成寡核苷酸在技术上困难重重等原因，导致这个想法只是“梦想”，很快就被人遗忘了。

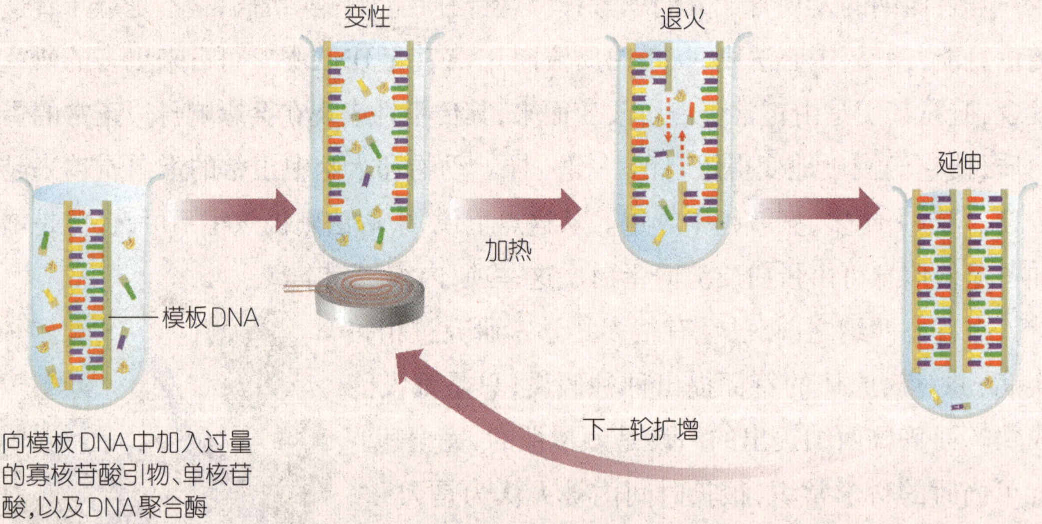

PCR技术的原理©

然而，科学和技术总是在向前发展的，昨天的奇思异想往往是今天破解有望的课题。1975—1977年，英国生物化学家桑格和吉伯特发明了DNA快速测序法，并因此于1980年获诺贝尔化学奖。与此同时，寡核苷酸合成技术也不断进步。

“梦想”变为“现实”的转折点出现在1983年4月的一个星期五晚上，当时，穆利斯正带着女友开车去往乡间别墅。汽车沿着公路蜿蜒盘旋，他脑中突然闪过

DNA不断复制的景象和一个想法，这就是后来被称为聚合酶链反应（简称PCR）技术的雏形。

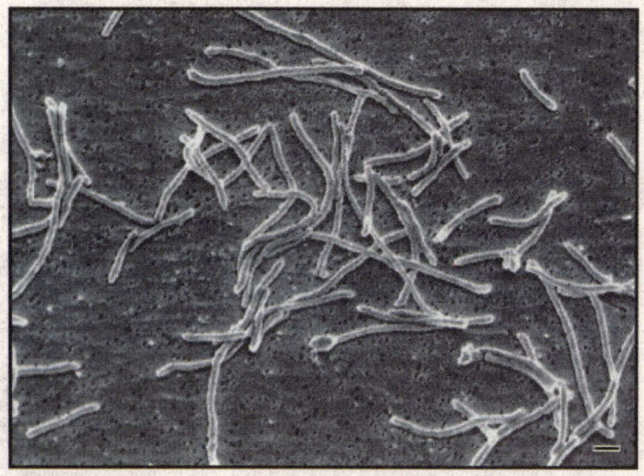

水生栖热菌Ⓦ

最终实现的PCR技术包括三个步骤：第一步为“变性”，将样品加热至94—96℃，DNA模板变性成单链；第二步为“退火”，将温度降至50—65℃，寡核苷酸引物即可结合到单链模板上；第三步为“延伸”，将温度升至70—80℃，DNA聚合酶即可从引物开始，将4种单核苷酸按互补配对原则加到引物末端，复制出新的DNA链。这样经过1个循环，两个引物间的DNA片段由1份变成了2份，再1个循环，就变成了4份……在经过30个循环之后，理论上，就可将所需要的DNA片段扩增2^{30}倍！

当时，穆利斯在一家名为西特斯（Cetus）的生物技术公司任职，工作重点是提高寡核苷酸的合成准备效率。他在公司会议上提出PCR这个想法，建议将之转变为现实。不过，理想通往现实的道路总是充满艰难险阻，同时，穆利斯本身没受过什么分子生物学训练（他的专长是有机合成），懒于动手，不喜欢做实验，喜欢在开车和冲浪时思考。正如他的“名言”：“关于生物学，我喜欢写，不喜欢做。”于是，公司前后派了三位技术员帮助他。这几位技术员，尤其是最后一位日裔技术员的努力勤恳，把“梦想”变成了“现实”。

可此时离实际应用还有距离：体外复制DNA通常使用从大肠杆菌中提取的DNA聚合酶，但是这种酶在高温下会变性，因此每一个PCR循环之后都得加入新的聚合酶才能保证反应正常进行。操作麻烦不说，DNA聚合酶本身价格也不

美国黄石国家公园的温泉Ⓨ

低，一整套PCR反应做下来，费用高得吓人。

穆利斯的脑子又转开了。1986年春，他提出用一种新的耐高温的DNA聚合酶替代原先的聚合酶。但到哪儿去找这种酶呢？他把目光投向浩瀚如海的科学文献，果然发现了一篇10年前发表的论文，里面介绍了一种耐高温的聚合酶和提取办法。论文的第一作者是来自中国台湾地区的钱嘉韵。10多年前，她在辛辛那提大学攻读硕士，课题是研究黄石公园温泉里的水生栖热菌。这种菌是一种嗜热菌，能在高达80℃的温泉中生活，它的DNA聚合酶理所当然能在高温下正常地行使功能。钱嘉韵成功地从水生栖热菌中分离出此后分子生物学界最著名的酶之一：*Taq* DNA聚合酶（简称*Taq*酶）。不过，穆利斯再度犯了拖沓和懒于动手的毛病。久等无奈之下，公司其他人按前人发表的实验步骤分离并纯化出了*Taq*酶，1986年6月首度将其应用于PCR时，效果好得惊人。

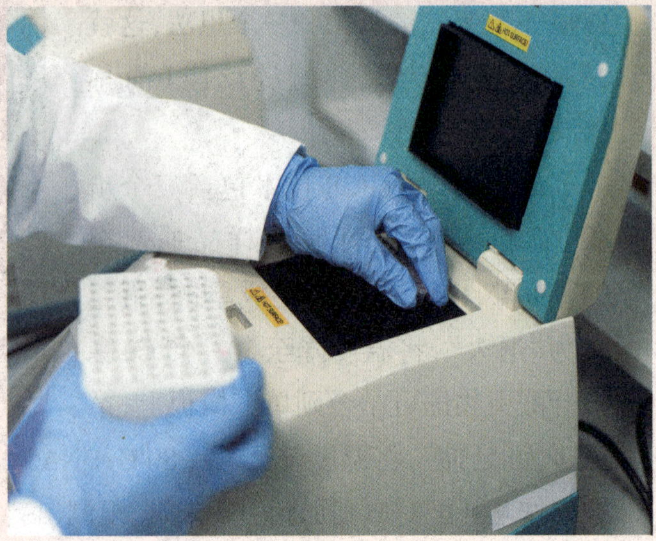
今天的PCR仪　自动化完成整套PCR反应，一般只需2—3小时。Ⓨ

在分离出*Taq*酶之前，穆利斯已于1985年5月在冷泉港实验室做了关于PCR的专题报告，全世界从此开始学习这种新型的大量扩增DNA的方法。1993年，穆利斯与发明寡核苷酸定点诱变技术的加拿大生物化学家迈克尔·史密斯分享了诺贝尔化学奖，他是唯一一个由于在生物公司的工作而获奖的科学家。

今天，PCR技术已作为分子生物学常规工具广泛应用于生物医学的各个领域，如基因克隆和定向突变、DNA司法鉴定、遗传病和感染性疾病诊断以及新药开发等。它具有特异、敏感、产率高、快速、简便、重复性好和自动化等优点，堪称生命科学领域中的革命性创举和里程碑，也为其后的人类基因组计划立下了汗马功劳。

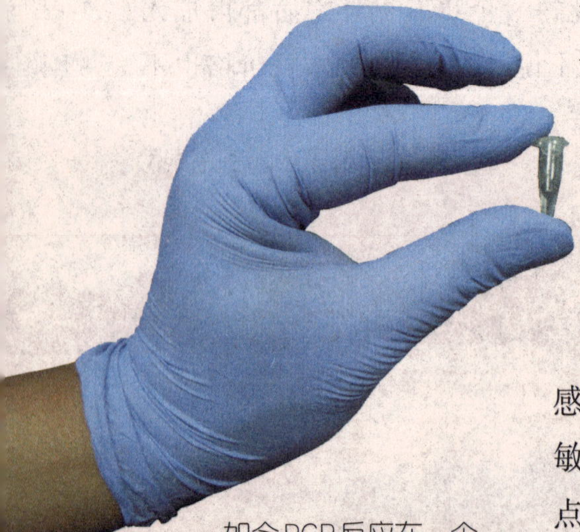
如今PCR反应在一个小管子里即可完成Ⓞ

1983年 植物转基因技术取得重大进展

植物转基因是指运用DNA重组技术将一种生物的基因(称为外源基因)整合到一种植物(称为受体植物)基因组中,基因组结构发生变化的受体植物及其后代统称为转基因植物。

1980年代起,各国科学家都开始在转基因植物研究方面有所进展,1983年更是革命性的一年:美国孟山都公司的霍奇小组将卡那霉素抗性基因转入矮牵牛,美国华盛顿大学圣路易斯分校的切尔顿小组将卡那霉素抗性基因转入皱叶烟草,比利时遗传系统公司的歇尔和蒙塔古小组将卡那霉素和甲氨蝶呤抗性基因转入普通烟草,美国威斯康星大学的凯普和豪尔则将一种大豆基因转入向日葵。这四个小组采用不同植物独立工作,共同开创了植物基因工程的新纪元。

此后,植物转基因技术的研究应用在世界各国蓬勃发展。据统计,全世界目前已有约200种转基因植物试验成功,其中投入生产最多的是转入抗除草剂和抗虫基因的农作物。

总的来说,植物转基因技术可使优良的生物基因在不同生物之间进行交流,在提高植物抗性(抗虫和抗病害等)、改善植物品质(增加营养成分和减少腐烂等)以及利用植物作为生物反应器(生产药物等)诸多方面具有无可比拟的优势。然而,转基因技术除本身在转化效率方面还需要改进之外,随之产生的转基因生物安全性——对人类健康和生态环境的长期效应,也逐渐成为一个全球关注的重大课题。

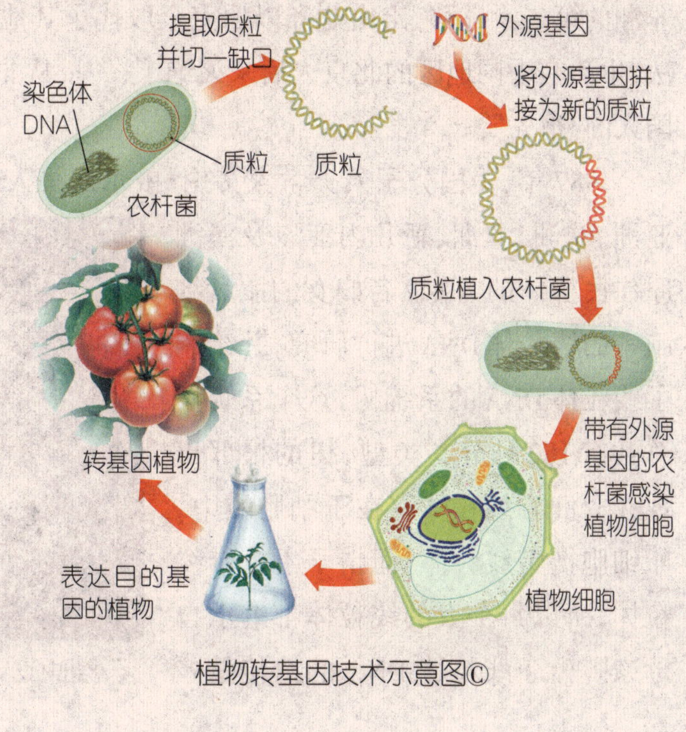

植物转基因技术示意图©

1987年

威尔逊提出“线粒体夏娃”学说

人类学家所说的“现代人”(也叫“晚期智人”),是指在形态解剖学上,如脑的大小、骨骼和牙齿的形态等,和现在的人类一模一样的“人科”成员。例如,在法国发现的克罗马农人(生活于3.3万—1万年前)头骨,就跟现在的欧洲人头骨非常相似。目前发现的最早的现代人化石,距今约20万年。

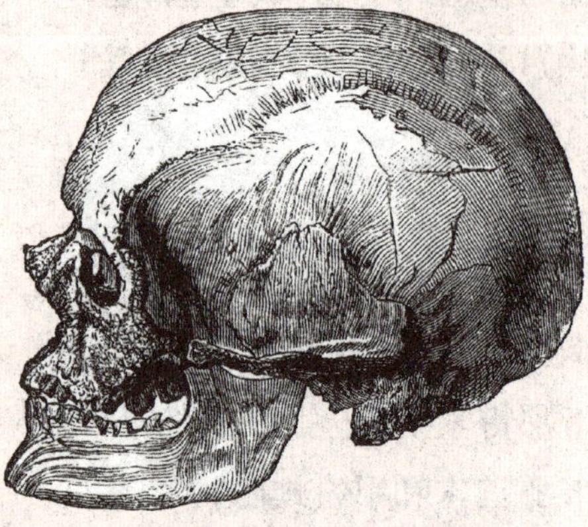

男性克罗马农人头骨Ⓦ

现代人是从哪里来的?有关这个问题一直存在两种不同的假说:多地区起源说和非洲起源说。两种假说都认为直立人起源于非洲的东非直立人,然后大致在100万年前走出非洲,迁移到欧亚大陆。多地区起源学说认为世界各地的人类是独立起源,即由各地的非洲直立人、海德堡人、尼安德特人、东亚直立人(例如北京猿人,生活于78万—68万年前)各自独立进化为现代人类的几大人种。但非洲起源学说认为现代人类起源于10万年前非洲的第二次迁移、走出非洲以后完全取代了其他地区的古人种。按照这种说法,生活在中国地区的北京人后来灭绝了,一批从非洲迁来的新居民最后成为中国人的“祖先”。

1987年,美国分子人类学家艾伦·威尔逊等人组成的研究小组提取了来自亚洲、欧洲、非洲、新几内亚以及澳洲原住民群体的共147名妇女的胎盘细胞中的线粒体DNA进行研究,并绘制了线粒体DNA的系统树,这个系统树总共有182种分支类型,树的根部出现在非洲。线粒体存在于细胞质中,卵细胞携带线粒体,而精子不携带线粒体,所以每个人的线粒体都继承自母亲。由于线粒体DNA的遗传是严

石器时代人类庆典场景(绘制于19世纪)Ⓦ

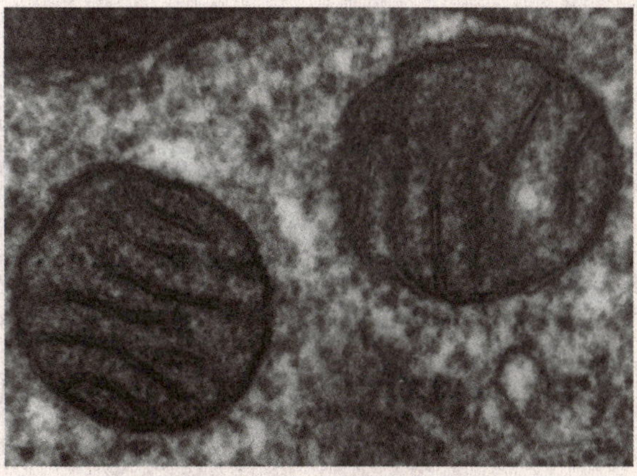

电子显微镜下的线粒体Ⓦ

格的母系遗传，因此，从逻辑上讲，现代人类的线粒体 DNA 最终都是从一个共同的女性祖先那里遗传下来的。威尔逊诙谐地说："我们可以将这位幸运女性称为夏娃，她的世系一直延续至今。"根据这一研究结果，他们提出了著名的"线粒体夏娃"学说。"线粒体夏娃"学说的核心观点认为：具有现代人特征的人类最早出现在非洲，生活在距今大约20万年前；这批现代人在10多万年前开始向世界各地扩散，并取代了当地的原住直立人和早期智人，来自非洲的现代人祖先没有和当地原住人类发生融合或基因交流，当地的原住人类最终灭绝了。"线粒体夏娃"学说有力地支持了现代人的非洲单一起源说。在随后的十多年中，科学家们对不同群体的线粒体DNA进行了大规模的研究，其结果也均支持非洲起源说。

"线粒体夏娃"学说一经提出迅即引起强烈反响。对采用分子遗传学证据探讨人类起源问题有人支持，有人反对。一批古人类学家反对这一理论，认为化石记录已表明世界各地的现代人类是从当地的古人类发展而来的（例如北京人的后代演变成今天的中国人），并不存在"夏娃"后代对当地古人类的"完全替代"。另一方面，许多后续研究（如用严格父系遗传的 Y 染色体证据分析包括中国人在内的东亚人群起源问题）也支持了"线粒体夏娃"学说。

关于人类起源，人们已经了解了很多，但那只是冰山一角。许多科学家相信，答案就藏在远古的化石和遗迹里，藏在人类和其他灵长类动物的 DNA 序列之中。随着科学研究手段不断进步，新发现不断涌现，人类起源这一千古之谜终有一天能够真正解开。

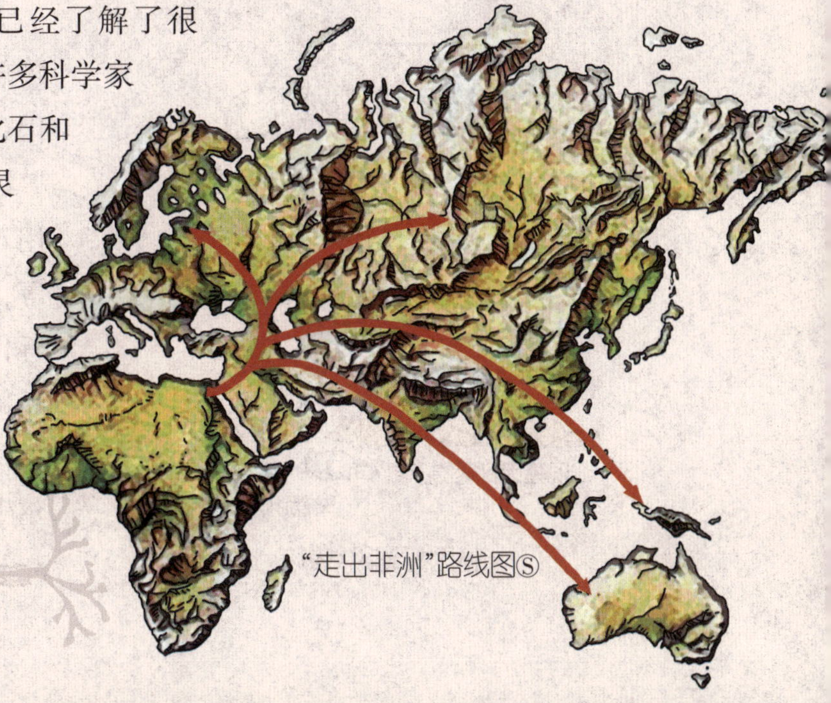

"走出非洲"路线图Ⓢ

1989年
卡佩奇等创立小鼠的基因打靶技术

科学家想研究生物的某个基因时，常用的方法之一是用物理（辐射）或化学（诱变剂）方法随机突变基因，挑出表型改变的个体，然后检测以确定究竟是哪个或哪些基因发生了变化，从而推测基因的功能。但是，哺乳动物的基因多达几万个，要从中找出那个发生突变的基因，犹如大海捞针。

于是科学家设想：利用同源重组方法精确地改变哺乳动物体内的某一基因，从而通过观察活体的表型，推测该基因的功能。这就是哺乳动物的基因打靶技术。

1980年代，美国遗传学家卡佩奇和奥利弗·史密斯在人工打靶载体和哺乳动物基因的同源重组方面取得突破，所不同的是卡佩奇以敲除小鼠基因为目标，史密斯则采用修饰已突变基因的方法，恢复基因原有功能。同期，英国发育生物学家马丁·埃文斯建立了胚胎干细胞技术。

1989年，第一只以基因打靶技术敲除特定基因的小鼠诞生。目前，人们已利用基因打靶技术研究了小鼠的上万个基因，并根据人类疾病（如心血管疾病、糖尿病和癌症）的相关基因，培育了500余种存在不同基因变异的小鼠。该技术的应用对象还扩大到大鼠、猪和羊等，为基因功能研究、生物制药等作出了巨大贡献。2007年，卡佩奇、史密斯和埃文斯因建立基因打靶技术共同荣获诺贝尔生理学医学奖。

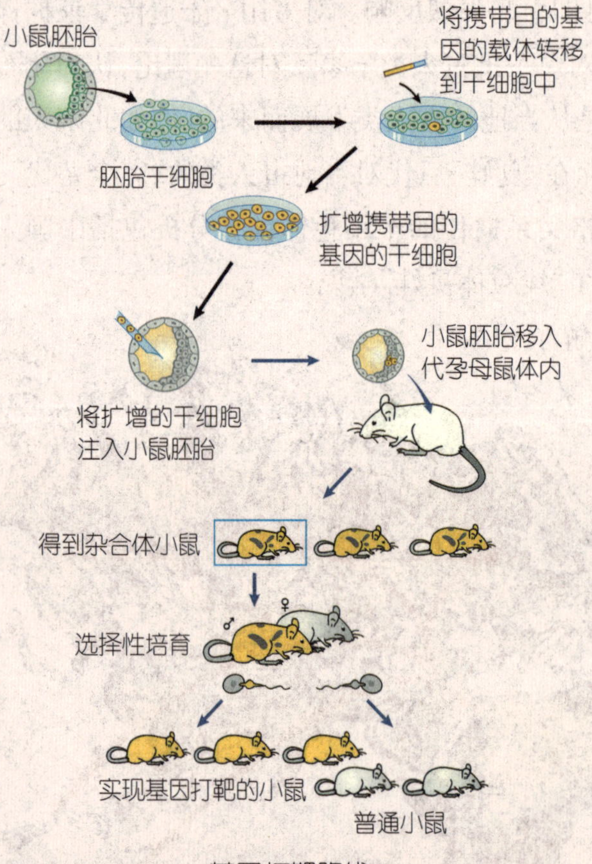

基因打靶路线Ⓢ

1991年

阿克塞尔和巴克解开人类嗅觉之谜

自然界中的气味，人能分辨和记忆的约有一万多种。那么人的嗅觉系统如何区分成千上万种气味分子的呢？

美国分子生物学家巴克及其导师阿克塞尔为解决这个问题作出了突出贡献。在他们之前，科学家们大多致力于如何分离出与气味识别相关的蛋白质，但一直未能取得突破性的发现。而阿克塞尔和巴克另辟蹊径，打开了以遗传学知识和分子分析方法研究嗅觉机制的大门。

1991年，两人共同发表了研究论文，宣布他们的新发现：人体约有1000个基因编码不同的气味受体，组成一个“大家族”。这些气味受体分布在特定细胞上，而且每个细胞只表达一种气味受体，非常“专业”。空气中产生某种气味的化学分子和相应的气味受体结合后，会刺激大脑嗅球中的“嗅小球”。随后嗅小球又会激活神经细胞，进而将信息传递到大脑其他部分。这样，来自不同类型气味受体的信号，经过传递，在大脑内形成一种特异的刺激模式，产生了我们嗅觉所认知的气味。两位科学家还发现，每个气味受体细胞只会对少数几种化学分子的刺激有应答，而绝大多数气味都是由多种气体化学分子共同作用于嗅觉系统产生的。每种化学分子激活相应的多个受体，并通过特定的信号传递最终组合成一定的模式。因此尽管只有约1000种气味受体，但通过不同类型的组合，它们可以识别大量的气味模式，这就是人们能够辨识约一万种不同气味的生理基础。

由于在气味受体和嗅觉系统研究中作出的贡献，他们被授予2004年的诺贝尔生理学医学奖。

分辨气味⓪

1996年
“多莉”羊诞生

1996年7月5日，一只名叫多莉的小绵羊横空出世。1997年它的首次公开亮相，就震动了整个世界。这并非因为它能歌善舞，而在于它出身不凡：多莉没有父亲，它是全世界首只通过无性繁殖或者说克隆而产生的哺乳动物。

英国胚胎学家维尔穆特和坎贝尔领导了这项工作。他们采用的研究方法是，先抽除A羊未受精的卵细胞的细胞核，然后取出B羊乳腺细胞的细胞核，将其注入A羊的无核卵细胞中，这样就得到了具有B羊细胞核的卵细胞。这个卵细胞经过分裂发育形成胚胎，再将这个胚胎接种于C羊的子宫内继续发育，一段时间后，多莉出生了。由于DNA是遗传信息的主要载体，与A羊具有完全相同的DNA序列的多莉，就相当于A羊的“复制品”。

其实，英文clone（音译为“克隆”）这个名词早就存在，它来自希腊语，指以扦插和嫁接等方式培育植物。在现代生物学中，获取一段DNA序列并将之扩增称为分子克隆，把细菌或动物细胞培养为菌落或细胞团也称为克隆。克隆生物体意味着制造出一个与原先的生物体具有完全一样的遗传信息的新生物体。在以出芽或一分为二方式进行繁殖的单细胞动物中，克隆很容易实现。而在多细胞动物中，似乎并不容易。

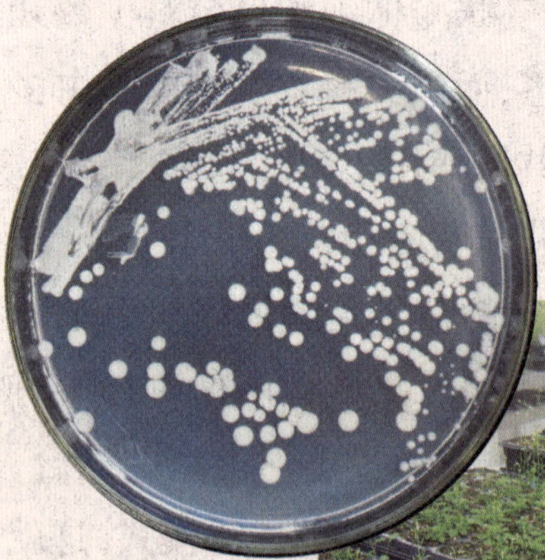

酵母菌落©

植物克隆©

多莉的这种“克隆”并非首创。早在1952年，美国生物学家布里格斯和金就把一只豹蛙的体细胞核移植到另一只豹蛙的去核卵细胞中。1962年，英国动物学家格登更进一步：将非洲爪蟾小肠上皮的细胞核移

克隆羊©

入另一种蛙(和非洲爪蟾不同种,长得也不一样)的去核的卵细胞中,这个细胞成功地发育成了一只爪蟾。虽然人们为用"体细胞核移植"的方法实现克隆而倍感振奋,格登也因此被誉为"体细胞克隆之父",并于2012年获诺贝尔生理学医学奖,但是由于哺乳动物比两栖动物复杂得多,科学家一度认为克隆哺乳动物是不可能的。

然而,多莉的诞生又一次证明科学总是在不断进步,给人以惊喜。多莉的诞生是克隆技术研究的里程碑事件,当年最引人注目的国际新闻之一。一夜之间,克隆这个科学术语变得妇孺皆知。

由于克隆多莉所采用的技术和方法具有通用性,不到10年时间,克隆狗、克隆猴、克隆猪、克隆牛等纷纷诞生,克隆时代似乎扑面而来。人们不由思考克隆人是否很快就要出现,一场旷日持久的关于克隆人的伦理争论也在全世界展开。

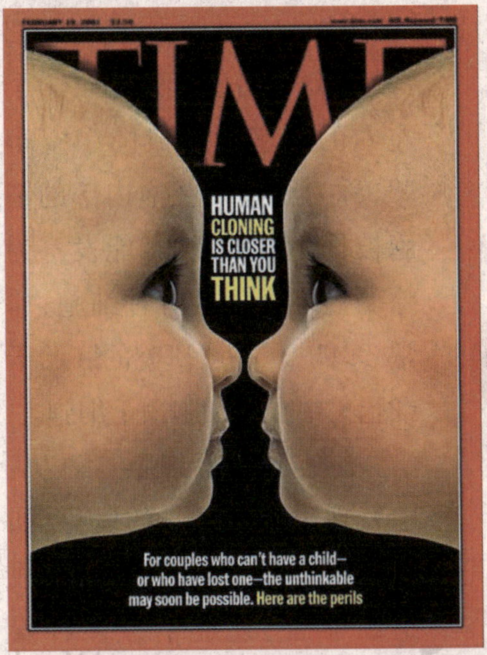

《时代》杂志封面:克隆人比你想象的更近©

然而,尽管哺乳动物克隆技术取得了突破性进展,但它的成功率仍然很低:多莉是科研人员经历了200多次失败后才成功获得的。牛、马等动物的克隆也经历了数百次的失败。此外,克隆技术在应用上还存在很多尚未阐明、尚未解决的难题。例如,多莉出生后不久就显示出了衰老症状,并罹患一般老年时才得的关节炎,紧接着又出现了肺炎。

由于多莉重病缠身,出于人道主义考虑,2003年科学家们对多莉进行了安乐死。多莉结束了短暂但又备受瞩目的一生。

1998年

汤姆森和吉尔哈特获得可体外培养的人胚胎干细胞

新闻报道和文学影视作品中有这样的故事：某人被移殖了造血干细胞后，治好了白血病。那么，干细胞是什么呢？

我们知道，有核细胞能以一分为二的分裂方式产生新的细胞，不过，普通细胞只能分裂出跟自己一样的细胞，例如心肌细胞只能分裂形成心肌细胞而不能形成神经细胞，也不能形成骨骼肌细胞。而且，普通细胞分裂到有限次数后，就不能再分裂了，即很容易“衰老”。但是，身体里还存在着另一类神奇的细胞，它们不但能分化成多种类型的细胞，还能长时间保持“年轻”。这类细胞就是干细胞。

干细胞有许多种类，有的干细胞“潜力”比较小，只能“变”(称为分化)为一种或很少数几种细胞，例如，皮肤干细胞只能分化为上皮细胞。有的干细胞“潜力”大一些，例如造血干细胞能分化为血小板、红细胞和各种白细胞，所以，造血干细胞移植到患者体内后，能产生新的健康细胞，替代原本“生病”的细胞。还有的干细胞“潜力”更大，例如胚胎干细胞。

受精卵是最初也是最“全能”的干细胞，一个细胞就能发育为整个生物个体。受精卵卵裂，一变二、二变四，至分裂为具有16个细胞的细胞团时，每个细胞都仍然拥有发育为完整生物个体的能力。之后，细胞继续分裂，形成由100个左右的小细胞构成的中空小球，称为胚泡。胚泡内部的细胞被称为内细胞团，能发育为除胎盘之外的数百种细胞，非常“多能”。一般研究的胚胎干细胞集中在内细胞团干细胞。

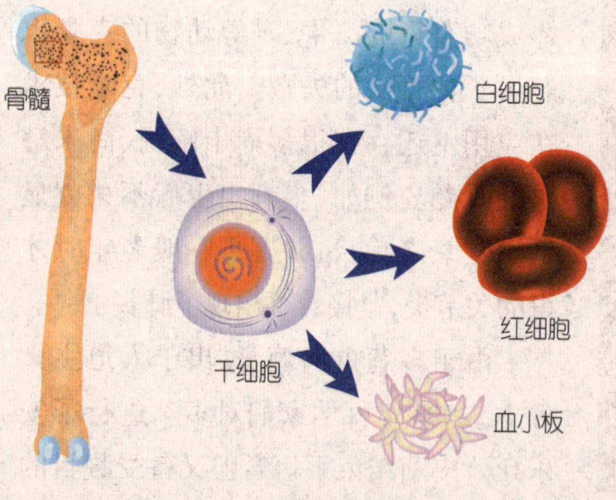

造血干细胞分化能力Ⓨ

研究胚胎干细胞，不仅从中发现生命和成长的奥秘，如果应用得当，例如引导分化成组织器官，还能治疗多种疾病。然而要获取胚胎干细胞非常困难，因此获得能在体外稳定培养的胚胎干细胞系，具有巨大的科学应用价值和临床应用价值。

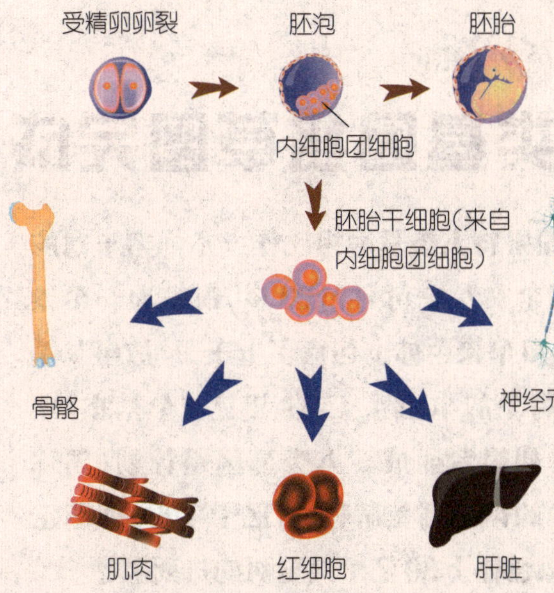

胚胎干细胞分化能力Ⓨ

1981年，英国发育生物学家埃文斯报告了他的研究成果：从小鼠的胚泡内取出一些内细胞团干细胞并在体外培养成活、增殖。这是巨大的突破，不仅使哺乳动物基因打靶技术成为现实（埃文斯因此于2007年荣获诺贝尔生理学医学奖），还为建立人类胚胎干细胞系带来了希望。

1998年，美国发育生物学家汤姆森从自愿捐献的、治疗不育症过程中多余的人早期胚胎中，分离获得胚胎干细胞。同年，美国发育生物学家吉尔哈特从流产胎儿尸体中分离出人类胚胎生殖细胞，研究后发现它们也具有胚胎干细胞的特点。他们分别独立地获得了不同来源的胚胎干细胞，并使其能够在体外存活、增殖和分化，他们的工作被《科学》周刊列为1999年最重要的科技进展之一。

但是，提取胚胎干细胞会破坏人类胚胎，相当于损害甚至杀害生命，因此理论研究和应用性研究方面受限很大，道德伦理争议不断。于是，科学家开始设想把普通细胞“变”为像胚胎干细胞一样的“多能”干细胞。2007年，日本医学家山中伸弥发表了他的重大发现：他找到4个基因，把它们导入人皮肤细胞后，皮肤细胞就能如同“返老还童”一般，重新变成具有多种分化能力的干细胞。2012年，山中伸弥和英国动物学家、体细胞克隆之父格登，因在“体细胞重编程技术”领域作出的革命性贡献共同荣获诺贝尔生理学医学奖。

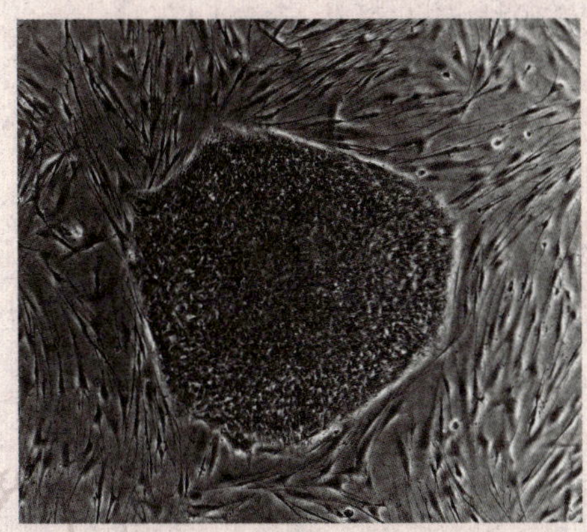
体外培养的胚胎干细胞Ⓦ

胚胎干细胞技术和诱导多能干细胞技术多涉及医学领域，又跟克隆技术有千丝万缕的联系，因此它们一直是生物学家和伦理学家共同关注的课题。

2000年

人类基因组草图完成

如果将人类基因组比作一本内容丰富的“百科全书”，它可分为23章，每章为一个染色体；每个染色体上包含了上千个“故事”（基因）；每个故事由A、C、G、T这4个基本“字母”排列组合而成。人类基因组计划（简称HGP）的目标就是解读30亿个字母，即测定人类染色体上30亿个碱基对的排列顺序。

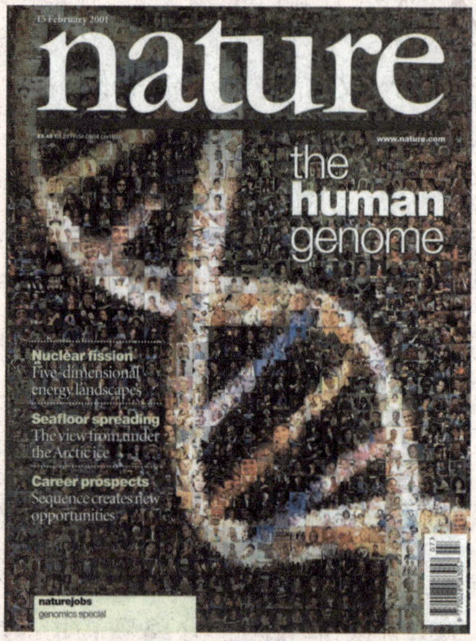

2001年2月15日《自然》杂志纪念人类基因组草图完成的封面⑩

HGP的起因是美国能源部所属的洛斯阿拉莫斯国家实验室和劳伦斯利弗莫尔国家实验室的科学家们想弄清，广岛原子弹爆炸幸存者的后代是否存在基因突变。科学家们最终认为，只有将人体所有30亿个碱基对的排序分析弄清楚，才有可能判断一个人是否存在基因突变现象。1984年，能源部科学家建议发动更多科技力量来完成人类基因组图谱分析工作，但支持者寥寥。因为依当时的技术水平，分析一个碱基对需3—5美元，算下来实现整个计划得需要150亿美元，筹集这笔巨资谈何容易。直到1990年，HGP在获得美国国会拨款2790万美元后才正式启动。美国、英国、日本、德国、法国及中国等6个国家众多实验室的1100名生物科学家、计算机专家和技术人员先后参加了这一计划。其中，中国作为参加该计划的唯一的发展中国家承担了1%（3号染色体短臂上的3000万个碱基对）的测序任务。

当时人们首选22号染色体作为突破口，因为22号染色体最短小（实际上21号染色体更短小）。1999年12月1日，HGP联合小组宣布，第22号染色体的遗

人类基因组计划精细测序结果完成的年表

1999年12月，22号染色体测序完成	2004年9月，5号染色体测序完成
2000年5月，21号染色体测序完成	2004年12月，16号染色体测序完成
2001年12月，20号染色体测序完成	2005年3月，X染色体测序完成
2003年2月，14号染色体测序完成	2005年4月，2号和4号染色体测序完成
2003年6月，男性特有的Y染色体测序完成	2005年9月，18号染色体测序完成
2003年5月和7月，7号染色体测序完成	2006年1月，8号染色体测序完成
2003年10月，6号染色体测序完成	2006年3月，11号、12号和15号染色体测序完成
2004年4月，13号和19号染色体测序完成	2006年4月，17号和3号染色体测序完成
2004年5月，9号和10号染色体测序完成	2006年5月，1号染色体测序完成

传密码已全部被破译，这是人类首次成功地测定整条人染色体的DNA序列。在对DNA序列进行分析的过程中，科学家修正了不少从前的科学错误，获得了许多关于疾病和生命的新发现。HGP的重大意义不断显现。

由于采用了先进的自动基因测序技术（很重要的一点是使得成本大大降低）以及加大国际合作力度，人类基因组草图于2000年提前完成。同年6月26日，这一草图公布于世，被誉为人类继1953年发现DNA双螺旋结构后生物学领域一项最重大的突破，标志着人类在研究自身的过程中迈出了关键的一步。

不过，这只是万里长征的第一步。各个基因的作用是什么，它们的表达产物如RNA、蛋白质又如何发挥功能等问题，都值得科学家长期、深入地研究。随着人类基因组计划的进行和完成，以及各物种基因组的测出，以揭示基因组功能及调控机制为目标的功能基因组学、疾病基因组学等分支学科迅速发展，并为推动医学科学进步带来了空前的机遇。

图片来源

本书所使用的图片均标注有与版权所有者或提供者对应的标记。全书图片来源标记如下：

Ⓖ 华盖创意（天津）视讯科技有限公司（Getty Images）

Ⓨ 北京图为媒网络科技有限公司（ www.1tu.com）

Ⓦ 维基百科网站（Wikipedia.org）

Ⓟ 已进入公版领域

Ⓓ 美国疾病预防与控制中心网站（phil.cdc.gov）：

P85左下，Dr. Myron G. Schultz ；P85右下，Dr. David Cox。

Ⓝ 美国航空航天局网站（www.nasa.gov）

Ⓒ《彩图科技百科全书》

Ⓢ 上海科技教育出版社

Ⓞ 其他图片来源：

P8下，卢源；P15下、P17右上、P207，陈可；P19、P29右上、P39右上，P67右上，Wellcome Images 网站（wellcomeimages.org）；P44左下、P99、P188右下、P195、P208左下，吴燕华；P52右下、P65右上、P132、P170左上、P209左下、P212右上，伍慧玲；P61下，叶剑；P64左上，Iltis, Hugo；P66，David B. Fankhauser；P104左下，Verisimilus at English Wikipedia；P105，陈均远；P123，中国科学院古脊椎动物与古人类研究所；P131左下，裘晓辉；P143，季茂业；P145、P146右上、P146右下，翁史均；P152右下，Faingold，Denver；P164，王世平；P171，Marc Lieberman；P178左，任国栋；P191，靳浩飞；P193右上、P202左下、P208左上，余垚。

特别说明：若对本书中图片来源存疑，请与上海科技教育出版社联系。